KB272255

자연은 퀴어하다
Forest Euphoria

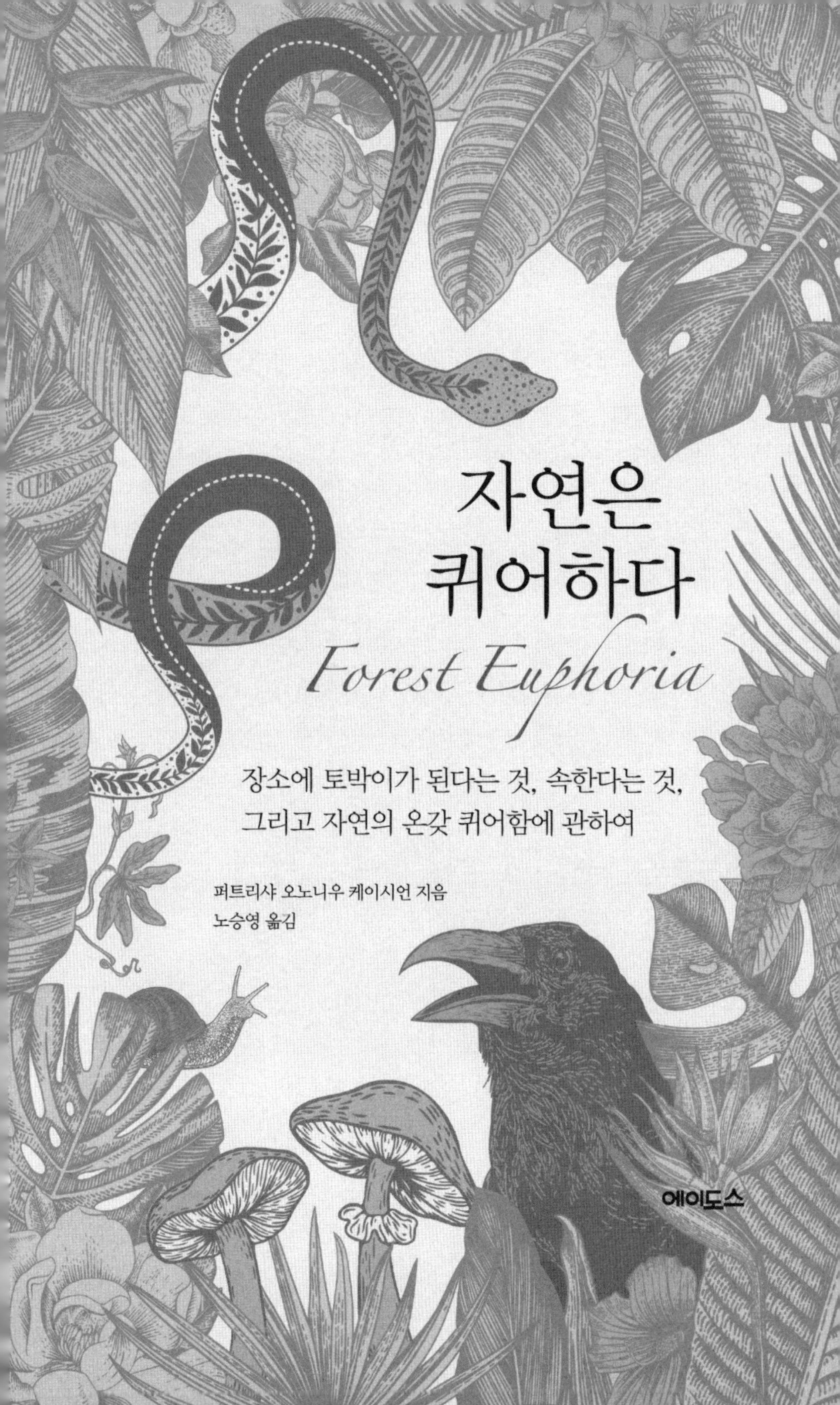

자연은 퀴어하다

Forest Euphoria

장소에 토박이가 된다는 것, 속한다는 것,
그리고 자연의 온갖 퀴어함에 관하여

퍼트리샤 오노니우 케이시언 지음
노승영 옮김

에이도스

헌사

인간이든 아니든, 피가 흐르든 흐르지 않든 나의 모든 가족에게
-사랑해요.

목차

제사

넌 사랑하는 사람들에게 도움을 청하렴.
이 조력자들은 동물, 폭풍우, 새, 천사, 성인,
돌, 조상 같은 여러 형상을 하고 있단다.
– 조이 하조

뱀이
가르쳐준 것

어릴 적 고향인 뉴욕 허드슨 하일랜즈의 언덕에는 뱀이 많았다. 여름 오후 현관문을 나서면 굵은 몸통의 미국살무사가 포치에 늘어져 있고 가느다란 가터뱀이 옆마당 오이밭을 미끄러져 지나가고 우람한 검은 쥐잡이뱀이 서늘한 콘크리트 주춧돌을 끌어안은 채 누워 소형 포유류를 기다렸다.

엄마는 이런 야생동물에 친숙했다. 허드슨 밸리 저지대의 숲과 소택지에서 자랐으니까. 그래도 27년 전 아이방에서 영락없는 방울뱀의 기척을 느꼈을 땐 귀를 믿을 수 없었다. 엄마는 조심조심 주위를 둘러보며 귀를 쫑긋 세웠다. 빠르고 빡빡하고 딱딱거리는 소리는 오해의 여지가 없었다. 가슴이 철렁 내려앉는 것 같았다. '그것' 말고는 어떤 분명한 원인도, 어떤 대안적 설명도 떠오르지 않았다. 엄마는 얼어붙은 채 눈알만 굴리며 방을 훑었다. 그러다 보았다. 라디에이터 밑에 작고 가느다란 뱀이 똬리를 틀고 있었다. 주둥이가 네모지고 회갈색 몸통에

검고 얼룩덜룩한 줄무늬가 그려진 방울뱀이 몸을 세워 흔들고 있었다. 새끼 줄무늬방울뱀이었다.

민첩한 판단력으로 명성이 자자하고 위험한 상황에서도 침착한 엄마는 나와 형제자매들을 재빨리 방에서 데리고 나와 문을 닫고는 켄 삼촌을 불렀다. 켄 삼촌은 자동차광으로, 1980년대에 푹 빠져서 새까만 1981년산 폰티액 밴디트 트랜스앰*을 몰았다. 후드에는 독수리가 새겨져 있었다. 삼촌은 읍내를 질주하여 뱀처럼 구불구불한 우리 계곡 마을에 진입해서는 오토바이 장갑과 헬멧 차림으로 의기양양하게 당도했다. 할머니의 집에서 가져온 대용량 타파웨어 밀폐용기와 함께. 엄마는 옆집 이웃 앤디도 불렀다. 긴 꽁지머리를 하고 고등학교에서 생물을 가르치는 혈기 왕성한 히피였다. 열정과 지식을 겸비한 자연 애호가 앤디가 우리에게 뱀 퇴치 방법을 알려주었다.

새끼 뱀을 죽이고 싶은 사람은 아무도 없었다. 뉴욕에서 멸종 위험에 처한 종일뿐더러 그 자체로 귀중한 생명체이기 때문이었다. 하지만 줄무늬방울뱀(*Crotalus horridus*)의 경이로운 귀소 본능을 앤디민큼 수월하게 읊을 수 있는 사람도 없었다. 앤디는 줄무늬방울뱀의 '유소성'(留巢性)**이 매우 강하다고 알려주었다. 해마다 같은 겨울나기 굴(쥐잡이뱀과 미국살무사와 한곳에서 지낸다)에 돌아가고 싶어한다는 뜻이다. 따라서 적어도 50킬로미터 떨어진 곳에 데려다놓지 않으면 이곳으로 돌

---

* 미국 횡단 자동차 경주의 이름을 딴 고성능 모델
** 동물이 태어난 곳에 머무르거나 태어난 곳 근처로 돌아오는 성질

아올 터였다. 우선 켄 삼촌이 밀폐용기에 뱀을 가두기로 의견을 모았다. 다음으로 앤디가 뱀을 베갯잇에 옮기고 베갯잇을 1985년산 붉은색 스바루 해치백 트렁크에 단단히 넣고는 길 잃은 새끼 줄무늬방울뱀을 터코닉산맥 깊숙이 데려가기로 했다. 새끼는 그곳에서 새 삶을 시작할 것이다.

켄 삼촌은 자신만만한 동작과 특유의 침착함으로 줄무늬방울뱀을 밀폐용기에 가둔 뒤 이 맹독성 손님을 앤디에게 건네주었다. 앤디는 앞마당으로 나가 켄 삼촌처럼 수월하고 자신만만하게 뱀을 베갯잇에 옮겼다. 묘한 쾌감을 느끼는 티가 났다. 그는 계획대로 베갯잇을 살살 트렁크에 내려놓았다. 그런 다음 조종사 선글라스를 쓰고는 먼지를 풀풀 날리며 기다란 자갈 진입로를 빠져나가 저물어가는 오후 햇빛 속으로 사라졌다.

새끼 뱀이 아이방에 얼마나 오래 있었는지, 방 안에서 세 아이와 함께 얼마나 오랫동안 근육을 데우고 있었는지는 모르겠지만 나의 어린 시절 뱀과의 조우는 그 뒤로도 무수히 벌어졌다. 가터뱀, 쥐잡이뱀, 미국살무사, 목고리뱀, 유혈목이, 그리고 물론 엄마가 읍내에 나갔을 때 아빠가 나와 형제자매들에게 선물해준 공비단뱀까지 온갖 종의 뱀을 맞닥뜨렸다. 이 책에서 차차 이야기하겠지만 나는 사람들이 싫어하는 동물(독사, 기생 균류, 토양 서식 곤충, 미끌미끌한 무척추 동물)과 이 동물들이 집이라고 부르는 '혐오스러운' 서식처를 오랫동안 친밀하게 여겼다. 이 중에서 나의 첫사랑은 뱀이었다. 뱀의 서식처는 나의 은신처이기도

했다. 뱀의 복잡한 출신성분(지상의 존재와 악령의 존재 사이 어디엔가)은 내게 설명이 필요하지 않았다. 나 또한 양서류적 인격이라는 불쾌한 이중의식에 시달렸으니까. 함께라면 우리는 이 세상의 험난한 지형을(자연적이든 부여된 것이든) 미끄덩미끄덩 통과하여 누구에게도 보이지 않는 어두운 안식처에서 쉴 수 있었다.

나는 여러 면에서 양서류로 태어났다. 어떤 이름표에 대해서도 온전한 소속감을 느낄 수 없었다. 아주 어릴 적, 언어나 관점으로 표현할 수 있기 전부터 직감했다. 가장 어릴 적 기억 중 하나는 성별 불쾌감[•]이다. 그때는 뭔지 몰랐지만. 여섯 살쯤 되었을 때 내가 남자애로 태어났다면 이름을 뭐로 지었을 거냐고 엄마에게 물은 기억이 난다. 엄마는 "매슈라고 지었을 거야"라고 대답했다. 그 뒤로 몇 년간 나는 스스로를 '매슈'라고 불렀다. 적어도 머릿속에서는. 나 자신이 매슈이기를 갈망하는 동시에, 기이하게도 마치 여자애인 나 패티의 오빠로서 그가 실제로 존재하기라도 한 것처럼 매슈를 그리워했다. 때로는 사각팬티를 입고 남몰래 서서 소변을 보기도 했다. 효과는 전혀 없었지만 수수께끼 같은 가려움을 긁어주긴 했다. 나는 늘 맨발에 흙투성이였다. 헝클어진 곱슬머리를 하고는 개구리나 야구공을 손에 쥐고 있었다. 바깥세상이 강요한 고정 관념에서 벗어나는 것이 뿌듯했다.

세월이 흐르면서 매슈는 점점 희미해졌다. 지금도 이따금 그의 존

[•] 한쪽의 성에 해당하는 성기와 이차 성징을 가지고 있음에도 부적합감과 다른 성에 속하고자 하는 욕망이 있어 심각한 개인적인 스트레스를 경험하는 증상

재가 느껴지긴 하지만. 결국 20대 초반에 내가 '퀴어'인 것을 커밍아웃했다. 처음에는 '퀴어처럼 행동할 생각은 없지만 내가 좀 다르다는 느낌이 들어' 정도였으나 홀씨가 영양분을 공급받고 발아하여 팽창할 공간을 받은 뒤, 나의 모든 수수께끼 같은 부분들을 온전히 받아들이기로 한 뒤 더 자신 있게 양성애자를 자처할 수 있었다. 머지않아 여자들과 첫 연애를 시작했다. 몇 년간은 나의 지향과 성별을 확고하고 구체적으로 이해했다는 느낌이 들었다. 나는 양성애자 여성이었다. 하지만 2010년대 중반 트랜스 정체성을 둘러싼 논의와 이론이 주류 담론에 폭발적으로 쏟아져 들어왔다. 느닷없이 매슈와의 어릴 적 경험, 여전히 (덜 격렬하긴 하지만) 불쾌하게 느껴지는 그 경험을 표현할 체계를 손에 넣었다. 문제가 완전히 해결되었다고 말할 순 없지만.

왜냐면 이 책을 쓰는 지금도 나의 성별 정체성은 여전히 미심쩍고, 여전히 모호하고 무정형이기 때문이다. 나는 여성일까? 논바이너리일까? 솔직히 잘 모르겠다. 어떤 사람들에게 성별은 매우 뚜렷한 사실이며 그들은 이 명료성을 선물로 여긴다. 내겐 명료성의 결여가 이따금 짐처럼, 꼬리에 꼬리를 물며 결코 끝나지 않는 질문들처럼 느껴진다. 하지만 이 모호성을 나름의 선물로 여길 때가 더 많다. 중간에 있는 것, 범주화되지 않는 것에는 가치가 있다. 확실성을 우대하는 문화에서조차 그렇다. 이것이 내가 이 책에서 탐구하고 싶은 중심 주제다. 그리고 나의 곁에는 내가 스스로를 더 온전히 바라보게 도와주고 나의 모호성에 대한 거북함을 가라앉혀준 수많은 존재들이 있다.

표현형의 관점에서도 나는 (사람들 말마따나) 인종적으로 모호하다. 한번은 통학버스에서 한 아이가 내게 '진짜 아빠'가 누구인지 아느냐고 물었다. 사람들은 내 혈통을 푸에르토리코인, 유대인, 흑백 혼혈, 스페인인 등으로 추측한다. 어떤 말을 들어도 기분이 상하진 않지만 기억하건대 맞힌 사람은 한 명도 없었다. 검고 꼬불꼬불한 머리카락, 굵은 눈썹, 인상적인 다리털은 서아시아 혈통의 흔적이다. 나의 조상은 아르메니아 인종학살 생존자로, 오스만 제국이 우리 동족 약 150만 명을 몰살하던 1915년 미국으로 피란했다.[1] 나의 옅은 피부와 주근깨는 엄마 쪽인 아일랜드계에서 왔다. 외가 조상들은 1900년대 초 극심한 곤경에서 벗어나고자 미국에 왔다. 나의 아르메니아 친가는 강제 동화를 당했는데, 이 때문에 케시시안이던 나의 성은 이민국 공무원에 의해 싹둑 잘려 케이시언이 되었다. 내가 30대 초반까지도 몰랐던 사실이다. 원래 성은 '사제의 아들'이라는 뜻으로, 호박벌이 정교하게 적응한 다리 주머니에 꽃가루 알갱이를 담듯 수천 년의 역사를 담고 있다. 가운데 이름은 길 잃은 여행자가 닳아빠진 지도에 안절부절 매달리는 이야기를 담고 있다.● 지도에는 중요한 갈림길마다 커다란 얼룩이 묻어 있다. 나는 도망치는 문어처럼 미국 인종 분류 체계의 틈새를 미끄러져 다닌다.

나는 자라면서 우리 집 진입로 밑에 있는 배수로에 숨은 채 많은 시간을 보냈다. 배수로는 앤디의 집 앞 연못에서 우리 집 마당 개울로

●   케이시언의 가운데 이름 오노니우는 아프리카 나이지리아와의 관계를 시사한다.

물을 흘려보냈다. 너비가 1.5미터, 길이가 9미터인 커다란 금속 파이프로 만들었는데, 길이는 길어도 바깥의 햇빛이 희미하게나마 비쳐들 정도는 됐다. 하지만 50센티미터 깊이의 물 아래에 있는 나의 발을 보기엔 너무 어두웠다. 물 속에 잠겨 있거나 돌 위나 진흙 가장자리에 가만히 앉아 위장하고 있는 것들을 보기에도 너무 어두웠다. 그래서 좋았다. 나는 주변 생물들이 무섭지 않았다. 그들의 추잡한 존재 방식이 거슬리지 않았다. 나는 그들의 물컹물컹한 소굴로 인도하는 초대장을 신성하게 받들었다. 뻔질나게 그곳을 찾았다. 유소성 줄무늬방울뱀처럼 공동의 거처인 종간(interspecies)* 굴로 돌아갔다. 친구가 필요할 때, 마음을 가라앉혀야 할 때, 흥분하고 싶을 때, 그리고 시간이 지나면서 트라우마나 인생의 고비를 이겨내야 할 때 그곳에 갔다. 이 어둑어둑하고 축축한 공간에서 미국살무사, 유혈목이, 표범개구리, 늑대거북, 소금쟁이, 그리고 다른 아이들과 많은 시간을 보냈다. 여자형제 셋, 남자형제 둘, 앤디의 아들인 댄과 샘이 있었고 우리와 감히 어울릴 만큼 용감한 아이들도 이따금 찾아왔다. 하지만 대개는 내가 배수로의 유일한 인간이고 싶었다.

나는 다른 사람 눈에 띄지 않을 때 가장 안전하다고 느꼈다. 그러면 사회의 시선 밖으로, 문화적 처방과 개입의 손아귀 바깥으로 나갈 수 있었다. 머리를 풀어 헤칠 수 있었고 양성적 옷차림을 할 수 있었고

* 여러 종이 함께 깃들어 산다는 뜻

진흙투성이가 될 수 있었다. 배수로나 숲에 있으면 양서류처럼 움직이고 변신하고 기어다니고 물살에 흔들리는 조류(藻類)처럼 일렁일 수 있었다. 남자애도 아니고 여자애도 아니고 어떤 정체성도 지니지 않을 수 있었다.

◎

유럽과 미국의 문화에서는 뱀을 싫어한다. 실제로 많은 종이 멸종 위기종이나 멸종 우려종이 되었다.[2] 서식처 파괴와 뱀 '일제 소탕'[3](이 기간에 사람들은 뱀을 죽일 수 있는 만큼 죽인다)이라는 무지하고 끔찍한 짓거리 때문이다. 초등학교 때 같은 반 아이가 자부심에 눈을 반짝이며 자기 아빠가 해마다 두 번씩 뱀 사냥을 한다고 말하던 기억이 난다. 아이 아빠는 교외 주택 주변을 순찰하며 뱀을 마주치는 족족 목을 잘랐다. 그러고는 대가리를 일렬로 늘어놓아 자녀들에게 보여준 뒤 몸통을 절단하여 쓰레기통에 버렸다.

아이의 자부심은 아빠가 가족을 지켜준다는 믿음에서 비롯했다. 사람들은 이 학살을 정당화하기 위해 뱀이 위험한 동물이라고 주장하는데, 이 주장은 대체로 거짓이다. 미국에 서식하는 대부분의 뱀은 독이 전혀 없으며 사람에게 어떤 해도 끼치지 않는다. 맹독성 줄무늬방울뱀[4](초기 분류학자 칼 린네에 의해 1758년 '무섭다(*horridus*)'라는 종명을 부여받았다[5])조차 지난 30년간 미국을 통틀어 여남은 명의 목숨을 앗았을 뿐이다. 뱀이 매우 공격적이라는 통념은 사실과 다르다. 오히려 겁이 많다.[6] 도망칠 수 없으면 대개는 어설픈 인간에게 경고를 보내려고 위협한다. 무는 것은 최후의 수단이다. 이런 까닭에 뱀물림의 절반이 불운한 사고가 아님은 놀랍지 않다. 피해자들은 뱀을 종교 제의에 쓰다가 물린 것으로 추정된다(서구 기독교의 이야기와 은유에서는 뱀을 악마의 형상으로 곧잘 묘사한다).[7]

모든 문화에서 뱀을 증오하는 것은 아니다. 아르메니아 민간전승에서는 뱀을 친구와 수호자로 여기며 때로는 사별한 연인의 영혼이 깃들어 있다고 생각한다.[8] 민담에서는 초자연적 동물로 흔히 등장하는데, 사람들은 뱀이 언제나 마법을 부릴 줄 알며 행운과 지혜를 가져다준다고 믿는다. 이를테면 아르메니아 축일인 함파르춤은 예수 승천, 마법, 자연, 물을 찬양하는데, 뱀과 관계가 있다.[9] 사람들은 옛 곡물과 우유로 만든 푸딩인 '가트나부르'를 먹는다. 여자들은 약초로 목욕하며 물을 길어 별빛에 우린다. 사람들은 전날 한밤중에 시간이 멈춘다고 믿는다. 물이 흐름을 멈추고 동물은 숨을 참는다. 그러면 뱀왕이 꽃의 언어를 말하기 시작한다.[10] 그가 꽃에게 말하는 것을 보는 사람은 누구든 축복받는다.

뱀왕은 '뱀 성인'이라고 불리며 우리의 조상이다. 그들은 주도면밀하고 민감한 혀와의 접촉을 통해 지식을 나눠준다. 이렇게 생각하고 싶다. 뱀이 혀를 날름거리면서 나의 어릴 적 자아에게 땅에 대한 조상의 지식을 전해주었다고. 어두운 배수로에 숨어 뱀 성인을 발치에 둔 채 나는 순응의 문화적 칼날이 머리 위로 지나가며 다름과 다양성의 표출을 잔디 깎듯 깎는 것을 감지했다. 뱀 성인 덕에 잔디깎이가 지나갈 때까지 참고 기다릴 수 있었으며 내 본연의 형상으로 자라날 시간을 벌 수 있었다. 이 친구들은 나를 다정하게 지켜주고 가르쳐주었다. 뱀의 보호와 교훈은 자연에서 온 부적이며 내가 살아가는 동안 자라나 형체를 갖췄다.

내가 가장 큰 희열을 느낀 것은 그들을 통해서였다. 이 배수로 안에서도, 어릴 적 집 주변의 숲과 소택지에서도 느낄 수 있었다. 나는 주위의 풍성한 생명체들에게 증인이 되어주는 법을 배웠다. 다양성이 자연에 풍부할 뿐 아니라 자연의 전제 조건임을 깨닫기 시작했다. 우리 세계의 존재들은 다름에 근거한 계약의 거미줄로 엮여 있다. 우리는 모두 특별한 땅의 언약을 맺어 물, 햇빛, 철, 당을 매개로 에너지를 교환한다. 모두가 무언가를 주고받으며 모두가 필연적으로 다르다. 이 다름은 긍정적이지도 부정적이지도 않다. 그저 있을 뿐. 소금쟁이는 자신을 잡아먹는 개구리 못지않게 진화한 존재이며 개구리가 세상을 헤쳐 나가는 모습은 우리 인간을 매혹한다. 나는 우리가, 뱀, 벌레, 개울, 숲, 그리고 내가 결코 서로를 떠날 수 없음을 깨달았다. 나는 공간을 차지하려고 다투는 여러 사람(매슈와 패티)이었으며 이 유기체들 또한 한 몸 안에 든 여럿이었다. 인간은 이 집합적 몸의 일부다. 우리가 이 몸을 보호하려 하든 하지 않든, 기억하든 하지 못하든. 배수로와 숲의 생물들과 함께 키워나간 친밀감으로부터 나의 자아를, 아무리 느릴지언정 고스란히 받아들이겠다는 결심이 싹텄다. 사회적 이분법이 나의 물속 팔다리를 자르겠다고 위협할 때조차.

◎

'자연'이라는 낱말의 일상적 쓰임에는 많은 의미가 담겼다. 자연은 인간 종과, 그리고 우리의 일상 세계와 구별되는 공간을 뜻한다.[11] 이 낱말은 '거대한 분리'라는 개념을 떠올리게 한다. 자연이라는 말은 인간이 자신의 원천인 원시적 오물보다 숭고하고 동떨어진 존재임을 뜻한다. 하지만 이 칸막이는 과학적 사실이 아니라 문화적 선택이다. 생물학과 진화의 관점에서 보면 인간이 자연이고 자연이 인간이다. 둘을 별개의 영역으로 규정해야 하는 필요성은 다른 종과의 관계에 점차 균열이 생긴 결과다. 상상 속 틈새에 쐐기가 박혔다.

내게 '자연'은 나무와 다람쥐 같은 밋밋하고 상투적인 이미지를 뛰어넘는다. 자연은 나무와 다람쥐의 '관계'에 더 가깝다. 부분의 합보다 큰 생명력을 그들에게 불어넣는 활기찬 펄럭임처럼. 자연은 살아 있는 것뿐 아니라 바람, 물, 흙, 불 같은, 살아 있지 않다고 여겨지는 것들도 아우른다. 자연은 '새'가 아니다. 바다를 가로질러 연인에게 돌아가는 앨버트로스의 날개를 들어올리는 더운 바람이다. 모래 속에서 겨울잠을 자다 따뜻한 봄비가 내리면 뛰쳐나와 먹이와 짝을 찾으려고 밤새 요란하게 우는 쟁기발두꺼비다. 자연은 당신이다. 갓 태어난 조카를 보고서 울먹이는.

나는 인간과 자연을 가르는 선을 뭉개는 것을 좋아한다. 우리 인류가 제 스스로 강요한 고립 속에서 지독히 외로워졌다고 생각하기 때문이다. 이 때문에 지구의 생물 다양성이 무지막지하게 훼손되고 있다. 나에게 가장 큰 우정, 확신, 영감을 선사한 종들이 인간 사회에서 가장 멀찍이 내쫓기고 있다. 인간의 '바람직한' 특질(똑바로 설 것, 논리적일 것, 두 발로 걸을 것, 이분법적 성별을 가질 것)과 가장 거리가 멀다는 이유에서다. 이 생물들과 개인적으로 맺어지면서 나는 가장 힘겨운 시기에 기이한 소속감과 안도감을 느꼈다. 그 보답으로 그들의 이야기를 여러분에게 들려주어 작으나마 내 몫을 하고자 한다. 이 이야기를 들은 당신도 땅의 친밀함, 우리 세포들 사이의 가까움, 서로에 대한 기억을 느끼길 바란다.

내가 자라면서 겪은 지배적 미국 문화는 대부분의 생물에게 지독한 폭력을 가한다. 인간은 땅과 그곳에 깃든 온갖 존재들을 마음대로 다룰 능력뿐 아니라 자격까지도 스스로에게 부여했다. 나머지 종이 '권리'를 누릴 자격이 있다는 생각은 많은 사람들에게 터무니없게 늘린다. 심지어 내가 어릴 적 들은 환경주의적 메시지조차 지구의 파괴가 인간에게 미치는 영향에 초점을 맞추었을 뿐 다른 종에게 미치는 영향에는 무심했다. 내게는 다행하게도 우리 부모님은 새끼 방울뱀에게 그랬듯 동물을 다정하게 대하는 본보기를 보여주었다. 또한 내가 과학과 자연에 흥미를 느끼도록 북돋웠고 혼자서 몇 시간씩 숲을 거닐게 내버려 두었으며 파충류 같은 동물을 만지게 허락했다. 하지만 무엇보다 내가 자연과 맺은 관계는 다른 사람들에게 배우지 않은 지극히 개인적인 관계였다. 인간관계, 교육, 진로, 취미, 그리고 내 나름의 우주관을 비롯한 나머지 삶은 내가 맺은 관계를 중심으로 형성되었다.

나는 주로 사적이고 내가 주도하는 방식으로 다른 존재들과 관계를 맺었지만 지배적 문화의 바깥을 바라봄으로써 관계를 깊게 하는 법을 배웠다. 이를테면 나의 조상, 특히 아르메니아 혈통을 탐구하면서 조금씩 가르침과 영감을 얻었다. 나는 아르메니아인 공동체와 동떨어져 자랐기에 կարոտ(가로드)라는 그리움의 감정을 평생 느꼈다. 아르메니아 시인 발라키안(Peter Balakian)은 이렇게 썼다.

가로드: 뱀의 혀.
추방, 고향에 대한 그리움을 뜻한다.
아니, '가로드'의 의미는 욕망일까?
태어난 곳에 대한 갈망.[12]

나는 아르메니아 문화(어릴 적 집 여기저기에 깔린 식물성 염색 수공예 양털 양탄자처럼 정교하고 감정을 불러일으키는 문화)를 깊이 이해하려는 욕구를 늘 느꼈으며 이따금 단편적 정보를 얻으면 마치 토끼굴에 빠지듯 하릴없이 매료되었다.

얼마 전 아르메니아에서 인기 있는 아기 이름을 알려주는 매우 단순한 2000년대 HTML 사이트를 스크롤한 적이 있다. Սեդա(세다.

Sēda)라는 이름이 눈을 사로잡았다. 옆에 딸린 번역 때문이었다. "숲의 정령 또는 목소리." 나는 생태영성이 작게 반짝거리는 모습에 매혹되었다. 저 이름은 내가 속하고 싶은 세계로 들어가는 작은 관문 같았다. 하지만 당혹스럽게도 이 소박한 웹사이트에는 인용 출처가 전혀 표시되어 있지 않았다. 아르메니아 문화가 오스만튀르크에 의해 대부분 파괴되고 인종학살에서 살아남은 사람이 거의 없는 탓에 이런 소소한 수수께끼는 매우 흔했다. 나는 아르메니아 예레반에 사는 친구 브레지에게 번역을 검증해달라고 부탁했다. 친구는 아르메니아에 사는 여느 사람과 마찬가지로 여러 언어를 유창하게 구사했으며 시적 재능이 있었다. 브레지는 이 이름이 좀 낯설다고 했다. 하지만 이 낱말이 고대 아르메니아에서 왔고 어원이 기독교 이전 조로아스터교까지 거슬러 올라갈지도 모른다고 말했다. 조로아스터교는 아르메니아가 서기 301년 기독교를 공식적으로 받아들이기 전까지만 해도 지금의 이란과 아르메니아에서 가장 널리 퍼진 종교였다. 나는 이를 계기로 새로운 연구 분야에 발을 내디뎠다. 그리고 자연에 대한 숭배와 깊은 관심이 조로아스터 신앙의 핵심 교리임을 알게 되었다. 조로아스터교 팔레비어 경전에서는 이렇게 말한다.

물과 식물에 대해 죄를 저지르고(비록 잔가지 하나를 꺾었을지언정) 속죄하지 않으면 이승을 하직했을 때 세상 모든 식물의 정령이 그의 앞에서 벌떡 일어나 그를 천국에 들여보내면

안 된다고 아우성친다.[13]

컴퓨터 앞에 앉아 이 구절을 읽자 시간이 접히는 느낌이 들었다. 내 몸이 나를 떠나 수천 년 전 아르메니아인들과 잠시나마 하나가 되는 것 같았다. 나는 이 개념에 무척 감명받았다. 학대받은 식물들이 합세하여 인간의 영원한 구원을 좌절시킨다는 발상에는 엄청난 위력이 있다. 이 세계관에서 천국의 관문을 지키는 것은 인간 형상의 천사가 아니라 소나무와 노린재다. 인간 아닌 종은 내재적 가치만 있는 것이 아니다. 스스로 결정을 내릴 수도 있다. 지구에서 우리와 함께 살아가는 동료이자 협력자이자 동반자이며 땅에서 살아가기 위한 물질적 욕구뿐 아니라 도덕적 행위 능력도 갖췄다.

때마다 나는 다른 문화와 사상가를 운명적으로 만나면서 생각의 변화를 겪었다. (지금은 북아메리카라고 불리는) 이곳 거북섬[14]의 '친족 중심' 생태학은 정적(靜的)인 '그들'만이 아니라 동료 '존재들'이 생태적 그물망을 이룬다는 발상이다.[15] 이 용어와 가장 직접적으로 연결된 것은 전통생태지식 체계와 토착 학문이다. 이것은 포타와토미족 식물학자 로빈 월 키머러가 제시한 것과 같다(생명을 긍정하는 키머러의 글을 처음 읽은 것은 2012년 《오라이온 매거진》에서였으며 이는 내가 직업적 과학자의 길에 들어서는 계기가 되었다). 라라무리족 엔리케 살몬은 이 개념을 '이위가라'(iwígara)라는 낱말을 통해 묘사한다. 모든 생명체가 서로 연결되어 같은 '숨'을 공유하며 숨 쉬는 모든 것에 영혼이 있다는 믿음이다.[16] 이 세계관에 따르면 우리의 집합적 이야기에서 주인공은 인간이 아니다. 어느 문화에서든 많은 아이들이 생래적으로 이해하듯.

이 만남은 때로는 매우 가까운 곳에서, 가장 뜻밖의 장소에서 일어나기도 한다. 뉴욕주 시러큐스에는 대학원생들이 주로 찾는 인기 있는(이라고 쓰고 '저렴한'이라고 읽는다) 술집 비어벨리델리가 있다. 나는 20대 초이던 어느 저녁 친구와 싸구려 포도주를 실컷 퍼마시고 있었다. 친구는 매우 똑똑한 인물로, 이상주의적이면서도 갈피를 잡기 힘들었는데, 나는 이 두 가지에 끌렸다. 우리는 종종 만나 정치와 문화에 대해 열띤 대화를 나눴다. 교도소 체제의 정치적 측면을 주제로 박사 연구를 하던 친구가 받은 사회학과 지리학 수업은 내가 받은 것과 사뭇 달랐다. 나는 엄격한 과학 기반 수업을 들으면서 철학과 이론에 갈증을 느꼈는데, 그녀는 온갖 철학과 이론을 섭렵하고 있었다. 포도주를 홀짝거리면서 요즘 수업 시간에 무슨 글을 읽고 있느냐고 물었더니 이런 대답이 돌아왔다. "퀴어 이론을 읽고 있어." 얼떨떨했다. 이미 스스로를 퀴어로 정체화하고 있었지만(친구는 나의 비적시근한 초장기 커밍아웃 시도를 지지해주었다) 그녀가 말하는 '이론'이 무슨 뜻인지 알 수 없었다. 친구는 '퀴어'(기이하다)라는 낱말의 새로운 의미와 이를 둘러싼 운동·학문의 역사를 자세히 들려주었다. 전율이 일 만큼 해방적인 동시에 더없이 자연스럽게 느껴졌다. 이전에는 연결된 줄 몰랐던 수많은 오래된 생각, 감정, 행동이 느닷없이 한목소리로 합창하기 시작했다. 나 자신의 지향, 오랜 운동의 역사, 늘 함께한 '타자' 감각, 심지어 뱀과 버섯을 향한 사랑까지 모든 것이 아귀가 딱 맞아떨어졌다. 그날 밤 토끼굴에 빠진 것만이 아니었다. 그 뒤로 여러 해 동안 강박적이고 자발적인 학습에 빠져들었다.

'퀴어'는 성적 지향, 성별 정체성 및 표현, 가족 구성 등에 대한 일반적 기대를 거스르는 모든 존재 방식을 가리키는 포괄적 용어다. 한때는 '정상'이나 이성애 규범에 속하지 않는 행동을 모욕적으로 일컫는 말이었으나 1980년대와 1990년대 에이즈 정치 운동을 통해 '게이'와 '레즈비언'이라는 용어에 해당하지 않는 하위집단을 아우르는 새로운 의미를 얻었다. 중요한 사실은 퀴어가 행동을 촉구하는 명령이라는 것이다. 퀴어는 모두에게 해로운 지금의 현실을 빚어내는 여러 이분법을 거부하라고 말한다.[17] 퀴어는 오늘날 문화에서 '정상'으로 간주되지 않는 성 및 성별 범주를 가리키는 데 주로 쓰이지만 무엇이 '정상'이고 무엇이 '일탈'인가를 모호하게 만드는 모든 것을 뭉뚱그려 가리키는 데에도 쓰일 수 있다. 퀴어 이론은 이렇게 묻는다. 정상으로 범주화된 것은 무엇이며 그 이유는 무엇인가? 인종, 성별, 종교, 지향, 능력, 심지어 종의 형태로 나타나는 우리 사회의 구조는 어떻게 이 범주화를 강화하는가?

우리 문화의 이분법적 규칙(남성 대 여성, 백인 대 흑인, 퀴어 대 비퀴어)은 위계질서를 만드는 데 동원된다. 각 범주 안에는 바람직하다고 여겨지는 특질의 집합이 있는가 하면 나약하고 꼴사납고 역겹고 타락했다고 여겨지는 특질의 집합도 있다. '정상' 특질을 지닌 사람들은 '일탈'

집단에 비해 우월하고 지배적인 위치에 놓인다. 집단과 집단이 어떻게 다른지에 초점을 맞춤으로써 우월한 집단과 예속한 집단 사이에 거리가 생겨나며 그 공간 안에서 지배와 폭력이 일어난다.

미국에서 인종이 생겨난 과정을 한번 보자. 백인 노예주들은 흑인 노예제를 도덕적으로 정당화해야 했다. 또한 유럽인 한시노예●와 아프리카인 노예 사이에서 갓 생겨난 계급 연대에 균열을 일으켜야 했다.[18] 그리하여 그들은 백인이 본디 생물학적으로 우월하다는 거짓 전제를 내세워 인종 위계질서를 구축하고 설파하고 잔혹하게 강요했다. 동료 인간이 아니라 열등한 존재를 노예로 삼았노라고 주장했다. 유럽인 한시노예와 아프리카인 노예 사이의 차이는 날조된 것이었지만 시간이 흐르면서 이 차이는 지배 계급에 맞서 집단적 투쟁을 벌이는 사람들 사이의 유의미한 유사성보다 더 현실적으로 느껴지기에 이르렀다. 이번에도 상상 속 틈새에 쐐기가 박혔다. 이 권력 위계질서는 역사를 통틀어 집단 간의 모든 중요한 갈등을 (적어도 부분적으로) 이해하는 열쇠다.

이 과정은 종종 '비인간화'라고 불리지만 '인간 이하'라는 표현은 다른 생명체를 학대해도 괜찮다는 의미를 담고 있는 또 다른 거짓 이분법이다.[19] 인간예외주의(자연은 지배당해 마땅하고 인류가 우월하다는 허구적 믿음)는 인간을 자연으로부터 소외하여 말 그대로 우리 동반자들의 파

● 이주 희망자들이 돈을 빌리는 대가로 대부자를 위해 일정 기간 동안 노예로 일하는 것

멸을 향한 길을 닦았다.[20] 역사적으로 보면 심지어 과학 안에서도 인간 예외주의는 우리가 '존재의 대사슬(scala naturae)'을 통틀어 신에 가장 가깝고 그의 형상을 따라 지어졌다고 암시했다.[21] 이 위계질서에서 인류 아래에는 우리와 가장 비슷한 침팬지 같은 동물이 있었고 그 아래에는 다른 포유류, 그 아래에는 다른 척추동물 순으로 순서가 매겨졌다. 우리는 의식과 영혼을 가졌다는 점에서 남달랐다. 나머지 모든 생물은 인간을 먹여 살리기 위해 이 땅에 존재하거나 어떤 존재 이유도 없거나 둘 중 하나였다. 몇몇 과학자는 인류에 대해서도 비슷한 위계질서를 만드는 일에 몰두하여 유능한 정신과 신체를 지닌 유럽인을 나머지 모든 인종의 위에 두었다.

진화생물학은 '지적 설계'라는 창조론적 세계관을 논박하고 다른 문화들처럼 신이 없고 만물이 서로 얽혀 있는 우주론을 긍정한다. 하지만 진화론 이전의 유물은 세속적 사회와 과학 둘 다에 여전히 남아 있다. 일례로 과학자들이 인간 유전체와 여타 종들의 유전체에 대해 염기 서열을 분석했을 때 많은 사람들은 우리 유전체가 나무나 도롱뇽보다 작다는 사실에 놀랐다.[22] 과학자들은 생물 진화의 복잡한 면면을 이해했으며 인간이 사슬의 '꼭대기'에서 천사 곁에 있다고 곧이곧대로 믿진 않았지만 그럼에도 우리가 가장 크고 가장 복잡하고 가장 **낫**다고 가정했다. 그랬기에 하등한 도롱뇽이 인간보다 유전자 개수가 많을 수 있다는 발견은 이미 확인된 사실을 재확인한 것에 불과했는데도 놀라움으로 다가왔다.

서로 다른 종의 '우열'을 논하는 것은 비과학적이지만 그럼에도 과학자들은 인간예외주의를 끊임없이 입에 올린다. 나는 동료들이 다른 종을 '우둔하다'라고 묘사하는 말을 종종 듣는다. 과학자들은 다른 종을 인간과 비교하는 지능 검사를 설계하지만 인간의 지능과 다른 앎의 방식은 간과하는 경향이 있다. 이를테면 인간인 나는 도심 숲에서 스컹크가 가진 것만큼의 자원만 가지고서 살아남을 수 있을까? 표지판이 없는 숲과 소택지를 몇 킬로미터씩 걸어 작년에 겨울을 난 바로 그 굴로 통하는 작은 구멍을 찾을 수 있을까? 이건 일종의 지능 아닌가? 인간의 신체와 행동에는 다른 종과 구별되는 점이 많지만 이런 특질을 가지고서 위계질서를 세우는 것은 비과학적 오만이다. 바로 이 오만이 지구와 이곳에 깃든 모든 생명을 위기로 몰아넣었다.

전 세계에서 식민주의(다른 집단의 땅을 점령하고 정착하고 착취하는 과정[23])는 땅을 수탈하는 채굴 산업을 벌이거나 동반자 생물종을 돌보는 토착민을 절멸하여 생물 다양성을 감소시킨다. 동반자 생물종의 생명은 우리의 생명과도 얽혀 있는데 말이다.[24] 오늘날 맞닥뜨리는 기후 위기 앞에서 우리는 철학자 바요 아코몰라페(Báyò Akómoláfé)가 말하는 '종말 이후 민족'이 이미 우리 가운데 있음을 명심해야 한다.[25] 그들은 인종학살 생존자와 그 후손들이다. 과거 대멸종 사건이나 서식처 파괴에서 살아남은 종들이다. 에이즈가 창궐했을 때 환자를 방치하고 악마화한 공공 보건 위기 때문에 친구, 연인, 우상, 멘토를 잃은 퀴어 생존자들이다. 우리는 상상할 수 없는 붕괴를 겪거나 그 잿더미에서 생겨난 사람들과 그 후손들이다. 우리의 생활세계는 완전히 멸종했거나 멸종할 뻔했고, 언어는 지워졌으며, 본토는 식민화되어 관리자를 영구적으로 빼앗겼고 관리자는 본토를 영구적으로 빼앗겼다.

우리는 인간이 일으킨 기후 변화의 시대인 대농장세(Plantationocene)를 살아가고 있다. '대농장'식 농업이 처음으로 가능해진 것은 사회 질서를 생태계에 각인한 대서양 노예무역을 통해서다.[26] 역설적이게도 바로 이 황량한 경관에서 나는 희망의 흔적을 발견했다. 이 감정의 뿌리는 종말 이후 존재들, 무엇보다 조상의 땅에서 쫓겨난 존재들에 대한 존경심이다. 나의 조상과 내가 사랑하는 사람들의 조상이 생존을 위해 그토록 치열하게 싸웠는데 내가 뭐라고 좌절하나? 식민주의와 인종학살에 맞서 수백 년간 투쟁한 사람들이 있는데 내가 뭐라고 추상화된 '시대의 종말'에 무릎 꿇나? 이 다짐을 지켜내기 위해 '퀴어'라는 낱말로 돌아간다. '퀴어'는 동지애의 정신과 저항의 역사를 소환한다. 지금 이 순간에 맞서려면 과학과 사회사의 지식을 버무려야 하며 당당하고 퀴어한 종간(種間) 사랑을 길러내야 한다고 굳게 믿는다. 우리 모두에게는 공동체를 건설하고 회복력을 입증하고 문제를 해결하고 기쁨을 북돋우는 데 딱 맞는 특별한 재능이 있다. 이 모든 솜씨가 필요하고 바람직하고 귀중하다. 기후 변화는 과학자나 환경주의자만 고민하면 되는 기술적 문제가 아니다. 지금은 집단적인 새로운 상상이 필요한 다차원적 지질시대다.

◎

신생 학문인 퀴어생태학은 자연에 가득한 퀴어함을 눈여겨보게 해준다. 이 포괄적 개념 아래에 느슨하게 모인 학문들을 통해 우리는 과학이 어떻게 작동하는지, 전반적 문화가 과학에 어떤 영향을 미쳤는지 탐구할 수 있다. 퀴어생태학은 성과 생식을 둘러싼 잘못된 서사를 찾아내게 해줄 뿐 아니라 인간의 편견이 과학에 스며든 수많은 사례를 기록하라고 독려한다. 퀴어생태학은 우리 분야에 어떤 상자●가 존재하는지, 누가 상자를 만들었는지, 상자를 부수면 무엇을 배울 수 있는지 질문하라고 과학자들을 도발한다. 조로아스터교와 친족 중심 생태학이 그렇듯 퀴어생태학은 다른 존재들의 복잡한 생활세계를 강조하며 대부분의 사람들에게 친숙한 인간 중심 서사의 바깥으로 초점을 옮긴다.

내게 어릴 적 숲과 습지는 퀴어한 표현과 희열을 위한 장소였으며 생물학적 가족뿐 아니라 내가 선택한 가족 둘 다를 가져다주었다. 이 종들은 신체적으로 다양할 뿐 아니라 여러 방식으로 스스로를 표현하며 내게 선택지를, 가능한 생존 방법을 보여준다. 숲은 모순을 용인하고 장려한다. 일정하되 완전히 예측 가능하진 않다. 잔잔하되 흥미진진하다. 고요하되 끊임없는 삶으로 가득하다. 수천 년 전 두께가 1~2킬로미터나 되고 넓이가 대륙만 한 빙상들이 지구를 긁어냈다. 빙하가 물

●　상상력을 제한하고 순응을 강요하는 틀

러난 뒤 돌무더기에서 새로 벌어진 반란이었다. 이로써 새로운 서식처, 새로운 생태 틈새, 새로운 생명 가능성이 생겨났다. 산월계수 언덕에는 표석*이 흩뿌려져 있고 솔송나무 숲에는 봄웅덩이가 되는 돌개구멍**이 숭숭하다. 숲, 소택지, 초원, 사막, 심지어 (어느 정도는) 우리의 도시 환경은 반(反)대농장 농장이다.[27] 대농장이 지배, 경쟁, 탐욕을 보여준다면 생물 다양성이 큰 경관과 퀴어하고 조로아스터적이고 친족 중심적인 생태는 협력, 너그러움, 풍요를 우리에게 보여준다.

이 책에서 나는 자연이 얼마나 퀴어한지 탐구한다. 나는 어릴 적 경험, 퀴어 정체성, 균류를 연구하는 과학자로서의 작업을 통해 자연이 억압될 수 없고 제한될 수 없고 똑바로 정의될 수조차 없음을 배웠다. 자연에 편재하는 퀴어함은 인간 사회에 존재하는 이분법적 규칙에 도전한다. 성이 셋 이상인 균류, 까마귀의 동성 동반자 관계, 달팽이와 장어의 간성*** 몸에서 우리는 인류의 다양성을 이해하는 영감을 얻는다. 궁극적으로 퀴어함은 우리 모두를 정체성과 무관하게 더 불확정적이고 불확실하고 이행적이고 혼합적이고 상호의존적이고 협력적이고 비위계적인 존재 방식으로 초대한다. 바로 균류의 존재 방식이다. 이후의 장들에서는 무엇이 정상이고 아름답고 가능한가에 대한 통념에 도

---

* 빙하의 작용으로 운반되었다가 빙하가 녹은 뒤에 그대로 남게 된 바윗돌
** 암반으로 이루어진 하천의 바닥에 생긴 원통형의 깊은 구멍
*** 암수딴몸이나 암수딴그루인 생물의 개체에 암수 두 가지 형질이 혼합되어 나타나는 일

전하는 수많은 전복적 생물과 지구 시스템에 대한 나의 끈질긴 사랑을 당신과 나누고자 한다. 각각의 생물과 시스템은 회복력, 공동체, 다양성을 드러내어 내게 말을 걸었다. 나는 기억을 위한 길을 밝히고 싶다. 우리와 그들을 가르는 선을 뭉개고 싶다. 우리 모두가 종간 굴 속의 유소성 뱀이면 좋겠다.

다른 존재 방식들

나는 1학년부터 4학년까지 가톨릭 학교에 다녔다. 우리 학교는 작고 소박하고 남녀공학이었다. 남학생은 감청색 바지와 흰색 버튼다운 셔츠를 입고 감청색 넥타이를 맸으며 여학생은 감청색과 초록색 격자무늬 점퍼스커트•와 흰색 버튼다운 셔츠를 입고 흰색 스타킹과 메리 제인 구두••를 신었다. 고학년은 점퍼스커트 대신 주름치마를 입고 흰색 무릎양말을 신었다. 대담한 자기표현이래봐야 색색의 헤어밴드나 구슬 팔찌가 고작이었다.

쉬는 시간은 언제나 건물 앞 넓은 주차장에서 보냈다. 생물학적 특색이 없는 맨땅으로, 줄넘기와 축구공 두어 개 같은 기본적 체육 용품만 비치되어 있었다. 하지만 건물 뒤쪽에는 무성한 잔디밭이 있었는데, 남쪽과 서쪽은 숲으로 둘러싸였으며 동쪽의 개울 기슭에는 단풍나

• 소매 없는 웃옷과 스커트가 한데 붙은 옷
•• 앞코가 둥글고 발등에 가죽끈이 달린 여아용 에나멜 구두

무가 늘어서다. 선생님들은 곰의 습격을 당할지도 모른다면서 그곳에서 쉬는 것을 허락하지 않았다. 하지만 내게는 합리적 설명으로 들리지 않았다. 이 개울과 주변 숲을 잘 알고 있었기 때문이다. 개울을 따라 난 길은 조부모님 동네로 곧장 이어졌다. 형제자매들과 나는 이따금 방과 후에 허락받아 그 길을 걸었다. 엄마와 이모, 외삼촌들이 어릴 적 학교에 가던 바로 그 길이었다.

1학년 어느 날 숲 가장자리 개울이 나를 불렀다. 도무지 참을 수 없어 선생님이 아이들 실랑이에 한눈파는 사이 주차장에서 몰래 빠져나와 건물 옆쪽으로 돌아갔다. 이튿날이 '보여주고 말하기' 시간이었다는 점도 한몫했다. 특이한 숲 표본을 가져가면 반 아이들에게 깊은 인상을 줄 수 있을 테니까. 나는 개울 기슭으로 내려가 주변을 뒤지기 시작했다. 쪼그리고 앉을 매끈하고 평평한 바위를 찾아 휴식을 취했다. 나뭇가지에 앉은 매처럼 고요하고 힘 있는 존재처럼 느껴졌다. 개구리가 물속에 참방 뛰어드는 소리를 듣거나 뱀이 은신처에서 몸을 흔드는 장면을 염탐하고 싶었다. 애석하게도 그날은 너무 잠잠했다. 몇 분간 정적이 흐르고 나면 금세 쉬는 시간의 끝을 알리는 호루라기 소리가 들릴 것임을 알고 있었기에 조사 범위를 넓히기로 마음먹었다.

개울 기슭을 따라 올라가 숲으로 들어갔다. 이내 축축하고 이끼 낀 통나무에 늘어진 민달팽이 두 마리와 정면으로 맞닥뜨렸다. 당시 민달팽이는 사랑받지 못하는 존재에 대한 공감을 시험하는 잣대였다. 나는 민달팽이에 대해 나쁜 감정이나 악의는 전혀 없었다. 그저 그들의 존재를 받아들이고 내 갈 길을 갈 뿐이었다. 하지만 그날은 수업에 가져갈 것을 꼭 찾고 싶었다. 민달팽이의 갈색 주근깨박이 몸이 9월의 햇빛 아래 근사하게 반짝거렸다. 민달팽이를 통나무에서 집어 단풍나무 잎에 내려놓은 다음 손에 쥐고서 허겁지겁 주차장에 돌아왔다.

우리는 반 전체가 이동할 때마다 키 순서대로 줄을 서야 했다. 손은 기도하듯 가슴 앞에서 합장하거나 손가락을 깍지 껴서 허리 앞에 늘어뜨렸다. 나는 학년에서 제일 작았기에 늘 맨 앞에 섰다. 물론 그날 나뭇잎 위에서 몸을 뒤트는 외투민달팽이 한 쌍을 들고 있는 모습이 훤히 보였다. 나는 손을 합장할 수 없었다. 다행히 민달팽이의 목적을 선생님에게 설명했더니 얼굴을 찡그리면서도 내 계획대로 하게 해주셨다. 그렇게 민달팽이를 성찬용 제병 같은 성물인 양 오므린 손에 쥔 채 학생 행렬을 이끌고 학교 건물에 들어갔다. 교실에 도착하여 담임 선생님에게 병을 달라고 했다. 민달팽이를 단풍나무 잎과 함께 넣고 뚜껑을 살짝 열어두었다. 모든 것이 완벽해 보였다.

실제로도 그랬다. 이튿날 '보여주고 말하기'는 내가 바란 그대로 흘러갔다. 나는 미끌미끌한 두 친구를 반 아이들에게 보여주었다. 반응은 엇갈렸다. 놀라운 일은 아니었다. 어떤 애들은 나처럼 민달팽이에 경탄했다. 많은 아이들은 역겨워했다. 하지만 그게 내 목적이었다. 나는 괴상하고 도발적인 짓을 하는 게 재밌었다. 어릴 적부터 그랬다. 특히 나의 가톨릭 학교에서는 이런 도발이 필수적 자기표현처럼 느껴졌다. 매달릴 수 있는 버팀목처럼.

으쓱함은 오래가지 않았다. 잠시 뒤 여섯 살배기의 기쁨은 아이에게 결코 일어나서는 안 되는 무언가에 의해 끔찍하게 짓뭉개졌다. 그 뒤에 일어난 구체적 사건들은 흐릿하다. 가장 핵심적인 세부 사항조차 10년 내내 기억에서 완전히 사라졌다. 하지만 이것만은 뚜렷이 기억한다.

그날 보건실에 가서 신체검사를 받으라는 말을 들었다. 나만 갔는지, 한 명씩 전부 갔는지는 기억나지 않는다. 복도에서 혼자 기다린 건 기억난다. 보건실에 불려 들어가고 내 뒤로 문이 닫힌 것이 기억난다. 이상하게도 보건 선생님이 자리에 없던 것이 기억난다. 그 대신 처음 보는 남자가 서 있던 것이 기억난다. 흰색 가운을 입은 의사였다. 스타킹을 벗고 검사대에 누우라는 지시를 받은 것이 기억난다. 의사가 나를 성적으로 학대한 것이 기억난다. 그가 그 짓을 마친 뒤의 일은 통 기억나지 않는다. 이후 순간들은 기억나지 않는다. 어떻게 집에 갔는지 기억나지 않는다. 그 뒤 며칠이 기억나지 않는다. 나의 민달팽이들에게 무슨 일이 일어났는지 기억나지 않는다.

◎

내가 지금껏 가장 좋아하는 영화 중 하나는 〈마이크로코스모스: 풀의 사람들(Microcosmos: Le peuple de l'herbe)〉이다. 클로드 누리드사니와 마리 페레누가 1996년 각본을 쓰고 연출한 다큐멘터리다. 내레이션이 거의 없는 이 영화는 무척추동물의 삶을 섬세하고 내밀하게 묘사한다.[1] 〈마이크로코스모스〉는 위키백과에서 "제작 기간이 가장 긴 영화 목록"에 올라 있다. "조사에 15년, 장비 설계에 2년, 촬영에 3년"이 걸렸다고 한다. 그 덕에 관객은 육상 절지동물의 생활세계에 시각적으로, 청각적으로, 심지어 정서적으로 빠져들게 된다.

초원과 풀밭을 무대로 한 소리경관은 딱딱, 찌르르, 후드득 하는 소리가 뒤섞여 있다. 개미가 쐐기풀줄기에서 진딧물 감로를 핥고 쇠똥구리가 자갈밭에서 소똥을 굴리고 막벌 애벌레가 종잇장 같은 뚜껑을 뚫고 나온다. 무수한 가수들이 합창한다. 동물의 소리 사이사이에 브뤼노 쿨레의 기악이 울려 퍼져 영상을 보완하는 음악적 힌트를 시청자에게 전달한다. 이렇게 주인공의 기분을 암시하는 것은 동물 영상에서는 좀처럼 쓰지 않는 방법이다. 대부분의 사람들은 이 곤충과 그 밖의 절지동물이 엄밀히 말해서 동물임을 알면서도 지능, 복잡성, 아름다움, 심지어 느낌과 감각적 쾌락이라는 단순한 능력 같은, 우리가 다른 동물에게 부여하는 특징을 그들에게는 부여하지 않는다.

〈마이크로코스모스〉는 부제('풀의 사람들')에 걸맞게 인간(과 그 밖의 포유류)과 지구상에서 가장 다양한 동물 집단을 잇는 공통의 끈을 이래도 찾지 못하겠느냐며 시청자를 도발한다. 그리고 이를 성취하기 위해 미시적(micro)인 것을 거시적(macro)으로 만드는 수법을 쓴다. 풀밭과 꽃밭은 마천루가 솟은 대도시로 묘사된다. 작은 자주색 꽃은 꿀벌의 몸 전체를 고스란히 맞아들인다. 꿀벌은 비단결 같은 꽃잎 속으로 고개를 들이밀어 달콤한 꽃꿀을 마신다. 몸의 압력에 수술이 구부러져 꿀벌의 엉덩이에 꽃가루를 묻힌다. 여름 폭풍우가 풀밭을 휩쓸면 제 몸만 한 물방울과 씨름하는 귀뚜라미의 고충이 실감난다. 사슴벌레 두 마리가 힘겨루기를 벌인다. 큼지막한 큰턱이 부딪혀 달가닥거린다. 문득 뿔과 뿔을 맞댄 사슴 한 쌍과 별반 다르지 않아 보인다.

〈마이크로코스모스〉에서 가장 좋아하는 장면을 꼽는 것은 내게 불가능에 가깝지만 가장 기억에 남는 것은 단연 달팽이 한 쌍이 등장하는 장면이다. 맨 처음 보이는 것은 빽빽한 초록 이끼밭에서 반짝이는 점액 발자국이다. 카메라가 패닝숏으로 발자국을 따라가다 달팽이의 몸을 비추는 순간 극적인 아리아가 시작된다. 이 달팽이는 '헬릭스 포마티아(*Helix pomatia*)'('에스카르고'라고도 부른다)라는 종으로, 베이지색에 표면이 매끈하며 나선형의 딱딱한 껍데기를 짊어지고서 마치 섀그[•] 양탄자 위를 다니듯 이끼 위를 미끄러진다. 잠시 뒤 두 번째 달팽이가 화면에 등장한다. 둘은 마주보고 서서 섬세한 눈자루로 서로를 탐색하다 첫 접촉에 움찔한다. 하지만 둘 다 자신이 감각한 것을 마음에 들어한다. 처음에는 멋쩍은 몸수색을 벌이지만 이내 대담하게 상대방의 몸을 더듬는다. 오페라가 점점 크게 울려퍼지고 달팽이의 정사(情事)도 격렬해진다. 둘은 껍데기를 이용하여 똑바로 서서 하체를 딱 붙인 채 눈자루와 촉수로 서로를 어루만진다. 모든 것이 부드럽고 모든 것이 탐색하고

●　보풀이 일게 짠 천

모든 것이 느끼고 미끄러지고 쓰다듬는다. 이 장면을 보면서 달팽이가 쾌락을 느끼고 있다고 생각하지 않기란 불가능하다. 두 달팽이는 다정하다. 입맞춤한다. 하늘하늘 물결친다. 무아지경에 빠진다. 그 순간 세상이 무너져도 알아차리지 못할 것이다.

내 친구 레드 트레멀은 시카고 대학교에서 젠더와 섹슈얼리티를 가르치는 교수인데, 10대 대자(代子)에게 '성교육'을 시켜달라는 부탁을 받고서 이 영상을 보여주었다. 그는 파트너를 이렇게 대접하고 파트너에게 이렇게 대접받아야 한다고 설명했다. 동의하에, 느리게, 상호적으로, 반응하며, 민감하게. 나도 이런 교육을 받았다면 얼마나 좋을까. 이 장면의 달팽이는 퀴어한 존재다. 우리는 어느 쪽이 암컷이고 어느 쪽이 수컷인지 알 수 없다. 그것은 달팽이가 둘 다이기 때문이기도 하고 어떤 면에서는 둘 다 아니기 때문이기도 하다. 이런 탓에 달팽이의 행동은 더 유연하고 더 무궁무진하다. 무슨 일이 벌어질지 예상할 수 없다. 달팽이는 닳아빠진 대본을 그대로 따르는 게 아니라 미끌미끌한 새 악보를 본다. 한 마리 한 마리가 그 자체로 완벽하지만 그럼에도 상대방을 찾는다.

◎

달팽이와 민달팽이가 남기는 점액 발자국은 지난 수억 년간 땅 위에서 빛났다. 땅의 숲에서 깊고 어두운 바다까지 모든 서식처에서 어마어마하게 다양한 분류군인 복족강의 구성원들이 연체동물문에 속한 채 번성하고 분화했다. 학계에 알려진 연체동물문은 7000종이 넘는데,[2] 대부분 달팽이와 민달팽이다.[3] 그 밖에도 문어류, 오징어류, 조개류 같은 무척추동물이 있다. 형태와 특징이 매우 다양해서 말끔하게 간추리기 힘들다. 바다를 보금자리 삼은 민달팽이의 색깔, 장식, 무늬는 드래그 쇼 무희 못지않게 화려한 반면에 당신의 정원에서는 스펙트럼의 소박한 끝에 놓인 흙빛 달팽이들이 조용히 푸성귀를 뜯어 먹는다.

달팽이와 민달팽이는 다른 연체동물과 달리 독특한 '발'이 달렸는데('복족강'을 뜻하는 'Gastropoda'는 '배'를 뜻하는 'gastro'와 '발'을 뜻하는 'poda'의 합성어다), 이 근육을 수축시켜 이동한다.[4] 달팽이와 민달팽이는 몸이 말랑말랑하고 점액질이라는 점에서 대체로 비슷하지만 달팽이는 껍데기(나선형 탄산칼슘 보금자리)가 있고 대부분의 민달팽이는 없다. (하지만 일부 민달팽이는 아주 작은 껍데기 흔적이 남아 있는데, 이것은 껍데기 있는 조상에게서 진화했다는 증거다.[5]) 달팽이와 민달팽이는 종 다양성 못지않게 생식 전략도 천차만별이다.[6] 유상 계통은 대부분 자웅동체(hermaphroditic) 또는 간성(intersex)[7](이 범주에 속하는 많은 사람들은 후자의 용어를 선호한다[8])인데, 개체의 몸에 생식 기관이 동시에 존재하거나 순차적으로 존재한다는 뜻이다. 동시 간성이면 교미 행위는 주고받기로 이루어진다. 일부 복족류는 '연시(love dart)'라는 뾰족한 탄산칼슘 미늘을 생식관에서 발사한다.[9] 짝짓기 파트너들은 구애할 때 연시를 주고받는데, 연시는 살갗을 뚫고 들어가 수정 촉진 호르몬을 주입한다.

내가 가장 좋아하는 교미 전략은 대서양짚신고둥(*Crepidula fornicata*)에게서 볼 수 있다.[10] 이 종은 유생일 때에는 전부 수컷이다. 그러다 생활환의 어느 시점에 서로서로 올라타 둔덕을 쌓는다. 각 개체의 성은 둔덕에서의 상대적 위치에 따라 정해진다. 대서양짚신고둥은 몸을 뒤틀며 서로의 몸을 움켜쥐고는 가장 가까운 상대방의 성을 감지하여 수컷으로 남아 있거나 암컷으로 바뀐다.

퀴어함은 생명의 나무 어디에서나 흔히 볼 수 있다. 달팽이, 버섯, 흰개미, 조류(藻類), 돌고래를 비롯한 수많은 유기체가 보여주듯 협소한 상자, 이분법, 정해진 틀을 벗어난 생명은 가능할 뿐 아니라 풍부하다. 유기체, 특히 동물의 다양한 퀴어함은 수천 년간 전 세계에서 관찰되었다. 『생물학적 풍요: 성적 다양성과 섹슈얼리티의 과학』에서 과학자 브루스 배게밀(Bruce Bagemihl)은 동물계의 동성 커플, 트랜스젠더, 그 밖의 퀴어적 관계에 대한 100여 년의 방대한 기록을 취합했다.[11]

배게밀이 서술한 퀴어 동물의 사례 중에서 유난히 매혹적인 것으로 화식조가 있다.[12] 타조의 친척 화식조는 오스트레일리아 북부와 파푸아 뉴기니에 자생하는데, 몸집이 크고 날지 못하며 힘이 세다. 선키가 1.5미터를 넘고 몸무게가 45킬로그램에 달하며 하늘색과 붉은색의 피부, 큼지막한 발톱, 치명상을 입힐 만큼 강한 다리, 비죽 솟아오른 두개골, 깃털 대신 달린 뾰족한 가시털, 공룡을 연상시키는 울음소리를 가진 화식조는 판타지에 나올 법한 동물이다. 이 지역의 많은 사람들은 화식조를 성스러운 동물로 여기는데, 이것은 여러 성적 특질 때문이기도 하다. 배게밀에 따르면 삼비아족은 화식조를 '수컷화한 암컷'으로 여긴다. 생물학적 암컷인데도 질이 없다는 뜻이다.[13] 미안족은 화식조에게 음경이 달렸다고 믿으면서도 암컷으로 여기는 반면에 비-쿠스쿠스족은 간성 기관(기본적으로 음경과 음핵이 합쳐진 것)이 달렸다고 믿는다. 칼룰리족, 케라키족, 와리스족, 아라페시족은 화식조가 교차적 성별을 가졌으며 인간과 동물의 중간적 존재라고 여겨 숭배한다. 파푸아 뉴기니의 수많은 부족들은 동성애를 중심으로 한 젠더 벤딩(gender bending)● 제의를 벌일 때 깃털을 비롯하여 화식조의 신화적 힘을 상징하는 부위로 만든 의복을 입는다.

과학자들은 이런 믿음, 특히 비-쿠스쿠스족의 믿음에 근거가 있음을 확증하기 시작했다. 화식조 수컷은 여느 조류와 달리 실제로 남근이 있지만 짝짓기를 하지 않을 때는 질처럼 안으로 말려 들어가 있다. 이 남근은 삽입에 쓰이긴 해도 정액을 방출하지는 않는다. 정액은 총배설강(조류의 암수 둘 다에 있는 다목적 구멍으로, 소변, 대변, 수정, 산란에 쓰인다)에서 나온다. 화식조 암컷도 남근이 있는데, 크기만 작다뿐이지 나머지 특징은 수컷과 똑같다. 요약하자면 화식조의 성적 형태는 뚜렷한 이분법과는 거리가 멀다. 그러니 수만 년간 화식조와 더불어 살아온 사람들이 이 현상을 눈여겨보고 꼼꼼하게 관찰한 것은 놀랄 일이 아니다. 이 지역에는 성·종 전환, 젠더 벤딩, 항문 분만, 간성 현상을 다룬 이야기

● 성별에 따른 기존의 성역할이나 외모의 전형적인 모습을 의도적으로 뒤집거나, 뒤섞거나, 혹은 드러내지 않는 것

가 수없이 많다. 생물의 사례에서 정보와 영감을 얻은 이야기들이다.

과학자들은 이 해부학적 특징을 받아들이는 데 지독히 굼떴으며 심지어 저항하기까지 했다. 이를테면 배게밀의 책이 출간된 2000년에 화식조의 해부학적 특징과 행동을 다룬 대부분의 관련 논문은 남근 음핵에 대한 언급을 회피했다. 오늘날의 과학자들 중 상당수는 동성애 혐오자가 아니고 심지어 퀴어인 경우도 있지만 이른바 서구 과학의 토대는 대체로 18~20세기 유럽의 사고 패턴, 가치 체계, 우선순위로 이루어졌다.[14] 동성애 혐오의 문화에서는 (이를테면) 혹고니가 동성끼리 둥지짝을 이룬다는 연구는 연구자의 오해에서 비롯했다거나 탐구 가치가 없는 극단적 일탈 행동을 다룬다는 이유로 학술지 게재를 거부당할 가능성이 크다.[15] 이따금 연구자들은 해당 동물이 이성애적 선택지를 박탈당했다거나 "혼란 상태의 반사 반응" 때문에 "혼란"에 빠져 "갈팡질팡"하느라 파트너의 성을 정확히 파악하지 못했다는 식의 매우 복잡한 가설로 이런 경우를 설명할 것이다.[16] 야생생물 연구자가 성 변이나 성별 변이를 목격하고도 사회적 금기 때문에 발표하지 않는 경우는 수없이 많다.[17] 출판사가 이런 기록을 제지하거나 삭제하는 경우도 있다.

어떤 연구 질문이 자금을 지원받는지, 어떤 논문이 발표를 승인받는지, 누가 수업을 가르치고 학술대회에서 발표하고 과학 활동을 하도록 초청받는지는 시간이 흐르면서 과학이 **된다**. 이것은 폭주 기관차다. 존경받는 사회 계층 구성원과 그들의 기관에서 내놓은 연구는 외집단보다 훨씬 빠르게 인용 횟수를 늘려갈 것이다. 반면에 외집단의 연구는 발표되는 것조차 쉽지 않다. 연구자와 그들의 기관이 특정 인구 집단에 대해 사회적 편견이나 노골적 경멸심을 품으면 그들이 내놓는 과학에는 그 편견의 증거가 들어 있기 십상이다.[18] 결국 인용 횟수가 많은 이 연구들은 아무리 결함이 많더라도 정전(正典)이 되고 저자는 교과서에 실려 불멸하며 그들의 가르침은 미래 세대의 과학자들에게 전수된다. 이와 대립하는 생각, 어쩌면 처음의 편견을 바로잡고자 하는 생각은 과학 자체에 대한 모독으로 치부될지도 모른다.

25년 전 『생물학적 풍요』가 출간된 뒤로 꾸준한 진보가 이루어졌다. 하지만 아직도 진보해야 할 것이 많다. 나는 2022년 바드 대학에서 퀴어생태학 세미나를 진행했는데, 학생들은 퀴어 생물이 흔하다는 사실을 모르고 있었다. 대부분의 학생은 생물학이나 환경과학을 전공한 상급생이었다. 상당수, 또는 대다수가 퀴어를 자처했다. 하지만 공식 교육에서, 또는 한계 없는 인터넷을 탐구하면서 퀴어함이 자연에 얼마나 흔한지 배운 적은 한 번도 없었다. 사회는 퀴어인을 포용하는 쪽으로 조금씩 발전했지만 이 주제의 탐구를 연구 프로그램이나 수업에 유의미하게 접목한 과학자는 거의 없다. 본질적으로 정치적인 행위이자 좌파 사회 의제의 일환으로 으레 치부되기 때문이다. 하지만 문화가 과학에 어떻게 영향을 미치는지에 대한 논의가 과학의 본령에서 벗어난 것으로 느껴질 수는 있어도 이것이야말로 과학을 더 낫고 더 객관적이고 더 윤리적으로 만드는 방법이라고 믿는다. 우리 주변의 모든 힘을 명명하고 들여다보면 이것들이 우리의 연구에 어떻게 스며들지 예상할 수 있다. 사람 사이에서든 조직에서든 이 대화를 나누지 못하면 우리는 나쁘고 비윤리적이고 부정확한 '과학'을 미래에까지 끌어갈 가능성이 크다.

◎

나는 학대의 기억을 10년 넘도록 억눌렀다. 이제 이 시기의 정확한 타임라인은 흐릿하게만 남아 있다. 내가 바로 다음 날 학교에 돌아갔다고 믿는다. 일주일이 지나기 전에 엄마에게 무슨 일이 일어났는지 말했다고 믿는다. 그 의사를 다시는 보지 않았다는 걸 안다. 학교 가는 것에 대해, 나의 건강에 대해, 내 몸에 대해 깊은 불안감이 커졌다는 걸 안다. 보이지 않는 질병과 상처를 치료해달라고 보건실에 가고 또 갔던 기억이 난다. 매번 그곳에 보건선생님만 계신지 확인한 뒤에야 안으로 들어갔다. 내가 매일 보건실을 찾아간 것은 몸 여기저기에서 대중없는 만성 통증에 시달렸기 때문이었다. 위안을 얻고 싶었지만 무엇을 원하는지 명확하게 표현할 수 없었다.

이즈음 매슈가 나타났다는 것도 안다. 폭력 전이었는지 후였는지는 잘 모르겠다. 전부터 나와 함께 있었을까? 아니면 보호 반응이었을까? 내 안에 잠들어 있다가 폭력에 의해 깨어났을까? 이런 질문이 꼬리를 물었다. 나의 양성애와 성별 불쾌감은 서로 관계가 있을까 무관할까? 나의 정체성은 환경적일까 유전적일까? 오랫동안 궁금했다. 퀴어 옹호론의 핵심 주장은 우리가 '이렇게 태어났다'라는 것이었다.[19] 물론 나는 많은 사람들이 그렇다고 믿지만 그렇지 않은 일부 사람은 어떡하나? 그런 사람은, 나는 퀴어 자격을 조금이나마 잃게 될까?

성폭행 이후 몇 년간 배수로, 숲, 소택지는 내게 더욱 중요해졌다. 이 어둡고 미끌미끌한 장소들은 언제나 나의 은신처였지만 이제는 나의 안녕을 위해, 나의 생존을 위해 더더욱 필요하게 느껴졌다. 이 은신처에서 온갖 종류의 몸들이 온갖 종류의 일들을 하는 광경을 보았다. 몸들은 미끄러지고 부딪치고 짝짓기하고 몸부림쳤다. 그들의 세계에는 수치가 없었다. 내 세계에는 많았지만. 학교에서 나의 몸은 검사받고 통제받고 침해받았다. 나는 10대가 되기도 전에 가슴을 창피해하는 아이가 되었다. 다리, 어깨, 심지어 쇄골까지 모두 숨겨야 했다. 내 몸의 지극히 생물학적인 부위들이 남을 유혹하고 그것이 내 책임이라는 말을 들었다. 이 모든 일을 겪는 동안 퀴어하고 비난받는 존재들이 곁에 있어서 위로가 되었다. 어떤 차원에서 나는 스스로가 거대하고 끔찍한 방식으로 죄를 지질렀으며 이 존재들이 나를 추궁 없이 받아주리라 믿었다.

20년 가까이 지나고서 자연이 퀴어한 생명으로 가득하다는 걸 배웠다. 민달팽이, 뱀, 버섯 같은 존재들과의 유대감이 내가 생각한 것보다 다층적이고 근본적임을 깨달았다. 이 사실들을 일찍 알았다면, 나의 감정과 경험이 수치스러운 게 아니라 놀랄 만큼 흔하고 자연스럽다는 걸 알았다면 삶이 어떻게 달라졌을지 궁금할 때가 있다. 어떤 위로를 받게 되었을지, 어떤 함정과 고난을 피할 수 있었을지 궁금하다. 그 사이의 모든 시기, 그 부정의 20년이 애통할 때가 있다. 나는 숲에 쪼그려 앉은 채 자신의 상처를 뇌 깊숙이 파묻는 아이를 떠올리며 비통해한다.

과학자, 교육자, 이모, 공동체 구성원으로서 나의 임무는 이 수치심을 최대한 쓸어내는 것이다. 아이들에게 '새와 벌' 대신 민달팽이 이야기를 들려주었다면 어땠을까? 내 친구 레드처럼 이 동물들을 이용하여 아이들에게 윤리적이고 배려하는 성관계를 가르쳤다면 어땠을까? 나는 이것을 '퀴어 기반 교육(queer-informed education)'이라고 부른다. 이 교육의 목적은 생물학적 측면에 대해 진솔하게 이야기하고, 몸과 신체 기능에 대한 수치심을 없애고, 관계와 개인 보건에 대한 의사결정에 신중을 기하도록 가르치고, 동의와 자율을 중심에 놓고, 다른 유형의 몸, 지향, 존재 방식에 대한 상호 배려와 존중의 실천을 북돋우는 것이다. 나는 가장 포괄적 의미에서의 퀴어함이 모두에게 무언가를 가르칠 수 있다고 믿는다. 스스로를 어떻게 정체화하든 말이다.

「백인우월주의자에게 백인우월주의를 어떻게 설명할까」라는 시에서 시인 카일 '관테' 트란 마이리(Kyle Guante Tran Myhre)는 "백인우월주의는 상어가 아니다. 물이다"라고 말한다.[20] 이성애우월주의도 마찬가지로 어디에나 있다. 이 '물'의 성격을 지적하고 더 균형 잡힌 교육을 성취하려고 노력하는 퀴어인들은 곧잘 아이들을 '세뇌'한다는 비난을 받는다. 이 비난은 1970년대와 1980년대 반동성애 운동의 전략이었다. 그들은 게이 남성을 소아성애자로, 동성혼을 자녀의 안녕에 대한 위협으로 매도하려 들었다.[21] 이제 이 비난은 두 번째 희생양을 찾고 있다. 공포 조장 전술을 개조하여 반트랜스젠더 운동에 써먹고 있다.[22] 요즘은 성인이 퀴어한 생활 방식을 살아가는 것에 대한 미국 대중의 인식이 (적극적으로 격려하지는 않을지라도) 비교적 관용적이지만 이 전술은 자녀가 퀴어로 돌변하거나 타락하거나 강요받을까봐 두려워하는 부모들을 먹잇감으로 삼는다. 물론 이 비난은 모순투성이다. 아이를 성적 대상화할 가능성은 퀴어 문화보다 이성애 규범이 훨씬 크니 말이다.

퀴어함에는 지향과 성적 끌림이 포함되지만 외부에서 부과된 통제에 맞선 포괄적 응전의 역할도 있다. 퀴어함은 부여된 성별과 성역할에 대한 이성애 규범적 강박이 우리의 관계 맺기 방식을 타락시켰음을 내게 보여주었다. 낭만적이든 아니든, 퀴어하든 아니든 우리의 많은 관계는 이성애 규범에 의해 부정적 영향을 받는다. 깊고 성찰적이고 삶을 바꾸는 유대, 이웃과의 단순한 교류, 일상 궤도의 바깥쪽에서 일어나는 유쾌한 만남 등의 다양한 우정을 우리가 어떻게 맺고 유지하는지 생각해보라. 남성은 감정 표출을 억누르도록 훈련받으며 언제나 섹스를 원한다고 치부된다. 여성과 진정한 우정을 맺거나 남성과 참된 친밀감을 형성하지 못하도록 집단적으로 억압받았기에 지독한 고독 위기에 시달리고 있다.[23]

나는 나와 자연과의 관계, 다른 종과의 관계, 경관과의 관계를 퀴어하다고 여긴다. 나의 섹슈얼리티에 대한 표현으로서가 아니다. **정상**으로 자리 잡은 것에 이 관계들이 도전하기 때문이다. 이 관계들 안에서 나는 이 세상에서 살아남는 데 필요한 것을 발견했다(이 세상에서 나는 언제나 다소 외부인 같다는 느낌을 받았다). 나는 개구리가 올바른 환경에서는 다공성 피부와 활짝 뜬 눈으로 세상을 누비고 다닐 수 있음을 보았다. 그들은 나처럼 모든 것을 받아들였다. 나는 미국살부사가 자신의 공간이 존중받으면 느긋한 성격임을 배웠다. 인간과의 연결이 실망스러울 때 이 관계들은 내가 다른 곳에서 헛되이 찾아 헤맨 안전, 가능성, 매력, 즐거움, 충만한 생기를 선사했다. 로빈 월 키머러의 말을 빌리자면 내가 땅을 사랑하는 만큼 땅도 나를 사랑한다는 걸 배웠다.[24]

◎

최근 어느 여름 매부의 전화로 화상 통화가 걸려왔다. 조카이자 대자 이만이 브루클린의 자기 집 마당에서 전화한 것이었다. 이만은 보여줄 게 있다고 말했다. 때는 7월 하순 어스름이었다. 모든 것이 고양되고 무엇이든 가능한 것처럼 느껴지는 시간이었다. 이만은 자신이 발견한 것, 충격적이고 살아 있는 것을 보여주고 싶어했다. 다섯 살배기답게 힘찬 고함과 함성을 매우 정확히 번갈아 가며 지르다가 부모에게 꾸중을 들었는지 자신의 나무 장난감 놀이 세트에서 엄청난 일이 일어나고 있다고 또박또박 말했다. 미끌미끌하고 파란 무언가가 달랑거린다고 했다. "진짜 끝내줘, 패티 이모!" 이만은 휴대폰 카메라를 돌려 자신을 흥분시킨 장본인을 비췄다. 너무 들떠서 손이 흔들리는 채로 이만이 보여준 것은 말한 그대로였다. 범무늬뾰족민달팽이 한 쌍이 서로를 휘감은 채 끈끈한 공중그네에 매달려 새파란 꽃무늬 음경으로 상대방을 수정시키고 있었다. 음경은 머리에서 튀어나와 있었다. 이만이 내게 전화할 생각을 했다는 게 아직도 뿌듯하다. 짝짓기하는 민달팽이에 대한 질문은 내게 "이 비행기에 의사 있나요?"라는 다급한 외침과 마찬가지이니까.

나는 민달팽이가 짝짓기를 하고 있다고, 이렇게 아기를 만드는 거라고, 둘 다 고추가 있다고 설명했다. 고추가 머리에서 튀어나온 건 사람과 전혀 다르지만 민달팽이한테는 잘못된 게 아니라고 말했다. 그러고는 다른 종과 더불어 살고 그들이 세상에서 어떤 방식으로 존재하는지 들여다보는 것은 특별한 일이라고 덧붙였다. 이만은 나의 성교육을 이상하게 생각하지 않고 열심히 귀 기울이더니 이렇게 소리쳤다. "알았어! 고마워, 패티 이모!" 그러고는 마당에서 하던 놀이를 계속했다.

그 무엇도
홀로인 것은 없다

◎

내가 기억하는 한 우리가 구불구불하고 질퍽질퍽한 퍼트넘밸리에서 사는 동안 형제자매들과 나는 해마다 늑대거북 퍼레이드를 개최했다. 행사는 어느 봄날 시작되었다. 언니와 내가 집 뒤편에서 커다란 늑대거북을 발견했을 때였다. 특별한 일이었다. 늑대거북이 이 지역에 흔하긴 해도 공터에서는 보기 힘들었기 때문이다. 우리는 거북이 뒷다리를 꾸준하고 조심스럽게 앞뒤로 느릿느릿 움직이며 비늘 덮인 굵은 발로 겉흙을 옆으로 치우는 광경을 넋 나간 채 구경했다. 기다란 발톱에 흙이 떡이 되도록 몇 분간 땅을 판 뒤 거북은 서늘한 흙구덩이에 희고 질긴 알을 낳았다. 그러더니 아까처럼 조심스럽게 흙을 뿌려 알들이 고이 부화하도록 묻었다. 거북은 작업을 마치고 비탈진 마당을 어슬렁어슬렁 기어 나무 사이로 사라졌다. 거북은 소택지(沼澤地)로 향하고 있었다. 잎이 돋은 앉은부채와 무릎 깊이의 진창이 있는 곳으로.

예전에 현관에서 늑대거북이 나무 빗자루를 손쉽게 반으로 부러뜨리는 장면을 본 적이 있었다. 엄마가 막대기로 쓰던 물건이었다. 그래서 어미 거북의 8센티미터 발톱과 억센 턱이 시야에서 사라질 때까지 기다렸다가 허겁지겁 산란장으로 가 알을 관찰했다. 언니는 일곱 살의 나이에 이미 왕성한 독서가였기에 대부분의 새끼 거북이 살아서 성체가 되지 못한다는 것을 알고 있었다. 언니 말로는 온갖 포식자와 인간의 파괴적 행동에 목숨을 잃는다고 했다. 우리는 마당과 주변 숲에 어떤 위험이 도사리고 있는지 이야기를 나눴다. 숲에는 라쿤, 스컹크, 코요테가 득시글거렸는데, 다들 땅을 파헤쳐 알을 먹어치울 수 있었다. 이 포식자들이 예리한 후각으로 둥지를 찾아낼 것 같았으므로 우리는 알을 지켜주기 위해 주방 세제를 흙에 부어 냄새를 지우기로 했다. 번득이는 아이디어와 보호 본능에 우쭐한 채 우리는 집 안으로 뛰어 들어가서는 부엌에서 세제를 가져와 뿌렸다. 사방에 인공 레몬향이 진동했다.

우리는 자부심과 성취감을 느끼며 세제를 다시 가져다놓고 엄마에게 우리가 방금 해낸 일을 밀씀드렸다. 그런네 실망스럽게도 엄마의 반응은 놀람과 걱정이었다. 엄마가 외쳤다. "알이 중독되었으면 어떡하니!" 우리는 그것도 몰랐던 게 부끄럽고 새끼 거북이 어떻게 될까봐 두려워서 꼼짝도 할 수 없었다. 조금이라도 피해가 있었다면 바로잡고 싶어서 흙을 긁어내고 세제가 묻지 않은 새 흙을 덮어주면 어떻겠느냐고 말했다. 하지만 엄마는 일을 더 그르치지 말고 가만 놔두라고 했다. 맞는 말이었다. 우리는 새끼가 부화할는지 몇 달간 안절부절 기다리는 수밖에 없었다. 그 뒤로 며칠간 둥지 주위에 포식의 흔적(땅을 파헤친 자국이나 껍질 조각)이 있는지 노심초사 지켜보았다. 다행히 흔적은 전혀 없었다. 마침내 실수를 저질렀다는 죄책감이 찾아들기 시작했다. 그와 동시에 땅속에서는 거북 배아들이 와글와글 형체를 갖춰가고 있었다.[1]

석 달쯤 지난 따뜻한 여름날 언니와 내가 마당에 있을 때 둥지 근처에서 흙이 꼼지락꼼지락거리는 게 보였다. 우리는 서둘러 달려갔다. 과연 새끼 늑대거북들이 축축한 보금자리에서 밝은 햇빛 속으로 꼬물꼬물 기어 나오고 있었다. 새끼 거북을 보호하려다 오히려 죽여버린 게 아닌지 걱정했는데, 걱정이 기우였다는 기쁨과 안도감에 집에 달려 들어가 엄마에게 이야기했다.

우리는 거북의 앞에 놓인 위험을 다시금 고민했다. 상당수는 안전한 소택지에 당도하기 전에 먹잇감이 될 우려가 있었다. 두려움이 몸을 엄습했다. 언니와 나는 거북을 호위하겠다고 자청했는데, 이 계획은 엄마도 찬성했다. 우리는 새파란 플라스틱 들통을 가지고 둥지로 달려갔다. 땅에서는 미니어처 공룡처럼 생긴 것들이 꼬물거리고 있었다. 새끼 늑대거북은 몸집은 작지만 굳세게 생겼다. 연약하면서도 억세 보였다. 언니와 나는 거북들을 살며시 떠서 들통에 넣었다. 아직은 발톱이나 이빨을 두려워할 필요가 없었다. 우리는 동생 재키와 지미를 불러내어 한여름 생기를 온몸 가득 머금은 채 소택지로 행진했다.

소택지(swamp)라는 낱말은 질퍽질퍽한 땅을 두루 일컫지만 실은 습지의 여러 유형 중 하나에 불과하다.[2] 수원(지하, 조간대, 담수), 식생(본목, 폭신폭신한 토탄 퇴적물, 호산성 식물), 출몰하는 동물(섭금류, 비버, 물방개 등) 등 저마다 뚜렷한 특징이 있다. 이를테면 저습지(marsh)는 바다 같은 큰 물이 범람한 곳이다. 고층습원(bog)의 물은 대부분 또는 전부가 빗물이나 눈물이다. 토탄 퇴적물로 이루어졌으며 이끼에 덮여 있다. 저층습원(fen)도 토탄을 형성하지만 강수보다는 지하수나 유거수*를 공급받는다. 고층습원에 비해 산도가 낮고 식물종이 다양하다. 소택지는 목본 소택지와 관목본 소택지로 나눌 수 있으며 나무가 자란다. 목본 소택지에서는 단풍나무, 사이프러스, 참나무, 솔송나무, 시더, 버드나무를 볼 수 있다. 관목본 소택지에서는 층층나무와 버튼부시 같은 작은 식물이 자란다. 관목본 소택지와 목본 소택지는 서로 연결되어 있을 때가 많으며 악어 같은 거나란 동물과 모랫바닥에 숨어 사는 무척추동물 같은 작디작은 동물의 보금자리다.

　　나의 어릴 적 소택지는 목본 소택지와 관목본 소택지가 섞인 거북섬 북동부의 진짜 소택지였다. 연례 늑대거북 퍼레이드에서 개나리 주간까지 나의 개인적 기념 행사가 벌어지는 장소이기도 했다. 개나리

---

* 　지표면을 따라 흐르는 물로, 비가 내릴 때 비탈진 토양이나 침투성이 낮은 토양에서는 그 양이 현저히 많아 토양 침식의 원인이 된다.

주간에는 샛노란 꽃이 만발했는데, 아직 잎이 돋지 않은 떨기나무들이 황금색 그늘을 드리우면 그 안에서 몸을 웅크리고 있었다. 어릴 적 기억들 중에서 내가 좋아하는 것은 거의 다 소택지, 소택지에 물을 공급하는 배수로, 아니면 인근 숲에 있다. 이 공간을 활기차고 생기 넘치고 안전한 장소 이외의 것으로 볼 수 있다는 게 오랫동안 납득되지 않았다. 혹독한 열기가 내리쬐는 세상에서 소택지와 숲은 빛을 걸러주는 포근한 구덩이다. 아늑하고 폭신폭신하고 서늘하다. 이곳은 나를 쳐다보는 사람이 아무도 없을 때조차 숨을 수 있는 공간이었다. 내가 벽장에 숨은 건지도 모르겠지만 그 안에는 퀴어한 나니아*로 통하는 관문이 있었다.

외조부모님의 집 뒤편에는 매혹적인 소택지가 펼쳐져 있다. 1980년대에 외할아버지는 마을 사람들과 힘을 모아 이 소택지를 보호구역으로 지정받았다. 덕분에 개울물이 졸졸 흐르는 거북 세계가 교외 개발을 위해 파괴되지 않도록 지켜낼 수 있었다. 외할아버지는 모든 연약한 존재의 친구였다. 환경주의자를 자처하진 않았을 것 같지만(보수적 아일랜드 가톨릭 신자였다) 돌봄과 관심으로 세상을 대했기에 외할아버지의 궤도를 지나는 것은 무엇이든 더 좋아졌다.

외할아버지는 평생 배관공이었다. 그전에는 뉴욕시에서 역사 선생님으로 일했다. 민권운동 시기에는 할렘에서 조직가로 일하면서 공

● C. S. 루이스의 판타지 소설 『나니아 연대기』의 배경이 되는 나니아 왕국

립학교 차별 철폐 운동에 주력했다. 1963년 8월 스무 살 남짓 되었을 때는 마틴 루서 킹 주니어의 워싱턴 행진에 형제들과 참가했다. 두어 명은 그 뒤에도 노동권·인권 운동을 조직했다. 외할아버지는 억센 용커스[*] 억양으로 사회정의, 낙수효과 경제학의 실패, 윤리적인 사람이 되는 법 등에 대해 열변을 토했다. 내가 고등학교 다닐 때에는 당신의 낡은 작업용 승합차 진초록 닷지 캐러밴을 주셨다. 늘 손에 배어 있던 배관용 그리스 냄새가 진하게 풍겼다. 가족 파티가 열리면 피아노, 트럼펫, 프렌치호른 같은 악기를 번갈아 가며 연주했다. 프렌치호른은 대개 생일 축하용이었다. 이모, 삼촌, 사촌의 생일 때마다 으레 가져오셨다. 2021년 외할아버지가 암으로 세상을 떠났을 때 수백 명이 장례식에 참석했다.

외할아버지를 만난 마지막 순간즈음 우리는 조부모님의 식당에 앉아 있었다. 유리 미닫이문 너머로 소택지가 보였다. 우리는 소택지를 감탄스럽게 바라보며 저곳의 고사목을 찾아오는 딱따구리들에 대해 이야기했다. 망치 소리를 내는 도가머리딱따구리가 있는가 하면 큰솜털딱따구리, 곤충을 찾는 솜털딱따구리도 있었다. 외할머니가 만든 커피 향이 집 안의 냄새와 어우러졌다. 사랑하는 사람의 공간에서 풍기는 영락없고 독특한 냄새, 60년간 세계를 공유한 미생물 지문이었다. 나는 외할아버지가 이 작은 오두막을 지켜낸 이야기, 소택지가 배수되어 사

[*] 미국 뉴욕주 허드슨강 동쪽 연안, 뉴욕시 브롱크스 북쪽 구릉지대에 있는 도시

라지지 않도록 싸운 이야기에 귀 기울였다.[3] 맞장구치지 않아도 외할 아버지는 내가 한마음이라는 걸 알고 있었다.

◎

몇 년 전인 2016년 미국 대통령 선거에서 "늪을 밀어버려(drain the swamp)"라는 문구는 자칭 '외부자'인 도널드 트럼프의 주요 선거 구호가 되었다. 그의 포퓰리스트 캠페인은 워싱턴 DC를 내부자, 기득권층, 딥스테이트 권력 브로커로 가득한 악취 나는 늪으로 묘사했다. 트럼프는 추종자들에게 자신이 처음부터 새로 시작하겠다고 장담했다. 늪에서 물을 빼고 초록 목초지를 조성하겠다고.

이 이미지는 미국에서 오랫동안 매력적이었다. 오늘날 우리를 괴롭게 하는 많은 것들과 마찬가지로 소택지를 비롯한 습지의 열악한 상태는 유럽 식민주의와 그로 인한 농업 산업화로 거슬러 올라간다. 서유럽 식민지들이 아메리카 대륙 전역에서 권력 다툼을 벌이면서 한없이 넓어 보이는 습지를 농지로 전환하는 일이 급선무가 되었다. 습지를 배수하면 양분이 풍부하여 농사에 알맞은 흙을 손에 넣을 수 있었다. 식민주의자들은 노예 노동을 통해 광합성을 부와 권력으로 탈바꿈시켰다. 식민주의자들이 바란 것은 평평한 땅, 곧게 뻗은 이랑, 획일적 파종이었다. 그들은 탁 트인 하늘과 다양성 최소화를 원했다. 경작하려면 통제할 수 있고 예측할 수 있어야 했다. 소택지는 어느 쪽도 아니었다.

완전히 정반대였다. 이런 문화에서는 부를 안겨주거나 길들여지지 않는 것은 쓸모없을 뿐 아니라 인간에 대한, 어쩌면 신에 대한 모독이었다.

이른바 디즈멀대습지(Great Dismal Swamp)에는 이 역사가 고스란히 담겨 있다. (영어를 구사하는 식민주의자에게 '디즈멀'('음울한 것')이라는 명사는 '소택지'나 '습지'와 동의어였다.[4] "이 디즈멀을 배수하여 대농장으로 바꿔야 해"라고 말하는 식이다.) 이 소택지는 버지니아주에서 노스캐롤라이나주까지 뻗어 있었으며 한때는 넓이가 40만 헥타르 이상이었다. 알공킨어를 쓰는 부족들은 1만 년 넘도록 이 소택지에서 살았다. 우뚝한 사이프러스와 어슬렁거리는 미국흑곰도 함께였다. 모두를 떠받친 것은 생태계의 생물 다양성이었다. 유럽 식민주의자들은 이 서식처에 눈독을 들였으며 조지 워싱턴은 경제적 진공을 이윤으로 바꾸고자 디즈멀습지 회사를 창립했다.[5] 수천 년간 수백 세대의 사람들과 함께한 소택지가 하룻밤 새 말라버렸다.

1819년 유럽의 식민주의자이자 아칸소주의 측량업자 토머스 너톨(Thomas Nuttall)은 미시시피강과 화이트강, 아칸소강이 합류하는 충적평야를 관찰하여 기록으로 남겼다. 그는 편지에서 습지와 고지대의 차이에 대한 자신의 감정을 서술한다.

이 지독한 늪을 건너면 상쾌한 고지대가 다시 나타난다. 아직 한 번도 범람하지 않은 곳이다. 프랑스 정착민들의 들판은 이미 선명한 초록색이었으며 덤불마다 새들이 노래하고 있었다.[6]

이어서 이 지역 습지들을 포괄적으로 묘사한다.

언급할 만한 식생 변화는 전혀 없다. 풍경에서는 인간 본성에 흡족한 것이 거의 없다. 길 없이 나무만 울창한 황무지와 적막 말고는 아무것도 찾아볼 수 없다. 인간 음성의 메아리는 하나도 들리지 않으며 역사를 떠올리게 하거나 인간의 과거 지배를 입증할 초라한 폐허조차 보이지 않는다.[7]

1850년 〈습지이용법〉은 소택지, 특히 플로리다, 앨라배마, 미시시피, 루이지애나, 아칸소 등 질퍽질퍽한 주에 있는 소택지를 배수하는 연방 사업이었다. 연방정부는 소택지를 농지로 전환하는 데 동의하는 주에 토지 소유권을 넘겨주겠다고 제안했다. 이 법률로 남동부 전역에서 수천만 헥타르의 습지가 파괴되고 대농장이 확대되었다. 소택지를 배수하는 육체노동은 노예들의 몫이었다. 그들은 자신들의 감옥이 될 장소를 건설했다. 습지는 '감금 경관(carceral landscape)'이 되었다.[8] 프랑스의 대농장들은 거의 언제나 소택지로부터 멀찍이 떨어져 있었다. 경작할 수 없는 땅은 노예들을 가둬두는 경계선 역할을 했다.[9]

하지만 소택지와 주변 숲은 식민주의자와 백인 대농장주의 위협적이고 난공불락인 수단만은 아니었다. 18세기와 19세기에 식민지 개척이 열기를 더하면서 유럽인들에게는 음울하고 쓸모없는 땅이 다른 사람들에게는 피난처가 되었다. 초완족을 비롯한 토착 부족들은 정착지 확대로 인해 여러 세대에 걸친 삶터를 빼앗긴 채 디즈멀대습지 안으로 점점 깊이 밀려났다. 그 뒤로 수십 년간 속박에서 벗어나려는 아프리카 노예 수천 명도 소택지에 찾아들어 공동체를 이루고 해방을 추구했다. 많은 노예들에게 이 거처의 아름다움은 난관에서 비롯했다. 이 어둑어둑하고 벌레 많은 곳에서는 사람들이 피신할 수 있었다. 제국의 이 야생 솔기*는 피난처였다. 이 탈주 공동체,[10] 특히 디즈멀대습지에 형성된 공동체에 맞서 버지니아주와 노스캐롤라이나주를 비롯한 여러 주는 "소택지, 숲, 그 밖의 외진 곳에" 거주하는 것을 불법화하는 법안을 통과시켰다.[11]

솔로몬 노섭(Solomon Northup)은 1807년 뉴욕에서 자유인으로 태어났지만 워싱턴 DC에서 유랑 음악가로 일하다 1841년 납치당했다. 그는 루이지애나주에서 노예로 팔려 생판 낯선 장소로 끌려갔다. 삼각주 안으로 깊숙이 들어간, 바비유 뵈프(Bayou Beouf)와 인접한 대농장이었다. 노섭은 12년간 강제 노동에 시달리다 가족의 도움으로 구출되었다. 그는 훗날 자신의 경험을 『노예 12년』이라는 회고록으로 썼다. 책에서 그는 소택지와 야생지를 일컬어 탈주자를 위한 공간으로 묘사했다. 동료 노예에 대해서는 이렇게 썼다. "낮이면 숨어 있다가, 때로는 나무 위에 숨었다가, 밤이면 습지를 헤쳐 나갔다."[12]

유럽 식민주의자들이 주변의 남부 경관, 특히 습지를 묘사한 낱

● 옷이나 이부자리 따위를 지을 때 두 폭을 맞대고 꿰맨 줄. 여기서는 '경계선'이라는 뜻

말은 자신들이 노예로 부린 아프리카인들의 낱말보다 적었다. '음울하다', '소택지', '연못', '물이 넘친 땅' 같은 언어는 다채롭기 그지없는 경관을 제한된 어휘에 욱여넣는다. 아프리카인들은 이 낱말들에 더해 등나무숲(canebrake), 신구렁(slough), 범람원(floodplain), 도랑(ditche), 둑(levee), 강(river) 등에도 이름을 불러주었다.[13] 이 주제를 연구한 역사가 테사 에번스(Tessa Evans)는 이렇게 설명한다. "같은 공간을 묘사한 노예들의 언어에서는 자연환경에 대한 유동적이고 내밀한 지식과 유대를 볼 수 있다."[14] 유럽인들이 경관을 경멸적으로 묘사한 것과 대조적으로 노예와 그 후손들은 같은 공간에 대해 말할 때 사랑과 존경심을 드러냈다. 해방 노예 제인 올리버(Jane Oliver)는 아칸소강 하류의 소택지에 대해 이렇게 말했다. "나는 평생 보았던 어느 장소보다 그곳을 사랑했다."[15]

노예들은 숲 거주지와 소택지 거주지를 낱말뿐 아니라 쓰임으로도 구별했다. 숲은 대농장 근처에 있을 때가 많았으며 노예주의 학대를 피해 잠시 피신하는 장소였다. 비밀 종교 의식과 은밀한 회합을 치르고 잠을 청하는 장소이기도 했다. 하지만 소택지는 멀리 떨어져 있고 대체로 더 넓었으며 흔히 대탈주의 장소로 여겨졌다. 사람이 '거주'할 수 있는 곳, 즉 반(反)대농장이었다.

노예제가 철폐되면서 습지 전환도 느려졌다. 1900년대 초 자연보전 운동은 야생지 보호 측면에서 큰 성과를 거뒀으며 습지의 중요성에 대한 과학적 지식이 증대하면서 1972년 〈연방수질오염관리법〉이 제정되기에 이르렀다. 이 노력들에도 불구하고 우리는 기후 사망의 수렁에 빠져 있다. 트럼프 행정부가 워싱턴 DC의 '늪'을 밀어버리는 데는 실패했을지 몰라도 진짜 소택지를 위한 여러 환경 보호 조치를 폐지하는 데에는 성공을 거뒀다. 하지만 이 환경 위기는 트럼프가 집권하기 오래전에 시작되었다. 우리는 대농장의 청사진에서, 감금 경관에서 살아간다. 지구는 여전히 이윤을 위해 찢기고 중독되고 조각조각 나뉘어 사유지가 되고 있다. 많은 장소는 '머무는' 것만으로도 불법이다. 노숙촌 철거 법률은 우리 경제 체제의 실패를 치유하는 것이 아니라 은폐하기 위해 제정되었다. 사회에 참여하지 않는 사람은 몸 뉘일 곳마저 빼앗긴다. 피난처는 점점 줄어들고 있으며 그곳을 거니는 것조차 소수에게만 허락되는 특권일 때가 많다. 심지어 가장 철저히 보호받는 곳에서도 기후 변화가 일어나고 있다. 우리는, 보호구역이 가장 필요한 인간들과 인간 아닌 동물들은 어디로 가야 하나?

◎

외할아버지가 돌아가신 이듬해 봄 외할머니의 정원일을 도와드리러 찾아갔다. 한해살이 꽃들을 심으려고 땅을 파다가 소택지 맞은편에 있는 아치형 나무 트렐리스*를 올려다보았다. 아치 꼭대기에는 "예수가 길이다"라고 쓰여 있었다. 맘에 들었다. 마치 소택지가 우리가 따라가

●   덩굴 식물을 지탱하거나 머리 위에 수직으로 비치는 햇빛을 가리기 위하여 목재와 금속으로 만든 격자 모양의 구조물

야 할 성스러운 길이라고 말하는 것 같았다. 그즈음 나는 가톨릭교회로 부터 멀어진 지 오래였다. 여러 이유가 있었지만 내가 퀴어라는 점도 한몫했다. 나는 들고 있던 팬지 다발을 땅에 내려놓고서 일어나 트렐리 스 아래로 걸어갔다. 외할아버지와 당신에게 배운 모든 것에 대해 생 각했다. 트렐리스에 적힌 문구의 의미에 대해 나와 외할아버지는 생각 이 달랐겠지만 그 순간에는 우리를 아우르는 공통점이 있다고 느껴졌 다. 외할아버지가 가톨릭 신앙을 통해 당신이 아름답게 창조된 피조물 무리의 작은 일부라고 생각하게 되었듯 나는 소택지와 뭇 생명에 대한 사랑을 통해 같은 결론에 도달했다.

내가 외할아버지와 퀴어함으로부터 배운 교훈 하나는 범주를 뒤 죽박죽으로 만들라는 것, 비합리적이고 숨 막히는 단정함을 요구하는 모든 것을 뒤죽박죽으로 만들라는 것이다. 가톨릭 신자인 외할아버지 가 퀴어함과 연결되는 무언가를 내게 가르친다는 것이 우리의 이분법 적이고 양극화된 문화에서는 이상하게 들릴지도 모르겠다. 하지만 외 할아버지는 당신이 사회정의를 외곬으로 추구한 것은 가톨릭 신앙 '때 문'이었다고 말할 것이다. 외할아버지는 만인을 향한 추상적 선의를 독 실하게 옹호한 것이 아니었다. 그에 따라 '행동'했다. 투쟁하는 사람들 을 조용히 물질적으로 후원했으며 주위 사람들에게 유익한 조언을 건 넸다. 어설프면서도 매력적이었고 단순하면서도 명민했으며 고집불통 이면서 정도 많았다. 외할아버지는 이 범주들을 뒤죽박죽으로 만들었 다. 뒤엉킨 것들 속에서 편안함을 느꼈다.

설령 교회에서 받아주더라도 교회에 돌아갈 생각은 전혀 없지만 한때 내 것이던 세상에서 무엇을 찾을 수 있을지 생각하는 것은 좋아한다. 어떤 범주들을 뒤죽박죽으로 만들 수 있을까? (비유적 의미에서의) 소택지와 숲을 내면에 들여오면 어떻게 될까? 그들의 존재 방식이 우리 자신의 마음속에서, 우리의 가족, 우정, 제도 안에서 기어다니고 커지고 졸졸 흐르게 내버려두면 어떻게 될까? 우리는 모두 이미 꽤 질퍽질퍽하다. 모두가 얽혀 있고 엮여 있고 구별하기 힘들다. 하지만 우리 문화는 특정한 상자나 규정에 순응하라고 강요한다. 그러나 얽히고설킬 수 있고 역동적일 수 있는데 왜 직선을 고집하나? 내게 종교는 없을지 몰라도 이 트렐리스를 지나 소택지로 걸어가는 동안은 마법과 구원을 온전히 믿을 수 있을 것 같다.

이따금 이 문제를 우리 몸의 척도에서 생각한다. 당신과 나의 몸 말이다. 우리는 스스로를 일정하고 예측 가능한 존재로 여기고 싶어하지만 실은 그보다 더 유동적이고 예측 불가능하다. 우리의 신체 조직은 우리 봄 구석구석에서 은밀히 살아가는 생물로 가득하다. 우리 몸에 깃든 세균과 균류는 (모든 생명이 그렇듯) 우리와 공통 조상을 공유하여 우리의 진화적 여정 또한 미생물 동반자들의 욕구와 압박으로부터 분리할 수 없다. 우리 몸은 '테라 눌리스(terra nullis)'가 아니었다. 자연선택에 의해 최종 형태로 빚어진 뒤에 미생물에 점거된 백지가 아니었다. 모든 인류는 미생물과의 꾸준한 동반자 관계에서 비롯했다. 그들이 우리를 지금의 모습으로 만들었다.

우리는 미생물에 대해 안 뒤로 그들을 두려워했으며 우리의 몸과 공간을 살균하려 들었다. 그들이 질병을 일으킨다고 생각하여 그들을 구제하고 박멸하는 데 몰두한다. 물론 그럴 만한 이유가 있긴 하지만(위험하고 치명적인 미생물이 있으며 많은 인명 손실을 항생제로 막을 수 있다) 이 작은 존재들을 더 많이 이해할수록 그들이 더욱 다차원적임을 알게 된다. 우리에게 해로운 것들도 있지만 우리를 건강하게 하고 병원체로부터 지켜주고 몸이 제대로 기능하도록 도와주는 것들도 많다. 우리는 몸이라는 생태계에 대해 끊임없이 배워가고 있다. 우리 조직에 깃든 수조 개의 다른 몸들 덕분에 우리의 모든 신체 기능이 작동한다는 것을 알아가고 있다. 이를 입증하는 과학적 증거가 쌓이고 있지만 우리는 여전히 살균에 집착하며 우리 몸을 '순수'하게 유지하고 싶어한다. 그럼으로써 오히려 자신을 병들고 불행하게 만들고 있다. 항생제를 남용하고 보존료 범벅인 음식을 섭취하여 미생물 다양성을 감소시킴으로써 몸 안의 질퍽질퍽한 환경을 부정하고 있다.[16] 역설적이게도 이런 가공식품에 들어 있는 성분의 상당수는 소택지를 배수하여 조성한 농지에서 왔다. 소택지 배수 작업에 강제로 동원된 아프리카 노예의 후손들이 이런 식품을 훨씬 많이 섭취하고 있는 것은 우연이 아니다. 우리의 몸과 경관이 점점 획일적으로 바뀌고 있는 것 또한 우연이 아니다.[17]

미생물은 소화, 대사, 면역 같은 기계적 과정에만 관여하는 것이 아니다.[18] '미생물군-장-미주-뇌 축(microbiota-gut-vagus-brain axis)'이라는 개념이 있다. 우리의 장내 미생물 활동이 중추신경계와 소통한다는 뜻이다. 우리는 기분과 행동이 마음의 산물이라고 생각하지만 장내 미생물도 영향을 미친다는 증거가 속속 발견되고 있다. 불안감을 느낄 때 배가 죄인다면 그것은 당신의 뇌가 신경계를 통해 몸에 메시지를 보내는 것이다. 이 체계의 정확한 작동 방식은 아직 수수께끼이지만 동물과 미생물의 공진화 패턴에 대한 실마리들이 조금씩 드러나고 있다. 일부 관찰에 따르면 미생물이 심지어 포유류의 인지 구조와 군집 구조를 빚어냈을지도 모른다.

'미생물군-장-미주-뇌 축' 개념에서 '미주' 부분은 뇌에서 배를 지나 대장까지 이어지는 미주신경을 가리킨다. 미주신경은 인체에서 가장 긴 신경으로, 여러 인체 활동에 깊이 관여한다. 우리의 진화 과정만 들여다봐도 얼마나 깊이 관여하는지 알 수 있다. 파충류와 포유류가 갈라졌을 때 자율신경계도 분화했는데, 자율신경계는 미주신경을 포함하며 심장 박동, 호흡, 삼키기, 젖먹이기 같은 무의식적 기능을 조절한다.[19] 포유류의 미주신경은 훨씬 복잡하게 발달했으며 스스로 마음을 가라앉히고 방어 행동을 하향소절*하는 데 일조한다. 포유류는 이런 행동을 감소시킴으로써 스트레스에 더 친사회적으로 반응할 수 있었으며(이를테면 보노보는 갈등을 해소하기 위해 폭력 대신 섹스를 동원한다) 이제 우리는 일반적으로 파충류보다 더 사회적인 동물로 간주된다. 하지만 오늘날의 세상에서는 사회적 고난(특히 출생 이후로 줄곧 경험하는 오랜 구조

● 세포가 호르몬이나 신경 전달 물질과 같은 약물이나 화학 물질과 오랫동안 접촉할 때 세포 표면에 존재하는 특정 수용체의 수가 감소하는 현상

적 잘못과 정책적 해악)에 처하면 스스로 위안을 찾고 미주신경을 조절하는 능력이 약해져 파괴적 악순환이 벌어질 수 있다.[20]

미생물은 우리의 기분에 영향을 미치고 우리 몸이 접촉과 연결을 이루도록 한다. 집단 응집력과 협력은 우리에게 유익하거나 몸을 보호해주는 미생물이 확산하는 데 도움이 될 수 있으며 사회적 유대가 끈끈한 사람들은 비슷한 미생물군을 공유하는 경우가 많다.[21] 이 현상이 일어나는 확실한 순간으로 젖먹이기가 있다. 젖을 먹일 때 미생물이 부모에게서 자녀에게 전달되어 자녀의 미생물군이 다양해지는 것이다. 하지만 우리가 다른 사람에게 끌리는 것 또한 상대방의 미생물군 및 (그와 연관된) 일부 화학적 단서와 관계가 있을지도 모른다. 입맞춤을 예로 들어보자. 입맞춤은 전 세계 문화의 약 90퍼센트에 어떤 형태로든 존재하며 인간 아닌 영장류에게서도 흔하다. 그렇다면 이 행동은 우리의 공통 조상으로부터 생겨났을 것이다.[22] 일부 연구에서는 입맞춤이 유익균을 전달하는 역할을 할지도 모른다고 주장한다. 질병에 맞서 면역 기능을 활성화하고 이질적 미생물을 인체에 주입하고 잠재적 파트너가 내게 맞는지 알아보는 데 일조한다는 것이다.[23]

사람들이 함께 살면 미생물군이 접촉한다. 이것은 여러 강줄기가 충적평야에서 만나 소택지를 이루는 것과 같다. 시간이 흐르면서, 특히 파트너, 부모와 자녀, 형제자매처럼 친밀하게 동거하는 경우에는 각자의 미생물군이 서로 더 비슷해진다. 나는 미생물군의 언어로 들려주는 러브 스토리를 즐겨 상상한다. 당신이 누군가를 만난다. 그의 냄새가 맘에 든다. 입맞추고 껴안는다. 음식, 잠자리, 물리적 공간을 공유하면서 함께 보내는 시간이 길어진다. 함께 살면서 미생물군을 끊임없이 주고받는다. 여러 해가 지나 결국 당신은 활기찬 평형에 도달한다. 한때 연인의 일부였던 것이 약간의 다름을 유지한 채 당신 몸에 깃든다. 당신은 서로를 변화시킨다. 이것은 동역학이다. 그러다 누군가 떠나거나 죽는다. 각자의 미생물군은 이제 대화하지 않는다. 당신의 미생물군은 점차 처음 모습에 가까워지지만 결코 원래 상태로 완전히 돌아가진 않는다. 이 이야기는 모든 종류의 친밀한 관계에서 저마다 다른 모습으로 거듭거듭 펼쳐진다. 외할아버지가 돌아가셨을 때 나는 한 줄기 위안이 외할아버지 차고에 들어와 있는 것을 느꼈다. 차고는 외할아버지의 배관 장비와 냄새로 가득했다. 외할아버지가 드나들던 곳에는 당신 미생물군의 흔적이 아직도 살아 있었다.

우리 몸은 고대의 공동 소택지다. 이 소택지에는 그 무엇도 홀로 있지 않다. 그 무엇도 따로 떼어 온전히 이해할 수 없다. 이곳은 더불어 살아가는 생물로 가득하다. 나는 우리 조상늘의 봄에서 어떻게 미생불이 필수 임무를 띠고서 숙주의 행동과 기분에 영향을 미쳤는지, 입맞춤과 만짐, 음식 함께 먹기, 젖먹이기의 친사회적 적응에 알맞도록 자연선택을 진행했는지 즐겨 생각한다. 우리의 마음과 진화가 미생물의 영향을 받는다고 생각하면 자신이 거대한 체계 안에서 하찮은 존재처럼 느껴지는 사람들이 있을지도 모르겠다. 하지만 나는 이 가능성에서 깊은 위안을 받는다. 덜 외롭게 느껴지기 때문이다.

소택지를 어떻게 대하는가는 우리의 사회적 건강을 나타내는 징표다. 우리는 최악의 충동을 소택지에 풀어놓는다. 소택지 보호를 우선시하고 소택지의 존재를 찬미하려면 우리 모두의 내면에 소택지가 있음을 집단적으로 볼 수 있어야 하며 인간 조건이 소택지에 반영되어 있음을 볼 수 있어야 한다. 사람들은 소택지를 비롯한 습지의 보호를 정당화하기 위해 종종 '생태계 서비스', 즉 소택지가 지닌 효용의 정량적인 금전적 가치를 내세운다. 하지만 퀴어함은 누군가 또는 무언가가 생산적이어야만, 말하자면 번식 가능해야만 가치, 존중, 사랑을 받을 수 있는 게 아님을 우리에게 가르친다. 환경 파괴의 금전적 위험을 감안하라고 권력자들에게 호소하는 것이 현실적으로 의미가 있음을 이해하지만 우리는 전혀 다른 가치 체계를 향해 나아가야 한다. 이를테면 부를 다른 방식으로 측정하는 것이다. 부는 당신이 매일 만나는 생물의 수일 수도 있고 서로의 미생물군을 얼마나 보살피는지일 수도 있다. 우리는 서로 돌보고 서로 자유를 찾도록 도와주면서 모든 형태의 생물다양성을 중심에 두어야 한다.

◎

대학 생리학 수업에는 근육의 전기 신호 전달 과정을 배우기 위해 개구리의 뇌를 제거하는 과제가 있었다. 그러려면 작은 바늘을 개구리의 두개골 밑부분에 찔러 넣고는 마구 흔들어 뇌를 짓이겨야 했다. 마음이 심란했다. 새로운 목표를 추구하는 연구 활동이 아니라 단순한 관찰 실험 활동이었기에 더더욱 괴로웠다. 나는 실험에 참여하지 않기로 했다. 그 대신 뇌가 짓이겨진 피험자가 될 뻔한 개구리를 입양하게 해달라고 부탁했다. 다른 학생 한 명도 실험에서 빠졌지만 자기 개구리를 기르고 싶어하지 않아서 그 개구리도 입양했다. 개구리 두 마리를 기숙사 방에 데려와서는 서둘러 어설픈 테라리움을 만들었다. 큼지막한 플라스틱 통을 가져와서 물, 돌멩이, 작대기, 이끼로 채웠다. 펫코●에 가서 살아 있는 귀뚜라미가 들어 있는 상자를 구입했다(100마리씩 팔았다). 그러고는 개구리에게 귀뚜라미를 손으로 먹이는 법을 공부했다. 개구리의 작고 끈끈한 혀가 손가락에 닿는 느낌이 좋았다.

처음에는 뚜껑을 살짝 열어뒀는데 개구리들이 내킬 때마다 빠져나가기에 나중에는 그냥 열어뒀다. 개구리들은 방을 자유롭게 뛰어다녔다. 아침에 일어나면 개구리들이 노트북 위에서 몸을 데우고 있을 때도 많았다. 수분을 보충해야 할 때 대개는 물에 돌아가는 길을 찾을 수 있을 것처럼 보였지만 이따금 도와줘야 할 때도 있었다. 밤마다 개굴개굴 소리를 들으며 잠들었다. 시간이 흐르면서 개굴개굴 소리를 흉내 내어 대화를 시작할 수 있음을 알게 되었다. 내가 개구리들에게 말을 걸면 은은한 대답이 돌아왔다.

어느 날 여느 때처럼 오전 수업에 늦어서 허둥대다가 새로 산 귀

●　미국의 애완동물 용품 판매점

뚜라미 상자를 떨어뜨렸다. 상자가 부서져 열리는 바람에 귀뚜라미 100마리가 죄다 뛰쳐나왔다. 한 줌밖에 그러모으지 못했다. 대부분은 구석과 틈새로 사라졌다. 당장은 어찌할 도리가 없어서 그날 하루는 기숙사 방이 생명으로 약동하도록 내버려두는 수밖에 없었다. 그날 저녁 돌아와 보니 귀뚤귀뚤 소리와 개굴개굴 소리가 나를 반겼다. 기뻤다. 어릴 적 꿈꾸던 일이 현실이 된 것 같았다. 나는 소택지를 들여놓았다. 소택지는 뒤죽박죽 속에서 번성했다.

퀴어함을
찬미하면
어떤 지식이
꽃필 수 있을까?

◎

고운 모래가 깔린 얕은 물에서 소금쟁이 여남은 마리가 무지개들 사이로 빨빨거렸다. 개구리들은 빛살들 가운데에 자리 잡고는 소금쟁이들을 쳐다보고 있었다. 때는 2013년 5월, 대학 시절은 막바지를 향해 가고 있었다. 나는 수상 데크길에 엎드려 틈새로 엿보고 있었다. 주위 저습지에는 부들이 솟아 있었다. 그 너머로 매사추세츠주에 몇 남지 않은 해안초지가 있었다. 중요한 철새 기착지였다. 사방에서 쌀먹이새(중앙아메리카에서 날아오는 철새로, 노란색과 검은색이 섞여 있다)가 비척비척 내려앉는다. 기진맥진했는데도 여전히 노래를 부르고 있다. 소금쟁이가 다리를 허우적거리며 좌충우돌하는 광경을 보고 있는데 쌀먹이새의 R2-D2[*]를 닮은 울음소리가 들린다. 쌀먹이새의 영어 이름 '보보링크(bobolink)'는 의성어인가보다.

●   영화 〈스타워즈〉에 나오는 로봇

내가 데크길에 엎드린 것은 다리가 납덩이처럼 무거워서 몸을 움직일 수 없었기 때문이다. 환각 버섯의 효과가 올라오고 있었다. 그날 아침 두 명의 친구 고든, 딜런과 함께 먹었다. 두 사람도 근처에 있었다. 욕지기도 나서 섣불리 움직일 수 없었다. 하지만 빛기둥 속에서 춤추는 곤충들을 말없이 관찰하는 일은 더없이 만족스러웠다. 실은 희열을 느꼈다. 데크길에 큰대자로 엎드린 신이 된 것 같았다. 나는 태양만큼 커진 퉁방울눈으로 완벽을 내려다보고 있었다. 철학자이자 과학자 고트프리트 라이프니츠의 말을 빌리자면 "경작되지 않은 것이나 열매를 맺지 못하는 것이나 죽음, 카오스, 혼란"은 전혀 볼 수 없었다.[1]

나의 무아지경을 중단시킨 것은 데크길에 쿵쿵 울리는 발자국 소리였다. 깜짝 놀라 올려다보니 열성 탐조가 세 명이 보였다. 다들 60대 아니면 70대 남성으로, 벙거지모자 끈을 턱 아래에 매고 흙색 속건성 버튼다운 셔츠를 바지에 넣어 입고 바지는 양말에 쑤셔넣었다. 목에 쌍안경을 걸었으며 큼지막한 망원렌즈가 달린 값비싼 카메라를 여기저기 들이대고 있었다. 하지민 알고 보니 그들이 나를 보고시 훨씬 놀랐다. 혼자인 듯한 여성이 늪 한가운데에 큰대자로 미동도 없이 엎드려 있었으니 말이다. 그들은 걸음을 멈추고는 6미터쯤 떨어져 나를 쳐다보았다. 나는 경계심을 누그러뜨리기 위해 천천히 일어나 앉아 부드럽게 손을 흔들었다. 내가 소리쳤다. "아무 일 없어요. 벌레를 감상하고 있을 뿐이에요." 그들은 긴장이 풀린 모습으로 나를 향해 걸어왔다. 그들이 다가오자 나는 정상인처럼 보이려고 애썼다. 이렇게 말했다. "카메라 좋네요." 남성 한 명이 대답했다. "가방 안에 있는 건 더 좋아요!"

탐조가들이 나를 지나쳐 늪 쪽으로 사라질 때까지 가만히 앉아 있었다. 일어나 앉았더니 시점이 달라졌다. 미시적 세계에 빠져 있다가 드넓은 오후 하늘을 마주하니 다리가 가벼워지고 욕시기가 달아나는 것 같았다. 고든이 근처 풀밭의 우람한 참나무 아래에 명상하듯 앉아 있는 모습이 보여 그쪽으로 걸어갔다. 걸어가는 동안 쌀먹이새의 울음소리가 계속 귀를 간지럽혔다. 버섯을 먹은 뒤로 시간이 얼마나 흘렀는지, 우리가 얼마나 오랫동안 각자의 경험에 빠져들었는지 알 수 없었지만 이제 체험의 새로운 단계를 위해 본능적으로 재회하는 것 같았다.

풀밭에서 내가 너무나 사랑하는 두 사람 사이에 누워 쌀먹이새의 이주에 대해, 봄의 새로운 가능성에 대해 생각하니(내 뇌 속을 흐르는 균류 화합물이 생각을 인도했다) 내면 깊숙이 파고들어도 안전하겠다는 느낌이 들었다. 하늘을 올려다보았다. 나의 심장을 둘러싼 황금빛 광환(光環)이 마음의 눈에 보였다. 황금은 군데군데 좀먹고 녹슬고 날카롭게 삐져나와 붉은 인체 조직을 할퀴었다. 나는 눈이 느릿느릿 주위를 공전하게 했다. 한 바퀴 돌 때마다 거스러미는 연금술을 통해 다시 황금으로 변해 있었다. 완벽하게 복원할 수 없다는 걸 감지하고 있었지만. 이 돌봄은 나만 하는 것이 아니었다. 나를 떠받치는 풀, 풀을 떠받치는 땅, 머리 위에서 날고 노래하는 쌀먹이새, 인간 친구들, 무엇보다 내 안에서 활성 작용을 일으키는 버섯이 힘을 합쳤다. 집단의 힘에 대한 이 신뢰는 무엇보다 용한 치료사였다. 지난 4년간 내가 얼마나 멀리 왔는지 생각했다. 내가 그들에게 얼마나 감사하는지, 버섯이 내게 보여준 것에 얼마나 감동했는지 생각했다.

◎

버섯을 먹는 것은 내게 제의이자 치료다. 나는 1년에 두어 번 버섯을 먹는다. 처음에는 휘턴 대학(일리노이주에 있는 기독교대학이 아니라 매사추세츠주에 있는 인문대학) 1학년 때 프실로키베 쿠벤시스(*Psilocybe cubensis*)를 시도했다. 부모님께서 실망하시리라는 걸 알지만 버섯을 몇 그램 채취하는 것은 내가 기숙사에 들어온 뒤 최우선 과제 중 하나였다. 여러 청년들과 마찬가지로 나는 새로 얻은 자율성을 만끽하고 있었다. 이 자유가 어찌나 달콤하고 반가웠던지 입안에서 느껴지던 맛과 질감이 아직도 생생히 기억난다. 나의 장(腸)은 나를 억압, 부끄러움, 혼란의 압제에서 끌어내어 내게 필요한지도 몰랐던 치유를 향해 내몰았다.

한각 버섯은 보호막이 벗겨지고 헤체기 이루어지는 장소로 니를 데려간다. 그곳에서는 한때 사회적으로나 문화적으로 중요했던 것들이 문득 덧없게 느껴지며 이전에 정체되거나 무기력해 보이던 것들이 느닷없이 맥동하고 활력을 뿜어낸다. 이 치료 경험은 내가 어릴 적부터 알았지만 아직 명료하게 표현하지 못한 무언가를 내게 거듭거듭 드러냈다. 이 모든 점액과 진창과 불협화음이 깃든 자연과 땅이 나였음을, 내가 자연과 땅이었음을. 첫 버섯 체험이 나를 진짜 어둠의 장소로 데려간 뒤 이 연결의 감각은 비유적으로 또는 말 그대로 나의 구명 뗏목이 되었다.

스트로브잣나무 밑동에서 환희에 찬 몇 시간을 보낸 뒤 숲에서 돌아와 기숙사 방 거울에 비친 내 모습을 바라보았다. 그때 장면들이 얼굴의 주근깨처럼 확 퍼져 눈앞에 번득였다. 나는 보건실에 있었다. 일회용 밴드와 공업용 비누 냄새가 났다. 의사가 문을 닫는 장면이 보였다. 내가 우리 가족의 1998년산 흰색 포드 윈드스타 미니밴에 탄 채 결석하게 해달라고, 아파서 집에 있겠다고 간청하는 장면이 보였다. 내가 보건선생님을 찾아가 보이지 않는 질병을 호소하는 장면이 보였다. 내 안에서 매슈가 들썩거리는 게 느껴졌다. 내가 배수로에 웅크리고 있는 모습이 보였다.

몇 주 뒤 그토록 느닷없이 돌아온 기억들에 대해 엄마에게 이야기했다. 엄마는 전부 사실이라고 말했다. 엄마는 내가 당한 일을 엄마에게 털어놓기까지 여러 날이 걸렸고 나의 어린 마음이 폭력 때문에 얼떨떨해진 거라고 말했다. 의사에게 어떤 조치가 취해졌는지는 차마 묻지 못했다. 평생 입 밖에 꺼내지 못한 질문이었다. 나는 풀렸다. 더는 효과가 없는 보호 갑옷을 벗겨내는 풀림이었다. 어마어마한 부상이 침투하지 못하도록 막는 빡빡한 구속복을 벗겨내는 풀림이기도 했다. 버섯 체험이 이 고통을 일으키기는 했지만, 이 고통이 무시무시하고 끔찍했지만 치료 자체는 두렵지 않았다. 아니, 고마웠다.

이 버섯 체험에는 어떤 인간 길잡이도, 인간 치료사나 샤먼도, 연장자 친구나 교사도 없었다. 나의 균류 동반자들은 자아의, 많은 자아의, 나에 지구를 더한 커다란 자아의 가장 깊은 바닷속으로 나를 데려갔다. 나는 번번이 그들에게 돌아갔다. 언제나 바깥에서, 언제나 자연에서였다. 나는 자신의 모든 부분을 사랑하는 때로는 고통스럽지만 다정한 작업을 이어갔다. 뒤이은 몇 주, 몇 달, 몇 년은 일종의 변질이었다. 나는 새로운 형태를 띠기 시작했으며 그와 더불어 어릴 적 형상으로 다시 자라나기 시작했다. 나는 스스로에 대해 더 많이 공감했다. 내겐 원죄가 없었을지도 모른다고, 나의 섹슈얼리티는 기뻐해야 할 것인지도 모른다고, 내 몸이 정말로 내 것인지도 모른다고 생각했다. 수치심을 느끼게 했던 기억과 생각들이 스스로 재조직되기 시작했다. 경이로움과 가능성으로 탈바꿈했다.

나의 탈바꿈을 곤충에 비유하면 이렇다. 그때는 생활환에서 털애벌레인 내가 세포 재프로그래밍에 돌입하는 시기였다. 한때 딱딱하고 분절되고 짐을 짊어지고 있던 모든 것이 걸쭉한 곤죽이 되었다. 나의 세포들이 꼼지락거리며 새로운 배열로 바뀌는 동안 나를 구성하는 부분들 중에서 유일하게 알아볼 수 있는 것은 내가 이 땅에 속했음을 떠올리게 하는 유전적 기억의 깜박임뿐이었다. 이 탈바꿈이 일어나는 동안 나는 환경 운동에 더 열심히 참여했고 학내 '슬로 푸드' 운동을 공동 창립했으며 기숙사에서 나와 휘턴 '야외 교육·리더십 하우스'(이하 '아웃도어 하우스')에 입주했다. 친구 고든, 로이와 함께 '3인실'에 들어갔는데, 휘턴의 성중립 배정 정책이 적용된 첫 사례였다. 우리 셋은 다른 숲 존재들과도 친구가 되어 뉴햄프셔주의 화이트산맥과 케이프곶 모래언덕 같은 장소들을 함께 탐험했다.

나는 ADHD가 있긴 해도 딱히 장애를 겪지 않았지만 풀림을 경험하고서 매우 아슬아슬하고 명백히 위험한 행동들을 추구하는 성향이 생겼다. 웃기고 터무니없는 행동도 있었다. 이를테면 아웃도어 하우스의 암벽 등반 장비를 이용하여 친구 콜과 함께 캠퍼스 건물 외벽을 타고 올라가 현수하강하기도 했다(콜은 훗날 식물학자가 되었다). 이따금 머리를 식히려고 밤에 이 짓을 했다. 어느 날 저녁 과학관에서 현수하강하다 캠퍼스 도로 위에 달랑달랑 매달려 있는데, 순찰차가 아래로 지나갔다. 순찰차에 탄 경비원은 밤중에 위를 올려다볼 이유가 전혀 없었다. 10미터 위에 학생이 하네스를 착용한 채 매달려 있으리라고 예상할 이유도 전혀 없었다. 덕분에 들키지 않았다. 하지만 수업을 빼먹고 낙제할 때도 있었다. 오랫동안 솜씨를 발휘한 취미도 그만뒀다. 그리고 술을 엄청 마셨다. 1학년이 끝나갈 무렵 성적은 학사경고를 받을락 말락 했다.

우리 가족은 이 모든 난장판을 보고서 영문을 알지 못한 채 내게 휴학을 강권했다. 정신을 차리고 장학금 탕진을 그만두고 세상을 어떻게 헤쳐 나갈지 생각하라고 닦달했다. 나는 격렬히 저항하긴 했지만 마음 한 구석에서는 그들이 옳다는 걸 알고 있었다. 모두가 털애벌레 곤죽을 보았지만 무엇으로 바뀔지는 아무도 몰랐다.

나는 그해 가을 대학으로 돌아가지 않고 한 학기 동안 집에 머물면서 동네 도서관에서 태극권을 수련하고 커뮤니티 칼리지에서 이마누엘 칸트에 대한 철학 세미나를 듣고 뉴욕주 이시카의 코넬지역협력 사업부에서 운영하는 나흘짜리 자연해설사 자격증 과정에 등록했다. 때는 2010년 9월이었다. 나는 열아홉 살이었고 균류학자가 되기 직전이었다.

자연해설사 과정에 등록한 이유는 약용 버섯 덕분에 내가 땅을 돌보는 일에 재능이 있고 땅이 ‘나’를 돌볼 때 안전할 수 있음을 깨달았기 때문이다. 나는 현지의 다양한 버섯종에 대해 배우고 싶었다. 그곳에 균류학 수업이 있었던 것은 순전히 행운이었다. 수업 첫날 아침 야외 강당에 도착했는데, 머리가 희끗희끗한 학생들이 공책과 커피 보온병을 든 채 자리를 가득 메우고 있었다. 나는 약간 부스스한 차림으로 자리에 앉았다. 공식 지각은 아니었지만 옛날 기준으로 따지면 지각이었다. 그해 가을 등록한 나머지 활동과 마찬가지로 나는 참석자 중에서 단연 가장 어렸다. 말없는 호기심과 어쩌면 조금의 의심이 나를 맞이했지만 금세 우리 모두 숲에 열성적으로 시선을 돌렸다.

워크숍 주제는 이끼, 나무, 새, 박쥐 등이었고 자상한 과학자들이 열심히 가르쳤는데, 대부분 코넬 대학교 교수였다. 강사들은 자신이 연구하는 생물과 사랑에 빠진 것이 분명했다. 그들은 내가 직접 만난 최초의 야외생물학자였다. 나는 수업 주제뿐 아니라 과학이라는 활동 자체에도 매료되었다. 생물학자들은 말과 행동에서 모든 서식처와 생물종을 존중했다. 이끼가 어떻게 먼지 부스러기를 모아 흙을 만드는지,

박쥐가 어떻게 섬세한 꽃가루받이 작업을 해내는지와 같은 놀라운 것들을 가르쳐주었다. 기후 변화에 대한, 자신들이 사랑하는 생물과 시스템이 처한 위험에 대한 슬픔과 다급함도 들려주었다. 나는 그들이 가진 지식의 깊이에 아찔할 정도였지만 그들은 침착했으며 너그럽게 시간을 내어주었다. 나도 그들처럼 되고 싶었다. 야외생물학자로서의 삶이 형체를 갖추기 시작했다.

강좌가 시작된 지 하루이틀 지나 균류 수업 시간이 되었다. 워크숍 강사는 코넬 대학교 교수 조지 허들러(George Hudler)였다. 코넬은 전 세계를 통틀어 균류 연구의 역사가 오랜 몇 안 되는 대학교 중 하나였다. 허들러 교수는 매력적이고 온화하고 상냥했다. 그는 지식을 쉽고 흥미진진하게 전달했다. 세상에 균류학자가 얼마나 적은지, 지구를 이해하기 위해 균류를 이해해야 할 필요성이 얼마나 절실한지 이야기하면서 어떻게 보면 우리를 끌어들이고 있었다. 그는 균류에 대한 정보의 샘이었다. 들을 때마다 전율이 일었다. 수백만 종의 균류가 아직 명명되지 않고 알려져 있지 않다는 사실, 균류가 식물과 서로 유익한 동반자 관계를 맺는다는 사실, 버섯이 균류의 영양체*인 균사체에서 발달한 생식 기관이며 바람, 물, 동물을 통해 홀씨를 퍼뜨린다는 사실을 배웠다. 지금의 내겐 기초적인 사실들이지만 처음 들었을 때는 어안이 벙벙했다.

●　생식에 직접 관계하지 않고 개체의 영양에 관계하는 부분

문득 세상이 더 크게, 신비롭게, 전에는 상상하지 못한 가능성으로 충만하게 느껴졌다. 허들러 교수는 많은 미국인이 균류와 버섯에 대해 품은 막연한 두려움에 대해서도 이야기했다. 이 반감은 하도 널리 퍼져 있어서 '버섯공포증(mycophobia)'이라는 이름까지 붙었을 정도다. 허들러 교수는 일부 균류를 섭취하면 치명적인 것은 사실이지만 대부분은 그렇지 않으며 뉴욕주의 숲에서 만나는 버섯은 전부 만져도 안전하다고 설명했다. 한발 더 나아가 균류가 인간에게 베푸는 유익은 헤아릴 수 없으며 어떤 위험보다도 훨씬 값지므로 우리의 두려움은 기본적으로 비합리적이라고 설명했다.

우리는 왜 버섯을 싫어하도록 교육받았을까? 이 문제를 곱씹다 보니 균류가 나의 어릴 적 첫사랑인 뱀, 거북, 개구리와 같은 언어로 내게 말한다는 사실을 깨닫기 시작했다. 그들은 같은 고조파 주파수*에서 공명했으며 내 영혼을 접지**했다. 나는 그들이 어떻게 내쳐지고 오해받는지에 공감했다. 그들이 친근하게 느껴졌다.

강좌가 끝난 뒤 생기와 목적의식과 균류로 충만한 느낌이 늘었다. 허들러 교수의 책 『마법의 버섯, 못된 곰팡이(Magical Mushrooms, Mischievous Molds)』를 당장 구입했다.[2] 그러고는 앉은자리에서 다 읽었다. 균류 책이 또 있는지 책방을 뒤졌다. 당시에는, 그리고 내 주머니

사정으로는 균류 책을 찾기가 쉽지 않았다. 균류가 나의 나날을 점령하기 시작했다. 숲에 나가 균류를 찾거나, 균류에 대한 글을 읽거나, 아니면 균류를 찾거나 균류에 대한 글을 읽을 수 있도록 지금 하는 일을 어떻게 끝마칠지 궁리했다.

다음 학기에 복학하여 나의 작은 인문대학에 개설된 생태학과 야외생물학 수업을 모조리 신청했다. 휘턴에는 균류 수업이 하나도 없었지만(대부분의 대학도 마찬가지였다) 조류학, 열대생물학, 기생충학, 중의학(약용 버섯을 즐겨 쓴다) 수업을 들었다. 자연해설과 야외생물학에 깊이 빠져들면서 로빈 월 키머러, 데이비드 에이브럼, 메리 올리버, 앨도 레오폴드의 문학 세계를 접했다. 모두가 인간을 넘어선 세계를 찬미했다. 나는 대학에 돌아왔을 때 전혀 다른 학생이 되어 있었다. 마침내 학문과 인생에서 뚜렷한 소명을 찾았다.

여름 동안 중국 윈난성에서 중의학을 공부하면서 균류 추출액 제조법을 배웠다. 뉴욕으로 돌아와서는 쓰가불로초(근연종인 영지버섯(*Ganoderma lucidum*)은 중의학에서 수천 년간 쓰였다)로 항균·면역력 강화 강장제를 만들기 시작했다. 쓰가불로초의 커다란 자실체를 처음 발견한 순간을 지금도 생생히 기억한다. 갓이 매끈하고 진한 루비색인 근사한 다공균(多孔菌) 버섯으로, 아래쪽의 작은 구멍에서 홀씨를 퍼뜨린다. 균류 치고는 영양체가 엄청나게 커서 너비가 30센티미터를 넘는다. 어찌나 위엄과 당당함을 뿜어내던지 버섯공포증이 있는 사람들 사이에서 '오싹하다'라는 평판이 자자하다. 자실체를 몇 개 채집했는데, 취한 것보다 훨씬 많이 남겨두는 '받드는 거둠(honorable harvest)'을 실천하려고 조심했다.[3] 버섯을 식료품 봉지에 넣어 허겁지겁 집에 돌아왔다.

그날 밤 알코올로 두 번 추출하는 법에 대한 메모를 다시 읽었으며 실수를 저지르지 않도록 원료를 꼼꼼하게 점검했다. 당시는 온라인에 올라온 균류학 정보에 심각한 한계가 있었으며 지금은 몇 분이나 몇 초 만에 찾을 수 있는 정보를 얻기 위해 몇 시간이나 며칠에 걸쳐 게시판과 부실한 웹사이트를 뒤져야 했다. 오전에 처음 한 일은 손을 봉지에 넣어 버섯을 꺼내는 것이었다. 봉지는 따뜻하고 축축했다. 커다란 짐승이 부드럽게 콧김을 내뿜는 듯한 느낌이 손에 전해졌다. 균류는 그때까지도 대사작용을 벌이고 있었다. 균류가 여전히 숨 쉬고 여전히 살아 있다는 생각이 들었다. 그들의 통로와 경로가 우주적 존재 행위로 부글거리는 것 같았다. 버섯은 거의 동물에 가깝게 느껴졌다. 나의 약물이 되어달라고 요구하기엔 너무 거대하게 느껴졌다. 하지만 어찌나 특효약이 되었던지. 나는 균류에서 이른바 (신경다양성 용어로) '특별한 관심 영역'을 발견했다. 이 영역은 모든 것을 지배한다. 균류는 나의 가장 꾸준한 동반자, 나의 퀴어 연인, 인생의 밤을 밝히는 생물발광체가 되었다.

나는 균류에서 집합적인 무언가를 보았다. 그것은 균류가 서식처에 깃드는 방식, 더 깊고 보이지 않는 세계의 빛으로 나타나는 방식이었다. 모든 유기체는 각자의 생태계에 속한 여러 요소들과 서로 의존하지만 균류는 이 사실을 더욱 뚜렷이 보여주는 듯했다. 균류의 끝이 어디이고 서식처의 시작이 어디인지는 모호할 때가 많다. 균류는 빗속에 나타났다 사라졌다 하면서 계절의 미묘한 변화를 알린다. 균류를 연구하는 것은 경관을 읽는 법을 배우는 것과 같다. 균류에 따라 좋아하는 나무, 토양 화학 조성, 지형이 있다는 것을 배우게 된다. 균류와 식물이 필수 영양소를 주고받는 균근망은 육상식물의 90퍼센트 이상을 떠받친다.[4] 이런 식으로 제 나름의 세계를 창조한다. 균류는 흙과 목재와 숙주 동물의 몸속을 다니면서 그들을 빚어내고 어떤 의미에서 그들이 된다. 나는 균류 안에서 나 자신을 보았다. 균류는 또 다른 양서류적 존재였다. 나는 동물도 아니고 식물도 아니고 조금은 유동적이고 조금은 단단하고 오늘은 여기 있다가 내일이면 사라지는 균류 형태의 다양성과 본능적으로 연결되었다.

균류의 약용 쓰임새, 생물환경 정화에서의 응용, 대안적 건축 재료로서의 기능 등 균류학에는 매력적인 측면이 어찌나 많던지 나는 이것들을 전부 배우고 싶었고 지금도 그러고 싶다. 하지만 점차 내가 균류학 연구의 더 기본적인 형태에 끌린다는 것을 느꼈다. 그저 그들의 이름을 알고 싶었다.

◎

실루리아기-데본기 육상혁명은 지구 역사에서 약 4억 2000만 년 전 시작된 기간으로, 이때 생명이 수백만 가지 형태로 만발했다. 유전적 계통이 분기하여 초록의 무성한 새 형태로 뻗어 나가 육지를 우리가 지금 두 발과 네 발로 걷고 기어다니는 땅과 비슷한 곳으로 탈바꿈시켰다. 균류의 심층사에 대해서는 알려진 것이 거의 없지만 식물과의 동반자 관계가 육상혁명에 일조했다는 것은 알려져 있다. 황량하던 바위투성이 땅은 촉촉하고 부드럽고 갈색의 자궁 같은 땅으로 바뀌었다. 주변을 탐색하는 균류 세포의 연금술을 통해 돌은 원소를 공유지에 흩뿌렸다.

오늘날 쉽게 알아볼 수 있는 주요 생물군(이를테면 곤충과 꽃식물)은 급격하고 연속적인 종분화를 겪어 급속히 전파되고 변모했다. 발달이 일어날 때마다 새로운 상호작용, 새로운 교환의 그물망, 새로운 생태틈새, 그리하여 새로운 종이 거듭거듭 생겨났다. 다양성이 다양성을 낳았다. 우리의 해양 네발짐승 조상들은 식물이 자리 잡은 이 땅에서 무언가 할 수 있는 일을 발견했다. 그들은 천천히 양서류가 되었다가 그 뒤에 완전한 육상동물이 되었다. 결국 개구리, 매, 토끼, 인간에 이르기까지 우리가 알고 사랑하는 많은 동물이 탄생했다.

이 척추동물 중 상당수는 속속들이 기록되고 연구되었다. 멸종한 계통(네발짐승 집단의 약 96퍼센트[5])조차 다른 계의 현생종보다 더 철저히 연구되는 경우가 많다. 척추동물은 우리 인간과 더 밀접한 관계가 있어서 우리의 관심 대상이 될 가능성이 클 뿐 아니라 뼈가 단단하기에 지각 변동 과정에서 화석 증거를 남길 가능성도 크다. 곤충이나 버섯처럼 몸이 연한 생물은 덜 알려졌다. 몸이 연한 생물의 안팎에 서식하는 외부기생체(ectobiont)와 기생생물은 더욱 덜 알려졌다. 이 수수께끼 같은 생물들의 역사는 비밀에 싸여 있지만 종 다양성으로 보나 개체수로 보나 우리 생태계의 결합조직으로서 지구에 형태, 차원, 에너지를 부여한다. 이 생물들이 보이지 않는다는 것이야말로 내가 이 생물들에게 끌리는 이유다.

진화생물학자 J. B. S. 홀데인은 창조주가 정말로 땅의 모든 생물을 설계했다면 "딱정벌레를 편애했"음에 틀림없다는 명언을 남겼다(적어도 곤충학자 사이에서는 유명했다).[6] 딱정벌레는 어떤 현생 동물군보다 종수가 풍부하다. 동물종 대략 넷 중 하나가 딱정벌레다. 나는 홀데인의 주장에 더해 그런 창조주라면 균류도 편애했음에 틀림없다고 말할 것이다. 균류 종수는 수백만을 헤아리기 때문이다. 추정값은 약 200만에서 1200만까지 천차만별인데, 이렇게 차이가 큰 것에서 보듯 균류는 수수께끼 같은 생물군이다.[7] 대부분의 균류는 명명되지도 기록되지도 않았으며 학계에 알려지지 않았을 뿐 아니라 어떤 사람에게도 직접 목격되지 않았다. 이 책을 쓰는 지금 나 같은 균류분류학자들이 기재한 균류는 다해서 약 15만 종에 불과하다.[8] 이 정도만 해도 많아 보이긴 한다. 생색나지 않고 박봉에다 인용도 별로 안 되는 노동을 어마어마하게 쏟아부은 결과이기도 하다. 하지만 이 땅의 균류종을 통틀어 우리가 알아낸 것이 10퍼센트를 넘지 않음(아마도 훨씬 적음)을 의미하기도 한다.

육상혁명이 지구의 암석 위에 광합성 담요를 펼치자 식물은 곤충의 먹이이자 서식처가 되었다. 그들은 호혜주의를 통해 서로를 지구상에 퍼뜨렸다. 이 생명체 중 상당수의 안에는 더 많은 생명체가 있으며 그 안에는 더더욱 많다. 나의 균류학 연구는 대부분 이런 공생체에 치중했다. 이 균류목(目)의 생물학적 특징을 보면 두 계의 우연한 만남에 오랜 역사가 있음을 알 수 있다. 수억 년 동안 생존을 위한 선택압에 의해 형성된 분자 다이아몬드의 사슬인 셈이다. 충생자낭균류(Laboulbeniales. 이 균류를 처음 보고한 곤충학자들 중 하나인 조제프 알렉상드르 라불벤(Joseph Alexandre Laboulbène)의 이름을 땄다)는 대부분의 균류학자에게조차 모호하고 수수께끼 같은 균류목이다.* 평균 길이가 수백 마이크로미터(1마이크로미터는 1밀리미터의 1000분의 1)에 불과한 미세 균류이지만 다세포이며 딱정벌레 표면에서 숙주와 공생하며 평생 살아간다.

충생자낭균류는 돋보기나 해부현미경으로만 볼 수 있으며 어쩌다 눈에 띄는 일은 결코 없다. 하지만 몸집은 작지만 매우 화려한 것도 있으며 늘 어찌나 정밀하게 배열되었던지 종이나 분류군마다 세포 하나하나의 윤곽, 형태, 상대적 방향이 일정하다. 분류학자들은 이 세포 배열로 종을 식별한다. 세포는 유리처럼 투명하며 겉이 호박색인 경우도 많다. 하지만 겉으로는 약해 보여도 회복력이 극도로 강해서 숙주가 나뭇가지나 물을 헤치고 다녀도 버틸 수 있다.

충생자낭균류는 남극을 제외한 모든 대륙에서 보고되었으며 뉴욕 숲의 반날개(Staphylinidae)에서 중앙아메리카 강의 물벌레(Corixidae)

●   '충생(蟲生)'은 곤충에 기생한다는 뜻

까지 온갖 서식처에서 발견되었다. 절지동물이 새로운 생태틈새로 퍼져나가 다양해지면서 충생자낭균목도 그들과 함께 퍼져나갔다. 숙주가 굴을 파고 뛰어다니고 날아오르고 심지어 헤엄치면 충생자낭균류도 덩달아 탈바꿈했다. 오늘날 충생자낭균류는 어찌나 다양하게 분화했던지 이를테면 특정 개미종의 오른쪽 앞다리에서만 볼 수 있는 것도 있다. 같은 개미의 다른 부위(배, 더듬이 등)에는 다른 종이 살고 있으며 각 종은 해당 부위의 미기후에 맞춰 특수하게 적응했다.

충생자낭균류는 '기생생물'로 분류되지만 절지동물 숙주에 어떤 영향을 미치는지는 거의 알려지지 않았다.[9] 곤충과 연관된 그 밖의 균류 중에서 숙주의 몸과 마음을 탈취하는 실동충하초속(*Ophiocordyceps*) '좀비균류'와 달리 충생자낭균류는 생활환의 단계에서 숙주를 죽이지 않는다. 사실 대부분은 숙주에게 눈에 띄는 영향을 거의 또는 전혀 미치지 않는 듯하다(이 영향을 측정하려는 실험 중에서 발표된 것은 손에 꼽을 정도에 불과하지만). 이런 까닭에 '기생생물(parasite)'보다 '외부기생체(ectobiont)'라는 용어가 더 정확할지도 모르겠다. 다른 생물의 몸 위에서 살아가기 때문이다. 우리는 충생자낭균류가 숙주에게서 숙주에게로 사회적으로, 또한 종종 성적으로 전달된다는 것을 안다. 이따금 짝짓기 위치에 해당하는 신체 부위에서 자라기도 한다. 따뜻하고 습한 환경과 사회성 곤충에서 번성하는 듯하다. 섞이기, 짝짓기, 알 품기, 함께 쉬기 등 어느 정도의 교류도 필요하다.

충생자낭균류 자신도 성적으로 창의적이다.[10] 일부 종은 자웅동체(monoecious. mono: '하나', ecious: '집')로, 몸 하나에 '암컷'과 '수컷' 생식 구조가 둘 다 들어 있으며 일부 종은 자웅이체(dioecious. dio: dio. '둘')로, 암수가 별도의 몸에 깃들어 있다. 심지어 삼성이체(trioecious)도 있는데, 일부는 자웅동체이고 일부는 자웅이체라는 뜻이다.

용어에 대해 한마디 하자면 성의 언어에는 온갖 함의가 결부되어 있으며 '암수', '자웅', '남녀'라는 용어는 인간에게 여러 의미로 해석된다. 하지만 생물학에서 '암'과 '수'는 개체의 몸속에 있는 배우자(gamete. 정자나 난자처럼, 결합하여 새로운 유전적 개체를 형성할 수 있는 세포)를 가리킨다. 두 가지 생식자가 구별되는 유기체에서 자성배우자는 둘 중에서 큰 쪽을 일컫는다. 기본적으로 이것이 과학자들이 성에 대해 이야기할 때 뜻하는 바다. 이와 관련된 그 밖의 특질, 구조, 행동은 유기체마다 천차만별이기에 뭉뚱그리면 안 된다. 이를테면 모든 '암컷'이 삽입당하는 것은 아니다. 모든 '수컷'에 남근이 있는 것은 아니며 모든 '암컷'이 새끼를 돌보는 것도 아니다. 모든 '수컷'이 지배 행동을 나타내는 것도 아니다. '암수' 이분법은 훨씬 다양한 생물학적 다양성의 입도적 증거 앞에서 논파된다. 자웅동체이거나 삼성이체인 충생자낭균류에 이 용어가 쓰인다는 것은 간성이 뭇 생명에 두루 존재한다는 자명한 사실을 보여준다.

이분법 바깥, 즉 이성애 규범 바깥의 생식을 연구함으로써 우리는 자신의 진화와 생물학을 새롭게 이해할 수 있다. '정상'의 굴레를 벗어던질 수 있다면 이에 힘입어 어떤 질문을 제기할 수 있을까?

충생자낭균류는 약 2300종이 식별되었는데, 한 번도 못 들어본 사람이 대부분인 유기체 치고는 어마어마한 숫자다.[11] 비교를 위해 예를 들자면 전 세계에서 알려진 조류 종수는 약 1만 종이다.[12] 하지만 대부분의 균류학 영역에서는 알려진 것보다 훨씬 많은 종이 존재한다고 보고 있다(또는 믿고 있다). 이 미세한 균류를 연구하는 과학자는 손으로 꼽을 정도이며 그중 약 여섯 명만이 이 분야에서 적극적으로 연구하고 논문을 발표하고 있다. 우리 '충생자낭균류학자' 소집단은 충생자낭균류가 전 세계적으로 4만~7만 종에 이른다는 데 의견을 같이한다. 이 정도면 곤충과 연관된 균류의 알려진 계통 중에서 가장 다양하다고 볼 수 있다.

균류를 비롯하여 연구가 미흡한 모든 생물군(조용히 맥동하고 성장하고 짝짓기하고 죽어가는 저 모든 수백만 종들)이 얼마나 방대한지 생각해보라. 이것은 그저 너무 어마어마해서 파악하지 못할 규모일까? 온전히 이해하는 것은 어림도 없을까? 이 종들을 탐구하는 것에 조금이라도 의미가 있을까? 안데스산맥의 브로멜리아드에 고인 빗물 웅덩이의 소금쟁이에 달라붙어 살아가는 미세 균류에 왜 관심을 가져야 하나? 이런 질문에 대해 나는 이렇게 반문하겠다. 눈에 덜 띄는 유기체들을 무명으로 내버려두는 것은 무슨 의미가 있을까? 지구의 결합조직이 하찮게 치부되면 무슨 일이 일어날까? 종을 이름으로 불러주는 것은 존경과 칭송의 행위다.

존 크라카우어의 책 『야생 속으로』의 주인공인 열성적이고 반(反)물질
주의적인 방랑자 크리스 매캔들리스[13]는 일기장에 러시아의 시인이자
소설가 보리스 파스테르나크의 글을 인용한다.

> 그녀가 이 땅에 태어난 것은 땅의 거친 매력이 갖는 의미를
> 이해하고, 세상의 모든 것을 각각 알맞은 이름으로 부르며,
> 만일 이 일이 힘에 부칠 때에는 삶에 대한 사랑으로 그 일을
> 대신 해줄 후계자들을 낳는 것이었다.[14]

고등학생 시절 『야생 속으로』를 읽었을 때는 매캔들리스와 유대
감이 느껴졌다. 그는 소비주의 문화에서 급진적으로 이탈한 독불장군
이었다. 고집불통이고 우직하고 타협을 몰랐다. 그는 급진주의로 인해
외톨이가 되었다. 그는 상처 입은 사람이었다. 아무런 준비 없이 알레
스카 황무지로 훌쩍 떠났을 때 그가 바란 것은 자연과의 연결이었다.
그럼으로써 물질주의 문화와 폭력적 유년기에 의해 파인 공백을 메우
고 싶었다. 그는 사물을 올바른 이름으로 부르고 싶었다. 이 야생의 행
성에서 우리와 함께 사는 나머지 존재들을 진정으로 알고 그들과 교감
하고 싶었다. 나도 외롭고 상처받고 연결을 추구하고 있었다. 그 모든 것
을 나도 원했다.

아직도 매캔들리스에 대한 친밀감을 어느 정도 느끼긴 하지만 그의 특이한 시각에 매혹된 적은 한 번도 없었다. 그는 자신의 고통을 해결하기 위해 고독하고 개인적인 해법을 추구했다. 누구와도 함께하지 않았으며 자신을 상심케 한 물질적 조건을 바꾸려고 노력하지도 않았다. 생의 막바지에 공책에 이렇게 끼적이긴 했지만. "행복은 나눌 때 진정한 가치가 있다."[15] 그에 반해 나는 타고난 운동가이자 조직가였다. 고독이 편안하긴 했어도 내 존재의 내면에 있는 자석은 집단에 이끌렸다.

균류학을 공부하던 초창기에는 이 행복을 나눌 사람을 찾기 힘들었다. 내게 향후 진로를 물은 지인과 낯선 사람들은 나의 설명을 듣고서 혼란, 우려, 혐오가 뒤섞인 반응을 보였다. 몇몇은 마법의 버섯 얘기에 눈을 찡긋하면서 나를 팔꿈치로 쿡 찔렀는데, 그럴 만도 했다. 친구와 가족도 균류에 대해 회의적이었으며 나의 균류 강박에 공감하지 못했다. 내가 채취한 버섯을 먹을 만큼 나를 신뢰하는 사람은 드물었다. 현장 가이드들에게 몇 번이나 교차 검증을 받고 전문가나 잔뼈 굵은 버섯 미식가에게 상의하는 등 균류 식별에 만전을 기했는데도 의심을 거두지 않았다. 대신 누군가 독버섯에 중독되거나 배앓이를 했다는 출처가 불분명한 이야기를 늘어놓았다. 부모님은 내가 새로운 관심사에 안착한 것에 기뻐하셨지만 내가 알기로 한동안은 새나 나무처럼 사람들이 더 좋아할 만한 것을 공부하길 바라셨다. 나의 학업 여정을 가장 열렬히 응원한 사람은 외할아버지일 것이다. 끊임없이 이런 농담을 던지셨다. "넌 틀림없이 '재미있는 녀석'이 될 거다!"

다른 사람들에게 그토록 혐오스러운 유기체에서 이런 유대감과 위안을 찾을 수 있다는 사실은 내게 일종의 깨달음이었다. 하지만 내가 균류에 대해 느낀 것은 친밀감이었다. 나는 아직 커밍아웃하지 않았다. 실은 나 자신의 퀴어함이 혼란스러웠다. 내가 남자에게 끌린 탓에 여자와 논바이너리에게도 끌린다는 사실이 한동안 가려졌다. 나는 아직 성별 불쾌감 경험을 묘사할 언어가 없었다. 내 정체성의 그 무엇도 완전히 뚜렷하지 않았다. 나는 모호하고 다중적이었다. 나는 이것 아니면 저것 둘 중 하나에 만족할 수 없었다. 어떤 이름표도 '올바르다'고 느껴지지 않았다. 나는 숨겨졌다. 세계 밑에 있는 세계였다. 어떤 차원에서는 이런 느낌이 들었던 것 같다. 균류를 명명함으로써 균류를 존중할 수 있다면 나 자신의 균류적 부위도 존중할 수 있지 않을까?

몇 년간 균류학을 대체로 독학한 뒤 대학원에 지망했다. 까다로운 과정이었다. 우리 가족 중에는 과학자가 한 명도 없었고 내 장래 희망과 조금이나마 비슷한 진로를 걸은 사람조차 아무도 없었기 때문이다. 더 큰 걸림돌은 균류학 연구 기회가 드물다는 것이었다. 이 분야는 소외되고 외면당하고 있었다. 균류학 연구 과정은 식물(또는 산림)병리학 같은 학과 안에 숨어 있을 때가 많았다. 이것은 균류가 퇴치하거나 박멸해야 하는 유기체이고 우리 환경의 방해 요소라는 오랜 통념을 똑똑히 보여주는 흔적이었다. 연구를 하면서는 걱정이 들기도 했다. 이런 교육과정이 균류에 대한 나의 사랑을 품어줄 수 있을까? 다행히 결국 올바른 장소에 안착했다. 시러큐스 뉴욕주립대학교 환경과학임학대학에서 대학원 과정을 찾았다. 그곳에서 균류분류학자 앨릭스 위어와 함께 연구할 수 있었다. 위어 교수의 전문 분야는 충생자낭균류였는데, 한 번도 들어본 적 없는 듣보잡 균류 집단이었다. 하지만 그가 무슨 균류 집단을 연구하는지는 별로 신경 쓰지 않았다. 무엇이든 흥미진진할 터였으니까. 그저 균계에 더 깊이 몰두하고 분류학을 배우고 싶었을 뿐이었다. 세상의 모든 것을 각각 알맞은 이름으로 부르고 싶었다.

분류학은 유기체를 명명하고 기재하고 분류하는 학문이다. 유기체를 유사성에 따라 줄 세우는 이 행위는 인류가 태곳적부터 해온 것이며 여러 다른 종들도 마찬가지다. 그래야 이 버섯은 먹고 저 버섯은 안 먹을 수 있고, 이 식물로는 연기를 내고 저 식물로는 안 낼 수 있고, 물을 찾아 이 짐승은 따라가고 저 짐승은 따라가지 않을 수 있다. 우리는 매일같이 분류학 지식을 활용한다. 음식에 대해서는 더더욱 그런데, 어느 식물, 동물, 균류를 먹을지, 어느 종이나 변종이 다른 것과 잘 어울리는지, 어느 것에 알레르기가 있고 어느 것이 영양 만점인지 알아야 하기 때문이다. 이것은 생사가 걸린 문제이며 제의, 공동체, 세계 내 의미 추구와 관계있는 문제이기도 하다.

과학의 공식 분야로서의 분류학은 아리스토텔레스(기원전 384~322)로 거슬러 올라간다. 아리스토텔레스는 수많은 과학과 철학 연구를 아우르며 존재의 분류를 위한 대략적 기초를 도입했다. 그리스 레스보스섬 안팎의 야생생물을 관찰하면서 여러 해를 보낸 뒤 『동물지』, 『동물발생론』, 『동물운동론』, 『동물의 부분들에 대하여』를 잇따라 썼다. 이

저작들은 교접완(두족류의 다리 중에서 정자가 들어 있는 것)에서 벌의 행동에 대한 관찰까지 동물학의 다양한 주제를 탐구한다.

아리스토텔레스는 유기체와 심지어 광물에 대해서까지도 혼(생혼, 각혼, 영혼), 질(냉온, 건습), 혈액(있다, 없다), 다리(개수) 같은 개념 체계에 따라 등급을 매기는 위계질서를 고안했다.[16] 이 위계질서의 밑바닥에는 광물이 있는데, 혼이 없고 건냉하며 혈액과 다리가 없다. 광물 위의 식물은 생혼이 있다. 중간 어딘가에는 (이를테면) 뱀이 있다. 뱀은 냉습하고 혈액이 있으며 다리가 없고 생혼과 각혼이 둘 다 있다. 후대에 등장한 존재의 대사슬에서 보듯 맨 위에는 온습하고 다리가 두 개인 인간이 있다. 인간은 세 가지 유형의 혼을 겸비한 유일무이한 존재다. 아리스토텔레스는 이 개념을 이용하여 약 500종의 동물을 줄 세웠다.

아리스토텔레스의 다른 저작들은(식물학에 초점을 맞춘 것도 있었다) 대부분 유실되었다. 그럼에도 그의 철학, 체계, 관찰은 생물학이라는 분야를 빚어냈다. 그 뒤로 2000년간 이 주제들에 대한 그의 권위는 사실상 대적할 자가 없었다. 제도화된 분류학 분야에 커다란 족적을 남긴 다음 사람은 스웨덴의 식물학자이자 동물학자 칼 린네(1707~1778)다. 린네는 일생에 걸쳐(이 시기는 유럽의 계몽주의 시대라고 불린다) 수천 종을 기재했는데, 그가 분류학에 기여한 공로 중에서 가장 유명한 것은 이명법이다. 이명법은 지금도 쓰이고 있으며 호모 사피엔스(*Homo sapiens*), 오르케누스 오르카(*Orcinus orca*. 범고래), 프셀로키베 쿠벤시스(*Psilocybe cubensis*. 환각버섯의 일종)처럼 각 종에 속명과 종명 두 가지를 부여하는 방식이다.

(라틴어 학명이라고도 불리는) 이명법 덕에 생명을 분류하는 형식적인 내포적 분류법(계 문 강 목 과 속 종)이 자리 잡았다. 또한 이름이 표준화되어 언어와 문화의 지역적 차이가 공통의 과학적 이해에 걸림돌이 되지 않을 수 있었다. 린네의 연구를 통해 자연계에 대한 과학적 이해가 폭발적으로 증가했으며 진화론이 발달할 무대가 마련되었다.

하지만 분류학의 발전에는 사회적 위계질서와 식민주의를 확립하려는 유럽의 기획이 결부되어 있었다. 이 분야의 역사를 성찰하면서 이 현실을 외면하는 것은 무책임한 짓이다. 과학의 식민주의 유산에 스민 악덕을 판단하고 바로잡는 것은 과학의 성장에 필수적이다.[17] 과학 연구를 담당한 기관들은 엘리트적이고 배타적이었으며 유럽인, 부자, 남성, 비장애인에 속하지 않는 사람들의 참여를 명시적으로 또는 실질적으로 금지했다. 유럽 이외 지역들에 연구자들이 접근할 수 있었던 것은 식민주의 기구와 노예무역 덕분이다. 이 지역에서 토착민들이 수천 년간 알고 사랑하던 생물들이 새로 발견된 신종으로 보고되는 일도 비일비재했다.[18] 서유럽에서조차 여성은 역사적으로 생태적 지식의 수호자였으나 그들의 목소리는 공식적 과학 참여로부터 배제되었으며 그들의 지식은 '민속', '마술', '아녀자 이야기'로 치부되었다.[19]

속성상 더 섬세하고 철학적인 분류학에도 한계가 있다. 린네의 연구는 각 종을 별개의 분류 단위로 구분하는 내재적 성질을 중심으로 체계화되었다. 하지만 이런 차이에 치중한 탓에 개체를 지나치게 강조하게 되었으며 종을 탄생시키고 떠받치는 생태적 그물망을 과소평가하게 되었다. 어떤 종도 진공에서는 존재하거나 진화하지 못한다. 모든 종과 개체를 서로 엮인 존재로 묘사하는 생명의 나무는 19세기 후반 서구 과학적 사유에서 입증되고 확립되기 오래전부터 전 세계 수많은 문화에 있었다.

많은 균류학자는 린네의 균류 접근법이 균류학에 득보다는 실을 가져다주었다는 데 의견을 같이한다. 린네는 균류를 '하등식물'(이 용어는 오늘날에도 쓰인다)로 취급했다. 신으로부터 멀리 떨어진 열등한 식물이라는 뜻이다.[20] 사실 균류는 결코 식물이 아니다. 동물과 더 가까운 관계이며 더 최근의 공통 조상을 공유한다. 우리와 빵곰팡이가 공유하는 DNA는 빵곰팡이와 풀이 공유하는 것보다 많다. 하지만 린네의 착각을 바로잡기까지는 200년이 걸렸으며 균계는 1969년에야 정식 분류군으로 확립되었다. 게다가 린네의 균류 접근법은 단순한 객관적 잘못에 국한되지 않았다. 린네는 균류를 좋아하지 않은 것이 분명하며 심지어 극도로 혐오했다. 그는 지의류를 일컬어 식물 중에서 '루스티키 파우페리미(rustici pauperrimi)', 즉 '가장 가난한 농부'라고 불렀다.[21]

이 이른바 하등식물은 린네의 범주화 때문에 실추된 명예를 아직도 완전히 회복하지 못했다. 균류, 점균류, 조류, 이끼류는 나무, 포유류, 조류 같은 '고등' 집단에 비해 연구가 일천하다. 그들은 없는 데가 없는데도, 지구 생태계에서 헤아릴 수 없는 필수적 역할을 하는데도 자금, 연구, 대중적 인식 면에서 훨씬 홀대받는다. 균류학에 대해 배워갈수록, 이 분야의 역사와 과학 자체에 대해 알아갈수록 버섯공포증 현상에 철학적 렌즈를 들이대고 싶은 마음이 커졌다. 린네처럼 저명하고 진지한 사람이 어찌 저렇게 경솔하게 혐오를 드러낼 수 있었을까? 위계질서에 의해 규정되는 문화에서 짓눌리는 지식은 어떤 것들일까? 우리 세계의 사회적 현실들은 우리가 과학적 사실로 판단하는 것에 어떤 영향을 미칠까? 이 문제에 대해 생각할수록 균류 생물학에 대한 린네의 오해가 이 유기체의 퀴어한 성격에서 비롯했으리라는 생각이 커졌다. 식물도 동물도 아닌, 이분법을 넘어선 성격 말이다.[22]

뉴욕주립대에서 받은 교육 중에서 내게 가장 큰 영향을 미친 것은 토착부족환경연구소(CNPE)에서 배운 것들이었다. 이 연구소의 설립자 겸 운영자는 로빈 월 키머러였다. 연구소는 급진적 학문의 중심축으로, 내가 자연에 대한 사랑을 제도화된 과학의 한계로부터 건져내고 탈식민화된 실천을 지향할 용기를 찾게 해주었다. 내가 처음 참여한 행사는 '두 개의 렌즈로 보기'라는 주제였는데, 과학적 체계와 전통생태지식 체계를 한꺼번에 머릿속에 담자는 취지였다. 우리는 과학을 여러 렌즈 중 하나로 여기는 법을 익혔으며 더욱 온전하게 보기 위해 여러 렌즈를 써야 할 때와 어떻게 써야 하는지를 배웠다. 그 수업에서 균류학을 처음 배웠을 때 흥분과 짜릿함을 느낀 기억이 난다. 다시 한번 세계가 재탄생한 느낌이었다. 가능성과 신비에 새로 적셔진 채. 나는 땅의 마법을 약화시키지 않고서도 과학의 힘을 활용하는 법을 배울 수 있었다. 이 모든 것이 한꺼번에 가능했다.

균류는 여러 개의 렌즈로 들여다볼 때 가장 잘 보인다. 물리적으로나 비유적으로나 미끌미끌하다. 홀씨를 맺는 시기가 산발적이고 찰나적이고 예측 불가능하기에 인간의 기대와 요구에 퇴짜를 놓는다. 균류의 생활환은 정교하게 변화무쌍하다. 어떤 의미에서는 집단적이면서도 개별적으로 존재한다. 두 낱말의 의미에 도전한다고 말할 수도 있겠다. 어쨌거나 '공생'이라는 낱말은 지의류를 묘사하기 위해 발명되었다. 지의류는 균류와 조류의 협력으로 탄생했으며 지구상의 생명이 서로 의존하고 있음을 똑똑히 보여준다.

균류학 논문들을 깊이 파고들면서 말 그대로 매우 퀴어한 균류의 사례를 번번이 맞닥뜨렸다. 균류는 생물학적 성이 셋 이상인 경우가 흔하다. 이를테면 치마버섯(*Schizophyllum commune*)은 교배형*이 2만 3000가지나 된다.[23] 교배형이 맞는 두 균류가 만나면 실처럼 생긴 균사가 융합하여 하나의 몸이 되고 유성 생식 재조합을 통해 유전 정보를 교환한다. 그러고 나면 '그들'은 신체적으로 하나인 채 살아가고 자라고 환경을 탐색한다. 취균목(Glomeromycota) 같은 일부 집단의 구성원은 무성으로 알려졌으며 앞에서 언급한 중생자낭균류는 종종 자웅농체이거나 삼성이체다.

균류학이라는 학문 자체도 퀴어한 연구자로 가득하다. 미국균류학회의 2018년 여론조사에서는 응답자의 12퍼센트가 자신을 LGBTQ로 정체화했다. 이것은 같은 해 전국 평균보다 서너 배 많은 수치이며

● 곰팡이류와 같이 암수의 성이 분화하지 않은 하등 생물에서 유전적으로 암수가 구분이 되어 서로 간에 유성 생식이 이루어지게 되는 형태

그 뒤로 더 증가했을 것이다.[24] 나는 학술대회와 버섯 채취 행사에 참가하기 시작하면서 균류학의 공간에서는 격식을 강요하지 않는다는 걸 금세 알아차렸다. 드레스 코드는 주로 티셔츠(대개 버섯이 인쇄되어 있다)와 반바지였다. 사람들은 환각제 투약에 대해 대수롭지 않게 이야기했다. 지식의 전달은 여러 참가자들 사이에 수평적으로 이루어졌다. 학술대회에서는 묘한 가족 상봉 같은 편안하고 예사로운 분위기가 감돌았다.

균류가 독이 있고 질병을 일으키고 퇴화했고 치명적이고 기이하고 역겹고 괴상하다(역사적으로 퀴어를 비롯한 소수자들에게 부여된 언어)는 말은 비유에서 그치지 않는다. 여러 과학 분야와 대중적 인식에서 버섯이 어떻게 취급되는지를 보면 우리 사회가 무엇에 가치를 두는지 알 수 있다. 우리가 살아가는 문화는 통제, 예측 가능성, 확고한 정의(定義)를 요구한다. 우리는 청결, 순수, 상업적 생산성을 기대한다. 균류는 이런 가치를 손상한다. 균류는 전복적이다. 나는 이 전복에서 나 자신을 보았다. 그들의 논바이너리 몸에서, 범주와 정의의 거부에서 나 자신을 보았다. 그리고 그들은 나를 강하게 했다. 그들을 연구하면서 명료함과 확신이 생기기 시작했다. 더 나은 언어를 찾았으며 더 중요하게는 나의 유동성, 양서류성, 집단적 반항을 향한 끌림을 인정받고 공감받았다. 그들은 내가 스스로의 사람됨을 찾고 이해하고 찬미하게 해주었다. 그들은 나를 이름으로 불렀다.

술집에서 퀴어 이론에 대해 처음 대화를 나눈 뒤 머릿속에서 무언가 번득였다. 나는 긍정의 피드백 루프에 들어섰다. 나의 퀴어함을 대담하게 함양하면서 균류의 생물학과 심지어 전반적 과학을 더 잘 이해하게 되었다. 생물학 지식이 깊어질수록 나의 퀴어한 경험을 더욱 긍정하게 되었다. 토착부족환경연구소에서 얻은 교훈과 더불어 균류는 내게 과학적 정전(正典)의 꺼풀을 벗겨내라고, 주변의 제도들에 의문을 제기하라고 독려했다. 한때 단단하고 난공불락인 것처럼 보이던 것이 내가 생각한 것보다 훨씬 허약하고 유류(有謬)한 것으로 드러났다. 과학의 강점은 약점일 수도 있다. 정보를 선형적이고 논리적으로 원자화하면 표준화된 데이터를 얻을 수 있지만 무한히 복잡한 우주에서 절대적 일관성과 짜임새를 찾기란 불가능해 보인다. 때로는 뒤죽박죽을 선택해야 더 온전히 볼 수 있다. 나는 묻기 시작했다. 퀴어함을 찬미하면 어떤 지식이 꽃필 수 있을까? 세계를 두 개의 렌즈로, 복시●로 보면 어떤 종류의 삶을 더 잘 볼 수 있을까?

2019년 어느 즈음 박사 과정이 끝나갈 무렵 나는 친숙한 장소에 앉아 있었다. 아무도 없는 실험실에서 현미경 접안렌즈 위로 목을 꼴사납게 숙인 채 충생자낭균류 신종을 들여다보고 있었다. 내가 기재한 열두 번째 신종 균류였다. 균체를 측정하고 세포의 형태와 방향을 서술했다. 한 치의 오차도 없이 정교하면서도 단단하게 배열된 투명한 호박색 표면을 살펴보면서 작은 충생자낭균류의 여정에 경탄했다. 충생자낭

●　한 개의 물체가 둘로 보이거나 그림자가 생겨 이중으로 보이는 현상

균류의 계통은 수백만 년 동안 수생곤충의 등에 올라탄 채 숙주가 따뜻한 열대 웅덩이의 표면장력 위에서 부딪히고 춤출 때 홀씨를 퍼뜨렸다. 충생자낭균류와 우리의 유전적 역사는 수십억 년 전 공통 조상으로부터 갈라졌으며 지금 여기서 우리는 다시 공유된 땅에 함께 있다. 균류를 오래 보고 있으면 으레 그러듯 눈물이 핑 돌았다. 지난 10년간 균류가 얼마나 많은 것을 내게 내어주었는지 생각하니 고마움이 북받쳤다. 그들은 나의 치료제였다. 나는 그들에게 보답으로 무언가를 돌려주려고 최선을 다했다. 그것은 이름이었다.

내가 종을 명명하는 것은 낙인을 찍는 것이 아니다. 나는 명명을 권위를 휘두르는 행위로 여기지 않는다. 존중하는 행위, 생명의 나무에 있는 동반자를 인정하는 방법으로 여긴다. 명명은 균류에 사람됨을 부여하는 내 나름의 방식이다. 균류도 내게 비슷한 일을 해주었으니까. 나는 이 균류를 로코노족의 이름을 따서 '라불베니아 로코노룸(*Laboulbenia lokonorum*)'으로 명명했다. 로코노족은 균류가 채집된 수리남 지역의 토착 부족이다.[25] 이렇게 명명한 데는 나름의 철학이 있다. 나는 분류학 '선조들'의 결심과 노고를 인정하지만 덜 알려졌거나 완전히 잊힌 사람들에게서 나의 학문적 계보를 찾는다. 말없는 수호자, 고생을 마다않는 자연해설사, 지역사회 과학자들 말이다. 나는 그들의 끈기 있고 전일적이고 (논란의 여지가 있지만) 성스러운 관찰 예술에서 영감을 얻는다. 이곳에서 균류 존재들의 이름을 찾는다. 분류학의 쓰임새를 유지하되 빅토리아 시대와 식민지 시대의 문화적 유산은 털어내고 싶다. 그 유산을 집단성으로, 퀴어함으로 대체하고 싶다. 명명 행위를 일종의 균사로 만들고 싶다.

가장 좋아하는 균류가 무엇이냐는 질문을 받으면 대개는 이 모든 (찰스 다윈의 말을 빌리자면) "가장 아름답고 경이로우며 한계가 없는 형태" 중에서 하나를 고르는 게 불가능하게 느껴진다.[26] 그래서 매번 다르게 대답한다. 하지만 충생자낭균류에서 나는 균류의 가장 사랑스러운 모습(소박한 존재 방식, 퀴어함, 자본주의적 효용의 대담한 전복)을 본다. 충생자낭균류가 세계를 구하지는 않을 것이다. 그러라고 강요해서도 안 된다. 그래도 나는 그들을 사랑한다. 그들의 찬란함을 사랑한다. 현미경 아래서만, 그들을 사랑하는 누군가가 조심스럽게 들여다볼 때에만 보이는 찬란함을.

까마귀의
언어

◎

1977년 늦여름 보이저 1호와 2호가 플로리다주 케이프커내버럴 나사 케네디우주센터에서 우주로 발사되었다.[1] 발사 시점은 목성, 토성, 천왕성, 해왕성이 직렬하는 드문 사건(175년에 한 번 일어난다)에 맞췄다. 그 덕에 탐사선이 각 행성의 중력을 이용하여 가속하고 기계적 추진의 필요성을 최소화함으로써 행성 간 이동 시간을 몇 년 줄일 수 있었다. 두 탐사선의 임무는 우리 태양계와 그 너머에 대한 데이터를 수집하고 전송하는 것이었다. 두 탐사선은 태양계를 여행하면서 목성의 위성 로에 화산이 있음을 밝혀냈고 토성의 위성 타이탄의 질량과 복잡한 대기를 측정했다. 그러고는 경로에서 점점 이탈하여 우리 태양의 물리적 지배 권역 너머에 도달했다.

2012년 보이저 1호는 인간이 만든 물체 중 처음으로 우리 태양계의 문턱을 넘어 성간 공간에 진입했으며 6년 뒤 보이저 2호도 이 신비로운 너머에 도달했다. 두 탐사선은 50년 가까이 초음속 신호를 수집하고 우리 우주의 물리적 성질을 전해주었으며 그럼으로써 오래전 세상을 떠난 과학자들의 가설을 확증했다. 나사의 보이저 호 탐사 웹페이지에는 임무 현황표가 올라와 있는데, 무엇보다 두 탐사선이 지구로부터 얼마나 멀리 떨어졌는지 보여준다. 이 책을 쓰는 지금 보이저 1호는 238억 킬로미터 떨어져 있으며 1초마다 약 16킬로미터씩 아득한 우주 속으로 날아간다.

무한한 바깥을 향하는 두 탐사선은 물론 무인 우주선이지만 천문 관측 장비만 실려 있지는 않다. 각 탐사선의 옆면에 부착된 지름 30센티미터짜리 금박 구리 원반에는 지구와 그 주민들의 모습과 소리가 담겨 있다. 바로 골든 레코드다. 골든 레코드는 다큐멘터리 제작자 앤 드리앤과 그녀의 연인인 천문학자 칼 세이건이 구상한 것으로, 보이저 1호나 2호가 외계 여행자에게 발견될 경우를 대비하여 제작되었다. 레코드 표면에는 이런 문구가 새겨져 있다. "모든 세계, 모든 시대의 음악 제작자들에게."[2] 레코드는 알루미늄 상자에 들어 있는데, 상자는 반감기가 44억 6800년으로 어마어마하게 오래가는 재료인 우라늄 238로 도금되어 있다. 상자에는 레코드를 재생하는 방법이 기호로 표시되어 있으며 카트리지와 바늘이 동봉되어 있다.

레코드에는 다양한 녹음이 실려 있다. 베냉의 타악, 나바호족의 송가, 오스트레일리아 원주민의 노래 〈샛별(Morning Star)〉, 유명 로큰롤 음악가 척 베리의 〈조니 B. 구드(Johnny B. Goode)〉 등 전 세계의 음악이 들어 있다. 55개 언어로 된 인사말도 있다. 아르메니아어 인사말은 철저하게 실존적인 어조로 "Բոլոր նրանց, ովքեր գոյություն ունեն տիեզերքում, ողջույններ"(우주에 존재하는 모두에게 인사를 보냅니다)라고 말한다.[3] 할아버지가 보낸 음성 메시지처럼 우스울 정도로 예사로운 인사말도 있다. 중국어 인사말은 다음과 같다. "希望大家都好, 我们都在为你们着想, 有空就来这里看看吧."[4](모두 평안하길 바랍니다. 우리는 여러분 모두를 생각하고 있습니다. 시간 있을 때 부디 들러주세요.) 드리앤의 뇌와 몸에서 방사되는 주파수도 들어 있다.[5] 드리앤이 벨뷰 병원에서 '사랑의 경이로움'에 대해 명상할 때 녹음한 것이다.[6]

영상은 115장이 실려 있다. 인간의 임신 모습과 우리 DNA의 이중나선 구조를 묘사한 것도 있다. 대기권 바깥에서 본 우리 지구, 젖 먹이는 여성, 바다에 둘러싸인 채 나무가 우뚝우뚝 솟은 섬, 차량이 빼곡한 4차로 고속도로, 악보, "핥고 먹고 마시"는 사람들을 비롯한 지구의 다양한 모습을 담은 일련의 사진도 들어 있다.[7] 마지막으로, '발자국, 심장 박동, 웃음소리',[8] '귀뚜라미, 개구리',[9] '새, 하이에나, 코끼리'[10] 같은 제목이 달린 동물 소리, 기상 현상, 인간 활동, 그리고 '진흙온천(mud pot)'[11]의 부글부글 소리가 녹음되어 있다.

대학원 시절 어느 비 내리는 오후 골든 레코드의 디지털 내용물을 들여다보면서 두어 시간을 보냈다. 무엇보다 좋았던 것은 외계인을 위한 지구인 플레이리스트를 만들어 우주선에 딸려 보내자는 구상에 담긴 아이 같은 진심(내가 가장 좋아하는 특질 중 하나)이었다. 레코드는 세이건 말마따나 "우주라는 바다에 던져진 '병에 든 편지'"다.[12] 녹음을 선별할 때 지구의 생명 다양성에 대한 뚜렷한 존경심을 품었다는 것 또한 분명해 보였다[13](프로젝트에 관여한 사람들도 그렇게 말했다). 우렛소리, 양몰이 소리, 침팬지 음성을 비롯한 소리 구색은 이 세계가 서로 의존하고 있음을 보여주는 의도적 신호다. 동료 성간 여행자가 '우리'를 알게 하고 싶다면 그들에게 '지구'를 알려줘야 한다. 그들은 우리가 물과 진창으로 가득한 행성에서 다른 존재, 다른 자연 현상들과 공존하고 있음을 알아야 한다. 인류가 지구에 퍼져 지상의 다양한 짜임과 구조 속에서 살아가고 있음을 알아야 한다. 골든 레코드는 생명을 떠받치는 이 소란한 보루에 감사를 표현하는 방법이다.

2021년 10월 13일 〈스타 트렉〉 연기자 출신의 90세 노인 윌리엄 섀트너는 외계에 발사된 최고령자가 되었다. 그는 회고록 『대담하게 가다: 경외와 경이의 삶에 대한 회상(Boldly Go: Reflections on a Life of Awe and Wonder)』에서 자신의 팔을 꼼짝 못하게 하고 얼굴을 일그러뜨린 중력가속도가 약해져 중력의 손아귀에서 벗어났을 때 가장 먼저 하고 싶었던 일은 선실에서 무중력 공중제비를 넘는 것이 아니라 곧장 창가로 가서 지구를 바라보는 것이었다고 떠올린다.

고향 지구의 은은한 팔레트(성긴 구름, 베이지색, 파란색)를 보면서 그가 느낀 것은 "생명이었다. 양육하고 지탱하는 생명. 어머니 지구. '가이아'였다. 그리고 나는 그녀를 떠나고 있었다."[14] 섀트너는 드넓은 공간의 무한함이 "우주의 조화를 이해하는 다음번의 아름다운 단계"일 거라 기대했다.[15] 환희에 찬 시적 경험을 기대했다. 하지만 그가 경험한 것은 "이제껏 맞닥뜨린 것 중에서 가장 세찬 슬픔"이었다.[16] 완벽히 시커먼 허공에 떠 있는 지구를 바라보면 저 행성이 유난히 연약해 보이며 아래에서 벌어지는 환경적 폭력의 위험이 더더욱 크게 느껴진다. 이 경험은 그에게 거대하고 고통스러운 책임감을 불러일으켰다. 섀트너가 말한다. "나의 우주여행은 축하 행사일 줄 알았는데 장례식처럼 느껴졌다."[17]

최근 모두가 보았듯 민간 기업의 우주 쟁탈전이 가속화되고 있다. 비대한 자아와 탕진할 돈을 소유한 억만장자들의 주도하에 벌어지는 우주 관광 사업과 (어쩌면) 식민지 개척은 자포자기의 냄새를 풍긴다. 이런 구상 자체가 가능해진 것은(혀를 내두르게 하는 물적 비용은 논외로 하고) 이전에는 상상할 수 없던 부 덕분이다. 아울러 이런 부를 성취하는 방법은 오로지 광범위한 파괴뿐이었다. 내가 보기에 이것들은 고독한 사람들이 자신의 고독을 치유하려는 행위 같다. 그들은 근본 원인(다른 사람들로부터의 소외와 다른 종으로부터의 소외)을 해결하지 않은 채 쐐기를 더욱 깊이 박아 간극을 벌리고 자신을 말 그대로 하늘 높이 솟아오르게 하려 든다. 섀트너가 슬픔을 느낀 것과 대조적으로 제프 베이조스는 처음으로 지구를 내려다보고서 샴페인을 터뜨렸다.[18]

다른 억만장자들은 가상현실 플랫폼 창조에 자금을 지원했다. 일반인의 조건을 뛰어넘는 보상(머나먼 나라로 여행하기, 슈퍼볼에서 터치다운에 성공하여 우승하기, 근사한 모델과 사랑에 빠지기)을 내건 가상현실이 삶의 결함을 치료하는 해독제라며 광고했다. 우리는 가지지 못한 것을 무엇이든 가질 수 있을 것이다. 그럭저럭. 이것은 실존적 고독에서 벗어나기 위한 또 다른 시도다. 이 고독이 어찌나 심오한지 우리는 시공간의 벽을 할퀴고 있다. 화성을 지구화(terraforming)하는 꿈과 정교하게 시뮬레이션된 삶을 만들어내는 것 사이에는 질적인 차이가 아니라 정도 차이가 있을 뿐이다. 둘 다 충돌을 예상하여 만든 탈출구다. 우리는 충돌을 피할 생각이 없다. 우리가 이런 시도를 벌이는 것은 문턱을 넘기만 하면 지상의 문제들이 절로 해결될 것이며 지금처럼 훼손된 세계에는 투자할 가치가 없다고 믿기 때문이다.

중요한 사실은 이 사업들에 다른 종들이 배제되었다는 것이다.[19] 선실 공기에 숨어 밀항한 균류 홀씨나 이미 죽은 채 미리 포장된 선내 음식물만이 기나긴 시간 동안 당신의 몸 밖에서 유일한 동반자가 될 것이다. 가상현실은 숲의 정경과 소리를 불러일으킬 수 있지만 당신의 디지털 발자국이 인공 흙을 밟아도 토양 미생물(방선균)을 들쑤실 수는 없으며 당신의 뇌는 이 방선균의 냄새에 의해 분출되는 옥시토신을 받아늘이지 못한다.[20]

그렇다고 해서 우주에서 지구를 바라보는 기회를 거절하겠다거나 (이를테면) 심해를 가상으로 탐사하는 데 반대하는 것은 아니다. 하지만 이런 경험을 수락할 수 있으려면 내가 지구로 다시 돌아오리라는 것, 결코 단절되지 않으리라는 것, 헤드폰을 벗고 밖에 나갈 수 있다는 것을 확신해야 한다. 그렇지 못한 것은 전부 새트너 말마따나 장례식처럼 느껴질 것이다.

　　민간 기업의 사업에는 두려움과 희소함이라는 성질이 깃든 반면에 골든 레코드 계획에는 희망과 가능성이라는 성질이 담겼다. 하지만 역사 기록이 시작된 뒤로 전 세계에서 인류가 벌인 시도들에는 유난히 흔한 성질도 하나 있다. 우주 탐사, 특히 외계 생명체 탐사의 주요한 원동력은 우주와의 상호 연대감을 느끼려는 욕구다. 우리는 그저 감지하고 싶어하는 게 아니다. 감지되고 싶어한다. 그저 생명을 찾고 싶어하는 게 아니다. '지적' 생명체를 찾고 싶어한다. 누군가 우리에게 말을 걸어주길 바란다.

◎

뉴욕주립대 환경과학임학대학 학생들은 유별난 종이다. 너저분하고 수더분하다. 체모를 밀지 않고 위생은 미심쩍고 신발은 (만일 신었다면 말이지만) 등산화 아니면 끈이 굵은 아쿠아 샌들이다. 2015년부터 2020년까지 대학원생으로 지내는 동안 적잖은 학부생들이 플립 휴대폰을 썼으며 몇몇은 이메일을 전혀 확인하지 않는 듯했다. 대화도 유별났다. 나는 그들의 대화를 엿듣는 게 좋았다. 조교로 일하면서 여학생 하나가 반 친구에게 하는 말을 엿들었는데, 애완용 거머리에게 피를 "너무 오래" 빨렸다가 기절했다고 했다. 한번은 도서관에서 부루퉁한 학생 하나가 친구에게 수업이 어렵다고 불평하는 소리를 들었다. 한동안 불평이 점점 심해지더니 학생이 진지한 표정으로 말했다. "좋은 일도 있어.

나의 왕노래기가 어젯밤 허물을 벗었거든."

대학 캠퍼스 바로 옆에는 오크우드 공동묘지가 있다. 65헥타르의 가파른 구릉지대에 오래된 무덤과 더 오래된 나무들이 서 있다. 캠퍼스 경비실에서는 강도나 그 밖의 위험한 행위가 공동묘지에서 일어날 수 있다고 경고하는 이메일을 학생들에게 주기적으로 보낸다. 이 행위들은 주로 밤에 일어난다. 그럼에도 공동묘지는 많은 임학과 학생 및 교수들이 즐겨 찾는 서식처다. 무수한 수업이 이곳에서 야외 실험을 진행한다. 지의류 생물학 수업 때는 묘지에 가서 묘석의 생물 다양성을 조사했다. 우리는 조사하는 동안 매우 조심하고 묘석을 존중하라는 당부를 들었다. 특히 일반인이 볼 때는 끌 연장을 숨겨야 했다.

나는 공동묘지에서 이 지역 토착종들에 대해 많은 것을 배웠다. 미역취 밭에서는 공중의 포식자 잠자리를 잠자리채로 잡으려다 뛰어난 시력과 반사신경 때문에 불가능에 가깝다는 걸 알게 되었다. 위풍당당한 대리석 마우솔레움● 옆에서 곤충학 강사는 내게 (해마다 여름 소리 경관을 채우는) 북미깽깽매미(dog-day cicada)는 성체가 되었을 때 아무것도 먹지 않는다고 알려주었다. 공동묘지에서 처음 만난 균류도 많았다. 자갈버섯속(*Hebeloma*)은 갓이 담황색이고 주름(자실층)이 크림색인 분해자이며 검은색 젤리처럼 생긴 좀목이속(*Exidia*)은 나무에서 자라고 쪼글쪼글한 무정형의 몸은 만지면 서늘했다. 나는 캠퍼스 외곽과 비교적 가까

●   거대하고 인상적인 무덤 기념물

운 비탈에 숨는 버릇이 있었다. 비탈은 서쪽을 향해 있었으며 참나무가 자라고 있었다. 가파른 곳이어서 일대를 조망할 수 있었다. 다람쥐, 사슴, 해먹에서 낮잠 자는 동료 학생, 까마귀 같은 나의 동족들을 찾기에 이상적인 장소였다.

공동묘지에서의 만남 중에서 가장 흥분되고 황홀한 것은 밤의 까마귀 떼였다. 10월 오후가 되면 아메리카까마귀(*Corvus brachyrhynchos*)들이 공동묘지를 향해 쏜살같이 날아가다가 듬성듬성한 나무에 잠시 내려 가족 친지와 합류한 다음 다시 날아가는 광경을 볼 수 있다. 수다스럽고 활기찬 이 까마귀 떼는 늦가을을 점점 집어삼키는 적막에 맞서 균형을 맞춘다. 숲은 수면 호르몬과 이주민의 빈자리로 인해 나른하다. 시러큐스의 동지(冬至)에 4시 30분경 어스름이 깔리면 더 큰 무리가 사방에서 날아다니는 광경을 볼 수 있다. 오크우드 공동묘지에 모여드는 까마귀는 수만을 헤아린다.

까마귀가 무서워 보인 적은 한 번도 없지만 거대한 까마귀 한 마리가 공동묘지에 앉아 있다는 것을 처음 알았을 때 안성맞춤이라는 생각이 들었다. 공동묘지에서의 '살인'이라니!● 하지만 까마귀들이 여기 오는 이유는 도심 지역에 비해 안전하기 때문이다. 공동묘지는 생물 다양성이 크다. 우뚝한 나무가 빽빽하고 차량은 거의 없다. 그곳에 가는 사람들(환경과학임학대학에 다니는 새의 친구들과 추모객들)은 동물을 괴롭힐

●   'murder'에는 '까마귀 떼'와 '살인'의 두 가지 의미가 있다.

것 같지 않다. 까마귀들이 공동묘지에 있는 이유는 이곳이 생명으로 충만하기 때문이다.

나무는 새들을 위한 고정된 횃대일 뿐 아니라 까마귀 진화사의 숨은 주역이기도 하다. 까마귀 방문객들이 찾아오면 나무는 변형된다. 메두사를 닮아 머리가 여럿 달린 짐승이나 여러 동물이 합쳐진 피조물이 된다. 나무는 까마귀를 포식자로부터 지켜주며 주변을 경계할 망루가 되어준다. 가을은 말없는 갈색 참나무 잎을 벗고는 시끄러운 무지갯빛 검은색으로 갈아입는다. 까마귀 대화의 음량은 가던 길을 멈추게 할 정도다. 유독 요란한 소리는 '귀를 먹게' 한다고 묘사할 수도 있겠지만 지금 들리는 소리는 원기를 북돋운다. 당신은 소리를 듣고 느낀다. 이 모든 것이 초대처럼 느껴진다. 마치 까마귀들이 이야기하고 교류하면서 서로에게 미치는 영향이 당신에게도 작용하기 시작하는 듯하다.

저물녘 캠퍼스 구내나 근처에 있으면 까마귀를 보지 않을 도리가 없다. 시러큐스에서 첫 가을을 맞았을 때 나는 스물세 살이었으며 학문의 세계에 삿 들어온 뿌듯뿌듯한 새내기였다. 내 삶의 이 국면에서 만난 새로움은 어질어질했다. 10월의 어느 오후 온종일 실험실에서 미세균류를 들여다본 뒤 일리크 연구동을 나서 자전거 자물쇠를 풀고 집으로 향했다. 마음은 이번 학기에 해야 할 일들로 가득했지만 까마귀들의 음성이 잡음을 뚫고 들어와 관심을 사로잡았다. 까마귀 무리의 거대함은 믿기지 않을 정도였다. 나는 자전거 자물쇠를 다시 채우고 공동묘지로 걸어갔다. 까마귀들의 존재가 내 마음의 속도를 늦추고 나를 위로하리라는 것을 본능적으로 이해하면서.

　공동묘지에 들어서자 까마귀들의 합창이 더 요란해졌다. 눈을 크게 뜨고 망설임 없이 까마귀 떼의 한가운데로 나아갔다. 진짜 핵심부는 어디에도 없었다. 좋은 파티가 다 그렇듯 공간은 분위기와 에너지에 따라 삼삼오오 나뉘어 있었으며 이동이 자유로웠다. 대화의 막간은 짧았으며 소리가 한 번 울려 퍼질 때마다 무리 속에서 여러 마리가 응답했다. 어떤 까마귀들은 무리의 가장자리에서 망을 보고 있었는데, 거리 두기를 좋아하거나 사회적 이유로 쫓겨난 듯했다. 나머지는 빽빽이 뭉쳐 재잘거렸다. 움직이는 중심에 가까이 머물려고 끊임없이 쏘다녔다.

　주황갈색 참나무 잎은 어스름을 곱게 입었다. 사진 같은 풍경이었다. 나는 주위를 거닐면서 까마귀들이 내 인기척에 반응하는 것을 보았다. 대체로 나와 함께 움직이는 듯 보였는데, 적어도 몇 마리는 내가 가까이 있는 것을 살짝 경계하는 것 같았다. 다른 존재의 공간과 활력을 보장하라는 소소한 가르침이었다. 금세 감정이 북받쳤다. 첫 감정은 슬픔이었다. 내가 분란을 일으켰다는 게 서글펐다. 다음으로 당혹감이 밀려들었다. 무의식 차원에서는 내가 초대받았다고 실제로 느끼고 있었기 때문이다. 그다음은 우스움이었다. 그 당혹감은 내가 이따금 동료 인간들에게 느끼던 바로 그 당혹감이었으니 말이다. 마지막으로, 처음 느낀 초대의 감정, 아마도 포용의 감정으로 되돌아갔다. 여기서 내가 있어야 할 장소는 구석이었는지도 모르겠다. 가장자리에 있는 몇 마리와 함께 망을 보면서, 존재하되 무리의 핵심부에 비집고 들어가지는 않는 채.

그 시점에 내 삶을 까마귀의 시력으로 볼 수 있었다면 내 미래가 우여곡절로 가득하다는 것을 알 수 있었을 텐데. 나는 균류학자가 되라는 소명을 발견하고 이를 실현하고 있었지만 가장 크고 중대한 개인적 교훈들이 나를 기다리고 있었다. 외로움을 어떻게 해소할지, 나의 공간과 활력을 누구와 나눠야 할지, 내게 말 걸어도 된다고 누구에게 허락할지 정해야 했다.

◎

이때 알라께서 한 마리의 까마귀를 보내니 이 까마귀는 땅을 파고 형제의 시체를 묻는 방법을 그에게 보여 주었더라. 이때 그가 "오, 슬프도다. 내가 이 까마귀처럼 내 형제 시체를 매장한단 말이뇨"라고 말하며 후회하였더라.

『꾸란』, 수라트 알마이다(5:31)[21]

까마귀와 도래까마귀는 장례를 치른다.[22] 죽은 까마귀 주위로 모여들어 서로에게 열성적으로 이야기한다. 몇몇은 작대기나 반짝거리는 물건 같은 제물을 사체에 올린다. 『꾸란』에서 카인이 동생 아벨을 살해한 뒤 알라가 그에게 까마귀를 보내는 것은 이 때문인지도 모르겠다. 아담과 하와의 두 아들은 최초의 인간에 속했기에 시신을 땅에 돌려보내는 확립된 의식이나 뚜렷한 절차가 전혀 없었다. 까마귀는 장의

사 역할을 하는데, 매장 방법을 잘 알고 있으며 이 지식을 인간에게 기꺼이 전수한다. 이 경전에서 장례 의식은 종을 뛰어넘어 새에게서 직접 학습되어 인류 문화에 통합된다.

까마귀와 도래까마귀가 속한 까마귓과(Corvidae)에는 어치, 떼까마귀, 고산까마귀, 까치, 나무까치, 갈까마귀 등이 있다. 까마귀류는 약 3400만 년 전 지금의 파푸아뉴기니 울창한 제도(諸島)의 숲에 서식했던 텃새의 후손이다.[23] 이 후손 종은 서식처의 팔방미인이다. 잡식성이어서 이것저것 잘 먹으며 온갖 종류의 환경에서 살 수 있다. 이 유연성 덕에 초기 까마귀는 자신들의 진화적 요람에서 벗어나 새 땅으로 퍼져나갈 수 있었다. 그러고는 계속 분기하고 진화하여 지금의 풍부한 계통이 되었다. 까마귀가 농장, 초원, 외딴 숲뿐 아니라 빽빽한 도심에서 흔히 목격되는 것은 이 때문이다. 까마귓과 새들은 남극을 제외한 모든 대륙에서 발견된다.

훨씬 최근 일이긴 하지만 인류의 진화도 비슷한 길을 걸었다. 인간도 까마귀처럼 팔방미인이다. 우리도 수천 년에 걸쳐 새 서식처로 이주하면서 새로운 조건, 새로운 식량, 그곳에서 맞닥뜨리는 새로운 종에 적응했다. 이 때문에 전 세계 창조 설화에서 까마귀는 스승으로서 중요한 자리를 차지하며, 적응하려고 안간힘을 쓰는 인간에게 지혜와 가르침을 전수한다.[24]

까마귀는 전 세계에 분포하고 덩치가 클 뿐 아니라(명금 중에서 가장 크다) 비상한 지능으로도 독보적이다. 무엇보다 과학자들은 까마귀류

(특히 까마귀와 도래까마귀)의 신경생물학적 한계를 측정하고 검사하는 데 관심을 기울였다. 그렇기에 까마귀는 가장 방대하게 연구된 조류에 속한다. 까마귀는 인간과 마찬가지로 '연장된 유년기'를 거치면서 부모의 세심한 돌봄을 받으며 둘 다 태어난 직후에는 연약하고 서투르다.[25] 이런 발달 단계를 거치는 동물은 몸에 비해 뇌가 큰데, 이렇듯 연장된 유년기는 모든 신경 하드웨어가 경험, 지도, 훈련을 통해 성숙할 기회다.

까마귀의 지능 구조는 인간을 비롯한 사람과(Hominidae. 대형유인원)와 비슷하다. 일부 까마귀는 연장을 쓸 수 있을 뿐 아니라 낱개일 때는 쓸모없는 부분들을 모아 연장을 만들 수도 있는데, 이를 위해선 복잡한 합리적 사고가 필요하다. 또한 정교한 사회적 행동을 하는데, 이는 마음 이론(자신과 남들에게서 개별성과 행위 주체성을 인식하는 능력)과 일화 기억(구체적 사건을 머릿속에서 고스란히 떠올리는 능력)처럼 우리에게 친숙한 형태의 의식이 있음을 보여준다.[26] 까마귀들이 공감을 경험한다는 사실도 발견되었다. 다른 종과 소통하는 능력도 가지고 있다. 까마귀는 수명이 10년이며(훨씬 오래 살기도 한다) 사람 얼굴을 알아볼 수 있다. 유난히 친절하거나 잔인했던 사람은 더욱 똑똑히 기억한다.[27] 까마귀는 사람을 알아볼 수 있을 뿐 아니라 그 사람에 대해 주변의 가족과 친구에게 알려줄 수도 있다. 그 덕에 무리 전체가 누구를 경계하고 누구를 신뢰해야 하는지 배울 수 있다.

까마귀에게 인지 능력이 있다는 과학적 증거가 발견되면서 까마귀는 서구 과학에서 '영장류 수준' 지능이라는 작고 존귀한 범주에 올라섰다. 하지만 지난 수십 년간 까마귀 행동에서 과학이 밝혀낸 것은 거북섬 퍼스트네이션부터 서아시아 아르메니아인까지 전 세계 수많은 인구 집단에 의해 이미 확고한 지식으로 간주되고 있었다. 과학이 까마귀의 지능을 뒤늦게야 알아본 이유는 서구 문화에서 까마귀를 부정적이고 불길한 새로 치부한 것에서 찾을 수 있다. 이 편견은 그 자체로 수백 년에 걸친 유럽의 전쟁과 십자군 원정으로 연결된다. 까마귀는 잡식성 청소동물이기에 끔찍한 전쟁터에서 잔치를 벌이며 때로는 다음 전투를 치르러 행진하는 병사들에게 그림자를 드리운다.[28] 흑사병이 유럽에 시체를 흩뿌리는 동안 의료인들은 이따금 후드가 달린 특이한 마스크를 썼는데, 부리처럼 생긴 기다란 주둥이에는 향이 강한 약초를 채웠다. 망자와 썩어가는 살을 다루다 토하지 않기 위해서였다.[29] 까마귀들은 이 끔찍한 기억들과 결부되었으며 무감각한 기회주의자이자 무시무시한 죽음의 사도로 여겨졌다.

앨프리드 히치콕의 공포 스릴러 영화 〈새〉는 캘리포니아 해안 마을에서 사람들을 느닷없이 습격하여 살해하는 까마귀 떼를 따라간다. 일상에서도 까마귀와 도래까마귀는 서구 문화 전반에서 핼러윈을 비롯하여 오싹한 미디어와 장식의 단골손님이다. 까마귀 떼는 '군중(mob)'이나 '살인(murder)'이라고 불리며 도래까마귀 떼는 '불친절(unkindness)'이다.● 그들은 여전히 운명의 예언자다.[30]

하지만 지배적인 유럽·아메리카 문화 밖으로 나서면 까마귀와의 관계가 달라진다. 나의 퀴어 친구들 사이에서 까마귀와 도래까마귀는 인기 동물이다. 많은 퀴어 공동체에는 청소 또는 채집이라는 테마가 있는데, 이것은 사람들이 가족의 전통에서 강제로 내몰린 뒤 그 빈자리를 메우기 위해 새로운 의식(儀式)과 유대관계를 찾아다니고 수집하는 것을 말한다.[31] 그들이 이 과정에서 얻는 것은 대체로 낙인찍히거나 거부당한 세상의 조각들이다. 나는 이것을 '채집가 방법론'이라고 즐겨 부른다.[32] 이를테면 유럽인들이 동성애 혐오와 제국주의화된 기독교를 전 세계에 퍼뜨리는 동안 퀴어 하위문화는 권력의 중심을 위협하는 실천(예를 들어 마법, 애니미즘, 이교)을 채집했다.[33] 이런 식으로 까마귀는(때로는 이런 실천 자체와 연관되기도 했다) 전복의 상징이 되었다. 마침 까마귀와 도래까마귀의 동성 만남도 과학자들에 의해 기록되었는데, 이것은 분명히 까마귀들과의 퀴어한 유대를 더욱 깊게 한다.[34]

이 흔하고 꾀 많은 동물은 전 세계 문화에서도 중요하다. 까마귀는 창조주, 영웅, 트릭스터(trickster),●● 협력자로 등장한다. 리라를 연주하는 음유시인(아르메니아어로 '구산(gusan)'이라고 부른다)은 1000년 넘도록 〈사순의 용사들(The Daredevils of Sassoun)〉이라는 서사시를 읊었다.[35] 이 서사시에는 도래까마귀의 바위라는 장소가 나오는데, 이곳은 동굴에 사는 신 메르(Mher)의 거처다. 메르는 정의, 진실, 태양, 빛과 관계있다. 크나큰 고통의 시기에 그는 말하는 도래까마귀에 이끌려 이 동굴에 들

●　　'mob', 'murder', 'unkindness'는 까마귀 떼를 일컫는 집합명사다.

●●　문화인류학에서 도덕과 관습을 무시하고 사회 질서를 어지럽히는 신화 속의 인물이나 동물 따위를 이르는 말.

어왔다. 메르는 동굴에서 세상의 악이 사라지길 기다린다. 그가 말한다.

세상이 악한 곳인 한 땅은 거짓되다. 이런 세상에서는 살 수 없다. 이 세상이 파괴되고 재건되면, 밀 한 톨이 루비기노사 장미 열매만큼 커지고 보리 한 톨이 개암만큼 자라면 나가리라. 하지만 그전까지는 이곳에 머물 것이다.[36]

아파치족 창조 설화에도 도래까마귀에 대한 강렬하고 예지적인 이야기가 있다.

아파치족이 커다란 도래까마귀를 만났다. 까마귀가 그들에게 말했다. "가진 것을 남들과 나누는 것이 우리의 방식이다. 우리는 당신들을 여러 번 초대했고 당신들은 우리의 초대를 무시했다. 우리의 자식들은 당신들 가운데에서 뛰놀았다. … 그들은 당신들을 초대하러 왔으며 오로지 당신들이 따라오기만을 바랐다. 당신들은 그러지 않으려 했다. 우리 부족들이 서로 직접 이야기하지 않는 때가 올 것이다. 언어가 달라지고 보금자리가 달라질 것이다. 하지만 우리는 언제나 굶주림을 겪을 것이다. 이것이 이 땅에서 존재하는 방식이다. 다음번에 우리의 자식들이 당신들 가운데로 오면 그들을 무시하지 말라. 그들은 당신들을 잔치에 초대하러 왔다."[37]

여기서 까마귀는 현명하다. 분별력이 있고, 인과의 선을 그을 줄 알며 바람직한 결과를 낳는 선택을 할 줄 안다. 천리안이 있고 평정심을 잃지 않으며 도덕심이 확고하다. 이 특질들이 우리 문화의 인간 아닌 생명에까지 확장되는 것은 드문 일이다. 『꾸란』도 그렇고 아르메니아와 아파치족의 이야기에서 보듯 우리는 인간 사회의 시초 이후로 까마귀와 연결되어 있었다. 죽음이라는 테마와 여전히 결부되어 있긴 하지만 도래까마귀는 다재다능하고 존경받는다. 지혜롭다가 불길하다가 다정하다가 수수께끼 같다가 심지어 장난스럽기까지 하다. 게다가 이 이야기들에서 인간은 까마귀와 직접 대화를 나눈다. 아직 우리는 지레짐작한 차이를 바탕으로 벽을 세우지 않았다. 까마귀들은 우리에게 말을 걸고 있었다.[38]

우리 문화에서 인간과 인간 아닌 존재를 가르는 간극은 물이 가득한 만(灣)처럼 아득하게 느껴진다. 상황이 어떻게 달라질 수 있을지 상상하는 것은 힘들 수 있다. 얼마나 많은 것을 잃어버렸는지 깨닫는 것은 이예 불가능하다. 하지만 이 이야기들은 아름다운 교훈을 선사한다. 나라면 마음 이론에 빗대어 '종-마음 이론'이라고 부르겠다.[39] 우리는 자신이 이 땅에서 명확히 존재하고 있음을 이해하듯, 자신의 보글거리는 감각 경험을 긍정하듯 다른 종들이 우리 못지않게 다채로운 삶을 살아가고 있음을 확신할 수 있다. 그들의 존재는 결코 덜 생생하거나 덜 흥미진진하거나 덜 발달하지 않았다. 하지만 생태적·진화적 과학이 이 관념을 이론적으로 뒷받침하는데도 내 경험상 과학자들은 이러한 비(非)위계적 관점에서 인간 아닌 존재를 바라볼 때의 결과를 받아들이길 주저한다. 종-마음 이론의 인도를 받는다면 우리는 세상을 어떻게 다시 빚어내게 될까?

인간은 비록 인정하고 싶어하지는 않지만 이야기를 들려줄 수 있는 유일한 종이 아니다. 우리는 글말을 떠받드느라 입말과 (음악과 춤 같은) 몸말 전통을 희생했으며 더 나아가 동물 언어도 저버렸다. 글에는 '입증 가능한' 무언가가 있는데, 이것은 사람만이 내놓을 수 있는 것, 결정적인 것이다. 우리는 글이 더 신뢰할 만하고 권위 있고 직선적이고 최종적이라고 생각한다.[40] 그것은 돌판에 새겨진 하느님의 말씀이다. 교황 칙서, 혼인관계증명서, 문자 메시지에 영영 박제된 고백이다. 이에 반해 구전 전통은 너무 단순하고 쉽게 휘둘린다고 우리는 말한다. 하지만 구전 전통이 원래 맥락에서는 지극히 정확하다는 주장도 있다. 그 내용은 문화적으로나 생물학적으로나 삶과 죽음의 문제일 때가 많기 때문이다. (오류로 점철된) 문서는 접어 꿰매기만 하면 (똑같이 오류가 있는) 정전이나 개념적 기초로 만들 수 있지만 구전되는 정보는 활동적이고 발 빠르고 반사적이어야 한다. 이것이 수천 년간 동물들이 소통한 방법이다. 인간이 존재한 기간보다 오랫동안 까마귀들은 복잡하고 실존적이고 여러 세대에 걸친 이야기를 들려주었다.

까마귀가 한 해의 절반 동안 이토록 웅장하게 모이는 이유는 아직도 분명히 밝혀지지 않았다. 무리가 크면 안전하다. 까마귀는 작은 참새에 비하면 포식자에게 잡아먹힐 위험이 크지 않지만 매, 독수리,

올빼미 같은 맹금에게 사냥당할 수 있으며 새끼 까마귀는 둥지를 습격하는 라쿤의 위협에 시달린다. 까마귀는 매우 사회적인 동물이어서 함께 있는 것을 좋아하는데, 길고 어두운 북부의 겨울에는 더더욱 뭉친다. 뭉치면 맛난 먹이를 어디서 찾을 수 있는지, 어느 숲이 주차장으로 바뀌었는지 같은 중요한 정보를 주고받을 수도 있다.[41] 까마귀는 무리 안에서 자신들의 구전 역사를 전파한다.

◎

2017년 11월 8일 스물여섯 번째 생일에 까마귀들이 모이는 것을 보려고 오크우드 공동묘지에 갔다. 나는 끔찍한 파트너에게서 벗어나는 과정에 있었지만 아직은 홀로 지낼 용기가 나지 않았다.

내 가슴은 상처받았고 내 마음의 가장자리는 갈라지고 너덜너덜해지고 구멍이 났다. 갈색 참나무 잎이 아직 나무에 달려 있는 서늘한 황금빛 시간, 내 파트너보다는 까마귀들과 함께 있는 것이 너 나으리라는 것을 알았다. 나는 중심부에서 멀찍이 서 있었지만 까마귀들의 속사포 같은 수다를 경험할 수 있었다. 그들이 주고받는 이야기의 구조가 복잡하고 소소한 승리와 내부자 농담으로 가득하다고 상상했다. 몇몇이 슈퍼마켓 쓰레기통에 멀쩡한 음식이 넘쳐난다는 이야기로 친구들을 즐겁게 한다는 환상을 품었다. 새로운 연애 상대들이 얽히는 광경을 본 것도 같다. 죽은 가족에 대한 침울한 대화나 새 창고형 할인점을 누빌 계획도 오갔을 것이다.

나처럼 복잡한 트라우마가 있는 사람들은 "치유는 직선적이지 않다"라는 구절에 친숙하다. 이 격언은 지극히 참이지만 얄궂게도 가장 힘든 시기에 쉽사리 잊힌다. 나는 대학에서 아름다운 성장을 경험했지만(소명과 더 큰 목적의식을 발견했다) 그 뒤로는 깊고 절망적인 외로움에 사로잡혔다. 낭만적 관계만이 이 공허를 메워줄 수 있을 것 같았다. 이 감정이 어찌나 격렬하던지 터무니없는 협상이라도 기꺼이 체결하고 싶은 심정이었다. 외로움을 일시적으로 가라앉히기 위해 자기보호 본능과 직관을 억눌렀다. 내가 잇따라 관계를 맺은 사람들은 반복적으로, 뻔뻔하게 내게 상처를 입혔다. 직감에 재갈이 물린 탓에 이성만이 발언권을 부여받아 그들의 개소리에 대해 그럴듯한 변명을 지어냈다. 한 파트너는 술이 들어가면 못되고 잔인해졌는데, 늘 그렇지는 않다는 이유로 면죄부를 받았다. 또 다른 파트너의 정말이지 악마적인 심리 고문은 그의 잘못이 아닌 어릴 적 학대의 기억 때문이었다. 이런 식으로 무수히 핑계를 댔다.

직관(내가 포기한 것)은 패턴 인식 같은 논리적 설명을 통해서는 부분적으로만 이해할 수 있다. 직관은 몸의 언어이며 내장과 당신 주위 모든 것 사이에서 발화된다. 숲에 걸린 거미줄을 상상해보라. 거미줄은 보이지 않는다. 햇빛의 각도와 당신 시선의 각도가 맞아떨어져 프리즘 효과가 날 때만 빼고. 보이지 않는다. 진주처럼 알알이 맺힌 아침 이슬이 어안 렌즈처럼 당신의 주변을 뚜렷이 확대할 때만 빼고. 보이지 않는다. 당신의 몸, 감각, 환경이 어우러져 "저기로 가지 마"라고 말할 때만 빼고. 직관을 무시하는 것은 걷다가 보이지 않는 거미줄에 몇 번이고 얼굴을 처박는 것처럼 느껴진다.

이런 직관적 앎의 방식에는 알듯 말듯한 성격이 있기 때문에 서구 문화에서는 이를 여성과 여성성에 짝지었다. 물론 칭찬은 아니다. 이것은 여성을 비합리적이고 '결핍된' 존재로 규정하는 또 다른 방법이다. 그럼에도 여성이 남성에게 시도 때도 없이 상처를 입고 있는 상황에서는 이 미끌미끌한 언어를 신뢰하는 법을 배워 누군가의 목숨을 구할 수도 있다. 직관은 당신을 안전하게 지켜준다. 여성이 이 미묘하고 효과적인 기술에 의존할 수밖에 없었던 것은 생존을 위해서인데 이 기술을 발전시켰다는 이유로 비난받다니 얼마나 잔혹한가.

나는 직관을 마법의 일종으로 본다. 직관은 다른 방법으로는 알 수 없는 것을 알게 해준다.[42] 나는 직관을 담요처럼 덮는 상상을 좋아한다. 직관은 배에서 나와 내 몸을 감싼다. 숲에 들어가 귀 기울이면 직관을 갈고닦을 수 있다. 나는 그 순간에 필요한 지혜를 보으기 위해 재집가 방법론을 쓴다. 내 직관이 묽게 느껴지면 숨을 깊이 들이마시고 차를 좀 마시고는 배를 어루만진다.

거미줄에 얼굴을 처박으며 걷던 모든 시절, 그 길을 꾸역꾸역 나아가던 모든 시절 나는 스스로를 저버렸다. 매번 나는 다른 누군가가, 어떤 낭만적 파트너가 실제의 자신이 아닌 딴 사람이길 바랐다. 그들이 어떤 면에서 나이길 바랐다. 내가 스스로에게만 해줄 수 있는 깊은 사랑의 행위를 해주길 바랐다. 이제는 목덜미 털이 곤두설 때면, 찐득찐득하고 불분명한 꿈을 꿀 때면, 장내 미생물이 얼어붙은 것처럼 느껴질 때면 누군가 내게 말을 걸고 있음을 떠올린다. 직관은 진화의 선물이다. 억겁의 삶에 걸쳐 익힌 심층시간의 깨달음이다. 그 모든 삶은 인간 공동체에서만이 아니라 종간 거미줄에서도 일어났다. 그렇기에 자신의 직관에 귀 기울이는 법을 배우는 것은 땅에 귀 기울이고 다른 생물에게 귀 기울이는 법을 배우는 것과 매우 비슷하게 느껴진다. 이것은 폄하되고 무시당한 또 다른 관계 맺기 방법이다.

인류 역사를 통틀어 누군가 나에게 말 걸어 주기를 바라는 욕망은 거듭거듭 되풀이된다. 신화, 창조 설화, 기원 이야기에서 우리는 신을 느끼고자 할 뿐 아니라 신 또한 우리를 느낀다는 확신을 얻고자 한다. 이것은 일상생활에서도 똑똑히 드러난다. 우리는 이해할 뿐 아니라 이해받기를 원한다. 가족에게, 친구에게, 인터넷이나 길거리에서 낯선 사람에게 이해받고 싶어한다. 우리의 진짜 모습으로 보이기를 갈망한다.

나 자신의 외로움에 대해, 또한 가상현실, 골든 레코드, 화성 탐사라는 고독한 사업들에 대해 생각하면 분명히 알 수 있듯 우리는 누군가 내게 말 걸어주기를 간절히 바라면서도 그 방법에 대해서는 지독히 경직되어 있다. 형태 면에서 무한하고 헤아릴 수 없이 신비로운 지구 생명체들과 함께 있으면서도 우리의 갈망이 충족되지 않은 것 또한 이 때문이다. 우리가 기대를 바꾸면 무엇을 얻을 수 있을까? 우리에게 누군가가 뻔질나게 말을 걸고 있음을 깨닫는다면 어떻게 될까? 우리의 동료 종인 식물, 동물, 균류, 미생물, 심지어 지구 자체가 우리가 찾는 것과 비슷한 것을 찾고 있다면 어떻게 될까? 있는 그대로 느껴지고 들려지고 알아지고 보여지고 싶어한다면? 몸을 숙여 세상이 호혜적 감각으로 넘쳐난다는 걸 느낀다면 어떻게 될까? 이미 우리 주위에서 열매 맺고 즙을 흘리는 언어들을 배우면 어떻게 될까? 온갖 종류의 귀가 쫑긋 세워져 있다는 걸, 우리 주위에서 수백만 개의 코가 페로몬 증기를 들이마시고 목이 종간 간극을 넘어 노래를 내보낸다는 걸 안다면 어떻게 될까?

우리는 역사의 특별한 순간에 와 있다. 지구와 우주에 대해 어마어마한 정보를 얻었기에 드물고도 막강한 관점에서 지구를 바라볼 수 있다. 대부분의 사람은 결코 우주선에서 지구를 보지 못할 테지만 무엇이 중요한지 이해하기 위해 꼭 그래야 할 필요는 없길 바란다. 지구가 위기를 맞은 것은 분명하지만 벌써 장례식이 시작되었다고 생각하지는 않는다. 아직 시간이 있다. 망자를 묻는 법을 우리 조상들에게 가르쳐준 까마귀가 오늘날 우리의 탐욕, 착취 체계, 인간예외주의에 대한 신념을 묻는 법을 가르쳐줄 수 있을지도 모르겠다.

공동묘지에서 보낸 서글픈 생일날 까마귀들이 내게 선물을 주었다. 바로 그곳에서 그들은 자유롭게 모였다 흩어지면서 나의 직관을 불러일으켰다. 나는 직관이 뱃속에서 불쑥 깨어나는 것을 느꼈다. 나의 물리적 존재가 까마귀 떼에게 생기의 파도를 보내고 있었다. 나는 많은 몸 중의 하나였다. 정보가 사람들에게, 종들에게 어떻게 퍼질 수 있는지 알 수 있었다. 까마귀들은 내가 어떤 힘을 가졌는지, 내가 얼마나 생명으로 가득한지, 우리 모두가 얼마나 생명으로 가득한지 일깨웠다. 나는 한참을 까마귀 언어로 이야기했다. 적어도 그랬을 거라 믿었다.

우리는 지독히
불순하다

스물여섯 번째 생일이 지나고 얼마 안 가서 치료를 받기 시작했다. 직관에 대한 신뢰를 새로 얻고 나니 어떤 패턴이나 충동이 나를 이 끔찍한 파트너들에게 빠져들게 하는지 몰라도 그것들을 깨뜨려야겠다는 생각이 들었다. 파트너들과의 관계는 매번 더 망가졌고 더 파괴적이었다. 나는 마음에 드는 치료사를 찾았다. 마음씨가 따뜻한 중년의 라틴계 여성이었다. 사무실도 편안했다. 그녀는 차분하고 예리하고 솔직했다. 치료에 대한 그녀의 접근법은 근거 기반 심리학과 정서지능의 이상적 조합 같았다. 그리고 그녀도 직관의 힘을 믿었다.

처음 몇 번의 진료는 하도 괴로워서 매주 방문하는 것이 마조히즘적 행위처럼 느껴질 정도였다. 진료 때마다 내내 울어서 눈이 퉁퉁 붓고 기운이 다 빠졌다. 이른바 베이비붐 세대가 트라우마에 대해 좀처럼 이야기하지 않는 이유를 조금은 알 것 같았다. 그 과정이 끔찍하기 때문이다. 하지만 우리는 나의 현재 상황(좆같은 관계, 12시간의 장시간 수면,

일상을 갉아먹는 불안과 머릿속을 침범하는 생각들)을 이해하려면 맨 처음에서 시작해야 한다는 데 동의했다. 풀어내야 할 게 산더미였다.

첫 두어 달에 걸쳐 어린 시절, 가톨릭 교육, 가족 관계를 시시콜콜 털어놓았다. 마치 나의 알맹이 속으로 파고들어 우리가 막대기로 찔러본 악취 나는 오니(汚泥)를 끄집어내는 것 같았다. 치료사는 내게 ADHD와 PTSD가 둘 다 있다고 진단했는데, 다만 PTSD가 내 삶의 나머지 모든 것에 안개를 드리우고 있다며 여기에 주로 초점을 맞췄다. 우리는 내가 이곳에 오게 된 계기인 지독한 문제들을 해결해야 했다. 그녀는 트라우마가 반복된다고 설명했다. 첫 번째, 두 번째, 심지어 세 번째 트라우마적 '사건'을 겪는다고 해서 반드시 PTSD로 이어지는 것은 아니지만 일단 한계에 도달하면 처음의 트라우마가 언제나 겉으로 드러난다는 것이다. 이 주제에 대한 베셀 반 데어 콜크(Bessel van der Kolk)의 인기작 제목은 이 현상을 간결하게 묘사한다. "몸은 기억한다."[1]

진료에서 치료사는 나 자신의 과거 버전들과 소통하는 법을 가르쳐주었다. 일종의 인지행동 치료였다. 현재 겪고 있는 일에 대한 이야기가 나오면 그녀는 이렇게 묻는다. "인생에서 이런 감정을 느낀 기억이 또 있나요?" 관련된 기억이 있으면 그것에 대해 대화를 나눈다. 느릿느릿 평탄하게 기억을 불러낸다. 그녀의 안내를 받아 기억 속으로 들어간다. 처음에는 나 자신의 어린 버전으로 시도한다. 나는 그 순간에 온전히 깃들려고 애쓴다. 어떤 감정인지뿐 아니라 어떤 냄새가 나고 무슨 촉감이 느껴지고 무엇이 보이는지까지 그녀에게 전달한다. 이야기하기 위해 기억에서 잠시 빠져나왔다가 다시 돌아가는데, 이번에는 성인 자아가 되어 들어간다. 나는 나이를 먹고 더 현명해진 사람이다. 온전한 행위 능력과 권력을 가진 사람. 이 모습을 하고서 나의 어린 자아를 달랜다. 내가 필요했던 보살핌을 건넨다.

한번은 긍정적인 어릴 적 기억들을 탐색하다 어린 시절의 내가 자주색 스웨터를 입었다는 게 눈에 들어왔다. 그러고 보니 볼 때마다 자주색의 무언가를 입고 있었다. 이게 왜 이렇게 편안하게 느껴질까? 나는 이 느슨하고 자유로운 상태에서 뜻밖의 장소로 직행했다. 그것은 어릴 적의 자주색 사랑이었다.

나는 자라면서 자주색을 동경했다. 말 그대로의 색소로서뿐 아니라(물론 내겐 자주색 옷, 자주색 배낭, 자주색 다이캐스트 미니카가 있었다) 추상적으로도 좋아했다. 자주색은 내게 안정담요이자 매혹의 원천이었다. 자주색에서는 무언가 원초적이고 자연적이고 다양하고 시원하고 따뜻한 것이 한꺼번에 느껴졌다. 부모님은 내가 매일같이 자주색을 찾아다닌 것을 기억하신다. 아침이면 현관문을 열고서 초록색과 갈색 풍경을 향해 자주색으로 바뀌라고 고함질렀다고 한다. 나는 찬장에서, 식기 세척기에서, 책상 서랍에서 자주색을 찾아다녔다. 어떤 아이들에게 상상의 친구가 있듯 내겐 자주색 신(神)이 있었다. 내게 자주색은 이 세상의 좋은 점을 모두 가진 색깔이었다. 대담하고 뻔뻔하고 깊고 희귀했으니까. 자주색의 발음(퍼플)은 끌어안았을 때 가슴에서 귀로 전해지는 심장 박동 같았다. 냄새는 가을 부엽토처럼 달짝지근하고 쿰쿰했다. 맛은 수유

차(酥油茶)*와 비슷했다. 자주색은 음양이었고 모험의 초대였으며 나무 그늘의 편안한 안전함이었다.

◎

오스트랄라시아** 전역의 숲에는 수컷 정자새***가 지은 정교한 색색의 정원이 있다. 정원 한가운데에는 풀과 나뭇가지를 엮어 만든 정자가 있고 그 안에 폭신폭신한 이끼 요가 숨어 있다. 정자 안팎에는 꽃, 균류, 딱정벌레, 돌멩이, 뼈, 껍데기, 똥, 숯, 심지어 플라스틱이나 옷처럼 사람이 만든 재료까지 꼼꼼히 선별한 물건들이 나열되어 있다. 정자를 짓는 데는 여러 해가 걸리기도 하며 전체 디자인은 장식 재료의 선정과 마찬가지로 새마다 제각각이다. 어떤 정자는 산뜻하게 진열된 진주 황색 꽃과 그에 걸맞은 다공균 버섯으로 손님을 유혹하는가 하면 어떤 정자는 무지갯빛 녹청색 딱정벌레 날개로 길을 만들고 또 어떤 정원은 검은색 돌멩이와 사슴 똥이 둔중한 덩어리를 이룬다. 수컷의 노래도 정원 못지않게 정교해서 종종 다른 동물의 소리를 흉내 낸다.

이 모든 수고는 파트너를 유혹하기 위한 것이다. 암컷 정자새는

● 　찻잎을 끓인 물에 버터와 소금 등을 넣어 만든 티베트의 전통차

●● 　오스트레일리아, 태즈메이니아, 뉴질랜드 및 그 부근의 남태평양 제도를 통틀어 이르는 말로, 오세아니아의 서남부를 이른다.

●●● 바우어새과(*Ptilonorhynchidae*)에 속한 조류로, '바우어새'로 번역하기도 한다.

가장 마음에 드는 곳을 찾으려고 여러 정원을 방문한다. 특이하거나 매혹적인 울음소리를 들으면 새의 미적 감각과 건축 솜씨를 더 알아봐야겠다는 생각이 들 것이다. 디자인이 인상적이면, 색깔이나 향기, 분위기가 욕구를 자극하면 암컷은 정자에서 짝짓기를 한다. 신부는 대체로 암컷이지만 정자새를 비롯한 130여 종이 동성 행위를 벌인다고 기록되었다(이 주제가 금기시되는 것을 감안하면 실제 수치는 더 클 것이다).[2] 일부 과학자들은 동성 파트너를 맞는 수컷들이 이 기회를 통해 서로의 예술적 솜씨를 배운다고 생각한다. 로맨스가 지식 교환으로도 이어지는 것이다.

정자새는 암컷이 무엇을 좋아하는지 어떻게 '알까'? 암컷은 포동포동한 청록색 베리 더미에 둘러싸인 무지갯빛 딱정벌레 날개 양탄자를 한 번도 보지 못했을 텐데도 보는 순간 마음에 든다는 걸 안다. 내가 정자새였다면 사랑의 둥지 한가운데에 자주색이 없이는 어떤 구애 의식도 내게 통하지 않았을 것이다. 물론 에메랄드, 루비, 청금석, 줄마노로 장식된 무대에 끌릴지는 모르지만 자주색 사랑의 극장만이 내 마음을 사로잡을 수 있다. 이 순간 새들이 경험하는 것은 우리가 미술이나 음악 작품을 처음 접하고 감동할 때 경험하는 것과 같은지도 모르겠다. 어떤 노래를 난생처음 듣고서 역설적이게도 이 곡이 오직 나만을 위한 노래라고, 어떤 면에서 나와 꼭 닮은 누군가가 만든 노래라고 느끼듯 말이다. 이 감정은 지어낼 수 없다. 그저 느껴질 뿐.

다른 생물들도 쾌락과 욕구를 경험할까? 그들도 아름다움에 반응할까? 서구 과학은 이런 생각을 받아들이지 않으려 했으며 인간은 우리의 예술 능력을 우리가 정교하고 예외적이라는 증거로 내세우고 싶어한다. 찰스 다윈은 자신의 자연선택 이론에서 불필요해 보이는 아름다움의 역할을 이해하려고 골머리를 썩이다 이렇게 썼다. "공작의 꼬리 깃털은 볼 때마다 욕지기가 치밉니다!"[3] 모든 적응은 종이 생존할 가능성을 전반적으로 높여야 한다는 것이 그의 생각이었지만 공작의 화려한 깃털은 포식자의 눈에 잘 띄고 하늘을 나는 데에도 방해가 된다. 오늘날 과학자들은 이 현상을 '임의로운 아름다움(arbitrary beauty)'이라고 부른다. 임의로운 아름다움은 반드시 동물을 보호하거나 더 나은 사냥꾼이 되게 해주거나 장기가 더 효율적으로 작동하도록 해주진 않는다. 이런 아름다움은 아름다움 그 자체만을 위해 존재하는 것처럼 보인다.

다윈은 성선택 개념을 떠올리고는 공작 깃털에 대한 욕지기가 가라앉았을 것이다. 성선택이란 개체가 파트너를 선택함으로써 생식과 유전자 표현에 영향을 미치는 과정이다. 짝짓기하는 파트너들의 욕구가 누적되면 개체군 내에서 발현되는 형질을 점차 변화시킬 수 있다. 다윈은 이 변화를 자연선택의 오랜 연대기에서 나타나는 욕구의, 쾌락의 명멸하는 증거로 바라보기 시작했다. 하지만 그는 다른 종이 임의로운 아름다움을 인식할 가능성(임의로운 아름다움이 짝짓기 결정과 진화 과정 둘 다에 영향을 미친다는 것)이 있을 뿐 아니라 다분하다고 예리하게 간파했지만 동시대인과 후세 중 일부는 이 발상이 비현실적이거나 터무니

없다고 생각했다. 다른 종이 자연선택의 계획과 별개로 아름다움을 지각하고 선호할 수 있다는 생각을 반박한 것은 두 가지 근거였다. 첫 번째 근거는 인간만이 충동과 기본적 생존 욕구를 넘어설 수 있다는 것, 두 번째 근거는 대부분 암컷이 선택의 주체이므로 생물학적 과정에 그렇게 커다란 영향을 미칠 리 없다는 것이었다. 다윈의 저명한 동료 연구자 세인트 조지 잭슨 마이바트(St. George Mivart)는 성선택 가설을 단호히 배격하며 이렇게 말했다. "부도덕한 여성적 변덕이 어쩌나 크던지 암컷의 선택 행위를 통해 색의 일관성을 얻는 것은 불가능하다."[4]

마이바트가 보기에 '여성적'인 것은 비합리적이고 비논리적이고 인간 이하였으며 생물학적 형질의 선택은 오로지 수컷들이 희소한 자원을 차지하려고 잔혹한 싸움을 벌이는 과정에서 이루어졌다. 하지만 갈등에 이토록 과도하게 초점을 맞추면 종들이 호혜적 공생 관계와 그 물망을 맺는 다양한 방식을 보지 못한다. 종들은 균근계의 균류와 뿌리가 연결되듯 물리적으로, 또는 코요테와 오소리 사이에서 유지되는 협력 관계처럼 정서적으로 자원을 공유하고 유대를 형성하는데, 이런 가능성을 고려할 여지가 줄어드는 것이다.[5] 생기 넘치는 생태계와 진화적 변화를 만들어내는 아름다움과 쾌락의 역할을 고려할 여지는 더더욱 적었다.

하지만 쾌락이나 욕구 때문이 아니라면 어떤 정자새는 무지갯빛 딱정벌레 날개에 끌리는 반면에 또 다른 정자새는 자주색 버섯을 좋아하는 이유를 어떻게 설명할 수 있을까? 우리는 인간 아닌 생물이 경험하는 끌림이 무감각한 루브 골드버그 기계 같은 단순한 역학적 절차에 불과하다고 믿는 걸까? 아니면 우리가 자신의 감각에서 기쁨을 느끼듯 다른 존재들도 그런다고 믿을 수 있을까?

20세기 내내 진화생물학자들은 '암컷의 선택'이 진화의 주요 원동력임을 뒷받침하는 방대한 근거를 수집했다.[6] 정자새가 보석으로 장식된 정원을 고르는 것처럼 명확한 근거도 있지만 전부 그렇지는 않다. 암컷의 몸이 마음과 별개로 선택하는 것처럼 보이는 수수께끼 같은 선택 과정도 있다.[7] 이를테면 일부 암컷 동물은 수정이 이루어진 뒤에 특정 수컷의 정자를 선택할 수 있다. 체내 pH를 변화시키거나 살정자(殺精子) 화합물을 분비하거나 근육을 수축시켜 특정 정자를 내보내는 등의 메커니즘을 동원한다. 이 선택은 다윈주의적 적합도 개념(수컷의 유전자가 새끼의 성장 가능성을 가장 높인다고 생각되는 경우)이 결부되었을 수도 있지만 실험적 정량화 시도는 번번이 실패했다. 나방에서 원숭이에 이르는 암컷 동물들의 선호는 새끼의 생존을 증가시키든 아니든 종종 아름다움에 대한 지각에 의해 이끌리는 것처럼 보인다.

본질적으로 동물은 욕구를 느끼는 능력을 타고났다. 물고기의 비늘이 다시마 숲의 얼룩얼룩한 빛 속에서 광자를 굴절시키는 모습, 퉁가라개구리가 노래를 부를 때 목이 부풀어 오르는 광경, 사향노루의 냄새에서 보듯 욕구를 활성화하는 것은 살아 있다는 감각이다. 선호는 내재적이고 종종 잠재적이어서 동물은 선호를 경험하기 전에는 자신에게 이런 선호가 있음을 모를 수도 있다. 어떤 개체가 우연한 돌연변이로 인해 색깔이 달라지거나 변형된 냄새 화합물을 분비하거나 꼬리 길이가 길어졌다고 해보자. 이 변형이 암컷에게서 이전에 자극된 적 없는 욕구를 불러일으키면 암컷은 이 수컷을 선택할 것이고 이 유전적 돌연변이는 다음 세대에도 공유될 것이다. 이것이 '감각적 착취(sensory exploitation)' 개념이다. 활성화된 갈망은 종의 생존에 유익할 수 있다. 이런 식으로 아름다움, 욕구, 황홀이 진화를 이끈다.

◎

시간이 좀 지난 뒤 치료사가 나를 현재 순간으로 도로 데려왔다. 나는 자주색 기억과 자주색 신에 대해 이야기했다. 그녀가 물었다. "무엇을 찾고 있었던 것 같나요?" 내가 대답했다. "정말 모르겠어요. 그냥 느낄 수만 있었어요. 좋은 느낌이었어요. 쾌감이었죠." 우리는 이 느낌을 되살리는 법에 대해 이야기했다. 그녀는 굳이 설명하려고 애쓰지 말고 쾌락을 추구하라고 나를 격려했다. 파괴적인 쾌락만 아니라면 괜찮다고 했다. 최근 나는 파트너를 만족시키기 위해 쾌락과 성취감의 추구를 양보했다. 파트너 곁에 있어주려고 학업을 게을리 했고 한 파트너의 바보 같다는 말에 태극권 수련을 그만뒀으며 나의 미적 기준이 아니라 파트너의 기준에 맞추려고 외모에 더 신경 썼다. 말없고 고분고분한 껍데기가 되는 것보다 혼자가 되는 것이 더 두려웠다. 우리는 쾌락 본능을 존중하기 위해 물리적 공간과 삶을 좀 더 여유롭게 구성하는 법에 대해 논의했다. 치료실을 나서면서 마침내 오르막에 올랐다는 느낌이 들었다. 그 모든 피학적 기간들을 뒤로해도 될 것 같았다.

그날 집에 돌아와 몇 년 전 조류학 수업에서 알게 된 정자새에 대해 생각하기 시작했다. 유튜브를 검색하여 동영상을 반복 재생하면서 새들이 숲바닥 주변을 뛰어다니고 장식물을 세심하게 고르는 광경을 바라보았다. 얼마 있다가 데이비드 애튼버러의 해설을 끄고 나의 명상적 기분에 맞는 노래를 영상의 배경 음악으로 깔았다. 새들이 소소한 장식물을 찾고 늘어놓는 광경을 보는 것이 좋았다. 새들이 장식물을 섬세하게 매만지는 모습에 반했다. 인간이 벽에 미술 작품을 걸듯 뼈가 놓인 각도를 아주 조금 바꾸고는 뒤로 물러나 결과를 확인하는 광경은 인상적이었다. 또한 정자에 균류가 이렇게나 많다니 놀라웠다. 비교적 크고 뻣뻣하고 시렁처럼 생긴 버섯에서 포유류 똥 위로 돋아난 연약하고 금방 부서질 듯한 새까만 갓까지 온갖 균류가 있었다. 이 새들은 나처럼 균류를 좋아하는 것 같았다. 균류는 그들에게 쾌락의 원천이었다.

나의 작은 아파트를 눌러보았다. 역시나 뼈, 균류, 섭데기, 꽃, 깃털, 돌멩이로 가득했다. 나는 정자새처럼 이 물건들을 세심하게 수집하여 의도를 가지고 배치했다. 방문객들은 이 배열에 특별한 원칙이 있냐고 종종 물었다. 나는 이렇게밖에 대답할 수 없었다. 내가 깔끔한 것을 좋아하고 지저분한 것을 싫어하긴 하지만 나의 공간이 둥지처럼 느껴져야만 한다고. 나는 선물처럼 느껴지는 물건, 약간의 마법이 가미된 물건을 수집한다. 공간의 에너지에 어떻게 영향을 미치는지 탐구하여 그에 따라 방향을 정한다. 내 삶에서 움직임과 변화를 경험할 때마다 이 물건들이 나를 접지했다.

정자새들이 내게 무언가를 가르치고 있다는 게 분명해졌다. 그것은 어릴 적에는 이해하고 대담하게 추구했지만 20대에 소홀히 한 무언가였다. 어릴 적 나는 자신의 솜씨를 익히는 작은 정자새였으며 자주색은 생명의 눈빛에서 번득이는 빛깔이었다. 내 삶의 다음 장은 나의 정자를 짓는 일이 되어야 했다. 그 목표는 짝짓기 상대를 유혹하는 것이 아니라 나 자신의 선택, 미감, 직관을 존중하는 것이어야 했다. 하지만 내가 이 일을 해낸다면, 내가 자신의 쾌락에 충실하다면 나의 정자에 오는 사람들은 친구이든 연애 파트너이든 틀림없이 올바른 사람일 것이었다.

◎

노엄 촘스키는 『촘스키의 통사구조』에서 인간 아동이 언어 습득 능력을 생물학적으로 타고난다는 주장을 제기했다.[8] 간단히 말하자면 아기들은 말하는 법을 배우지만 말하는 법을 배우는 법을 '배우지는' 않는다. 낱말을 듣고서 제 스스로 이 낱말을 내뱉으려고 노력해야 한다는 것을 저절로 깨닫는다. 아기들의 신경 회로에는 기본적 언어 구조가 내장되어 있다. 우리의 예술 능력도 언어처럼 타고난 것일까? 그럴 것 같다. 그렇다면 예술적 능력은 언어학자들이 말하는 우리의 "생성적이고 계층적으로 구조화된 통사"처럼 인간 고유의 특징일까?[9] 그렇진 않을

것 같다. 아름다움을 통해(내 경우는 붓질, 악기, 글의 새로운 조합을 실험하여)
욕구를 불러일으키려는 충동은 아름다움을 지각하는 것 못지않게 기
본적이다. 아름답거나 심오한 것을 경험하여 희열에 빠지는 것은 다른
많은 생물에게서도 찾아볼 수 있는 반응이다.

　동물의 쾌락에 대해 밝혀진 사실들을 이해하는 가장 수월한 방법
은 빛, 냄새, 진동, 화학물질 같은 기본적 감각 입력의 관점에서 바라
보는 것이다. 수공작 꼬리의 무지갯빛 광택이 암공작의 눈에서 번득이
면 그녀의 뇌는 빛의 조합을 지각하여 욕구의 전율을 느낀다. 광대파리
가 자신의 곁을 지나가는 짝의 체취를 맡으면 그의 뇌 또한 후각적 화
합물을 감지하여 전율을 느낀다. 하지만 다른 생물은 어떨까? 아름다
움의 지각에 대한 과학적 대화에 끼려면 명료하고 중앙 집중적인 뇌가
있어야만 한다. 균류가 욕구를 느낄 수 있을까? 그렇다면 그 욕구에 따
라 선택할 수도 있을까?

　단세포 효모처럼 단순하든 효모가 살아가는 영장류 몸처럼 복잡
하든 모든 생명 형태는 자극에 반응한다. 이 반응은 끌어당김과 밀어냄
이라는 두 가지 넓은 범주로 나눌 수 있다. 우리의 가장 단순한 친척들
조차 어떤 자극에는 이끌리고 어떤 자극에는 달아난다. 세균은 바닷물
조성에 따라 이동하는데, 산소가 풍부한 물에는 끌리고 산소가 부족한
물은 피한다. 산소 농도가 딱 맞을 때 세균은 무엇을 느낄까? 동물 시
냅스의 딸깍거림과 비슷한 내재적인 화학적 배열을 느끼려나?

　앞에서 언급했듯 버섯은 일부 균류의 생식 기관이다. 이 균류 중

어떤 것들은 기온 같은 일관된 계절적 변화를 따라 매우 예측 가능한 방식으로 버섯을 틔운다. 어떤 것들은 눈에 띄는 패턴은 없지만 환경에서 얻는 일련의 단서를 따르는 듯하다. 전통 지식에 따르면 어떤 버섯은 폭풍우가 땅을 휩쓸고 지나간 뒤에 돋는다고 한다. 마치 벼락과 우레가 자실체를 전기적으로 또한 음향적으로 어루만져 흙 위로 끌어올리는 듯하다.

균류는 일생의 대부분을 균사체 형태로 살아갈 수 있는데, 기질 속을 누비며 영양소를 찾고 생식을 통해 파트너와 DNA를 교환한다. 두 균류가 마주치면 무슨 일이 일어날까? 몸을 섞을 짝은 어떻게 고를까? 생물학적 관점에서 균류는 호르몬을 비롯한 화학적 신호로 서로를 지각한다. 호르몬이 나머지 모든 것과 마찬가지로 조금씩 진화했다는 것도 밝혀졌다. 특정 분량의 특정 분자가 흥분을, 어떤 내재적 갈망의 진동을 일으켰을까? 과거의 어느 한 순간이 균류 계통의 경로를 변화시켰을까? 우리는 욕구가 동물의 전유물이라는 아집에서 벗어날 수 있을까?

균류와 약 90퍼센트의 육상식물 사이에 형성되는 균근망에 대해서도 생각해보라. 이 호혜적 동반자 관계에서 균류는 인과 질소 같은 영양소를 식물에게 공급하고 식물은 광합성에서 얻은 탄소를 대가로 내어준다. 이 관계는 지구상의 생명에 흔하고 필수적이다. 이 교환은 냉정한 거래일 뿐일까, 아니면 누군가 말하듯 호혜적 기생 관계일까? 두 파트너는 불안한 긴장 속에서 살아갈까? 파트너에게 영양소를 공급하면서 단지 죽기 아니면 살기 식으로 즉각적 보답을 기대할까? 이것도 일리가 있긴 하지만 진화생물학자 마이클 J. 라이언이 동물의 선호를 탐구하는 수많은 실험을 일컬어 말하듯 논리적인(logical) 것이 언제나 생물학적인(biological) 것은 아니다.[10] 여기에 쾌락이 끼어들 여지가 있을까?

경쟁에 기반한 사고 체계는 생태학 분야를 수십 년간 지배했다.[11] 이로부터 '다양성 역설'이 생겼는데, 이는 안정적으로 공존하며 살아가는 많은 종들을 비정상으로 낙인찍는 행위다. 이 관점을 내세우는 과학자들의 세계관에 거북하고 비과학적인 편견이 배어 있음은 놀랄 일이 아니다. 상당수는 자본주의가 세계의 자연적 질서를 반영한다고 믿었으며 우리 주변의 훨씬 미묘한 생태에 이 관념을 투사했다. 그러고는 자연을 이용하여 경제 체제를 역으로 정당화했다.[12] 상당수는 우생학에 적극적으로 몸담기도 했다. 그들은 계급에 기반한 사회적 위계질서가 자연적이라고 믿었으며 우리 중에서 '바람직하지 않은 자들'을 솎아내려면 정생이 필요하다고 생각했다. 다윈의 자연선택 이론을 내세운 이 19세기와 20세기 우생학자들은 특정 인종이 더 적합하고 더 훌륭히 적응했고 더 진화했으며 오염 성분을 근절함으로써 인간 유전자 풀을 더 강하게 만들 수 있다고 주장했다.

우생학자들은 자신의 분류 체계를 인간 종에 국한하지 않고 자연 세계에 두루 확장했다.[13] 가장 크고 나이 많고 카리스마적인 것이 가장 훌륭하고 따라서 가장 진화했다고 여겼다. 그들은 이 순수주의 사고방식을 대화에 가져와 벌목과 서식처 파괴를 백인종에 대한 상상 속 공격과 동일시했다. 이 가증스러운 문화가 과학을 빚어냈기에 오늘날 우리가 다양한 종, 사회, 몸이 어우러진 현실을 이해하지 못하는 것은 결코 놀랄 일이 아니다.[14] 우리가 다른 존재들에 비해 예외적이고 우월하다는 믿음은 엄청난 피해를 일으켰다. 우리는 자신의 생태적 생득권(자유롭게 돌아다니고, 자신이 진화한 서식처와 공생할 권리)을 부정했다. 우생학적 믿음으로 스스로를 중독시켰다.

고맙게도 고통과 착취가 세상의 전부는 아니다. 경쟁만으로는 세상에 넘쳐나는 아름다움과 호혜적 상호작용을 설명할 수 없다. 백인이 다른 인종보다 생물학적으로 우월하지 않듯 인간도 다른 종보다 본질적으로 '더 진화하지' 않았다. 우리 인간은 세균, 균류, 식물, 인간 아닌 동물 같은 유기체들의 회합 속에서 진화했으며 그중 일부는 우리가 나타나기 수백만 년 전, 심지어 수십억 년 전에 지구에서 번성했다. 진화의 힘은 미리 정해진 방향으로 나아가지 않는다.

진화를 연구할수록, 진화를 가르치고 머릿속에서 궁리할수록 신비감에 휩싸인다. 물론 나는 진화의 과학을 확고하게 이해하고 옹호한다. 하지만 세부적인 내용(불가사의할 정도로 미세하면서도 꾸준한 분자 메커니즘이 끊임없이 작동하는 것, 돌연변이는 적응이라는 전제 자체를 가능하게 하는 소소한 반란으로 여기는 게 낫다는 것)에 대해 생각하면 경이로움에 압도된다.[15] 우리의 DNA는 세균 조상으로 거슬러 올라가며 우리의 유전 부호 안에는 억겁에 걸쳐 비집고 들어온 바이러스들이 깃들어 있다. 우리의

DNA는 주변 세계와의 메기고 받기요, 여러 종이 어우러진 이야기다. 우리는 지독히 불순하다. 우리가 수천 년간 번성할 수 있었던 것은 거시에서 미시에 이르는 이 불순함 덕분이다.

다른 종들이 (인간에게만 가능한 줄 알았던) 욕구와 쾌락을 경험한다는 사실을 깨달으면 세상이 한없이 아름다워진다. 참취와 미역취가 서로의 곁에 있을 때 저토록 사랑스러운 것은 자주색과 황금색의 꽃잎이 나란히 놓였을 때 더 선명하게 보이기 때문임을, 꽃가루받이 곤충에게 사랑스러워 보이고 눈길을 사로잡기 때문임을 알게 되면 덜 외로워진다.[16] 정자새가 연인을 유혹하기 위해 보금자리를 예술적으로 정돈하느라 오랜 세월을 보내는 것을 보면 자신을 이 땅의 길고 확장되는 이야기의 일부로 여기기가 더 수월해진다.

◎

이듬해에 걸쳐 나는 스스로 정자새가 되었다. 나의 세계를 내 취향에 꼭 들어맞게 정돈했다. 불안이 가라앉기 시작했으며 에너지가 돌아오는 것이 느껴졌다. 나는 사람들이 다가오도록 마음을 열었다. 나의 정자에 그들을 맞아들였다. 그곳에서 나의 세계상을 자신 있게 선보이고 나의 참된 자아를 발현했다. 친굿감이든 애인감이든 새로운 사람을 만났을 때 관계가 지속되더라도 상처를 훨씬 덜 받게 되었다. 시도한다고 해서 잃을 것은 아무것도 없었다. 나는 아무것도 감추지 않고 아무것도 가장하지 않았다. 이 시기에 여성들과 짧지만 의미 있는 관계를 두어 번 맺었다. 오래가지는 않았지만 매번 풍성하고 확장되는 대화처럼 느껴졌다. 닳아빠진 대본을 어쩌면 난생처음으로 내려놓을 수 있었던 것 같다. 나는 남성의 시선 바깥에서 활기차게 살아가는 것이 어떤 느낌인지 알게 되었다. 이 경험은 해방적이고 아름다웠으며 영영 나의 관계를 규정하는 기준이 될 터였다.

스물일곱 번째 생일 이듬해 봄 내게 흥분과 불안을 안겨주는 사람이 우리 집에 저녁을 먹으러 왔다. 이름은 포춘이었고 나이지리아 라고스 출신 이그보족이었으며 덩치가 산만 했다. 그전에 사귄 호리호리한 유대인 레즈비언과는 신체적으로 정반대였다. 다시 남자를 만나게 될 거라고는 예상하지 못했지만 포춘에게는 무언가 매우 남다른 점이 있었다. 그에게는 자기만의 대본이 있었다. 내게도 매우 남다른 점이 있었다. 내 기준은 그 어느 때보다 높았다. 나는 내 정자에 정성을 기울이는 것 말고도 진료에서 나의 60세 자아에게 누구누구와 함께 있는 것이 편안하게 느껴지냐고 묻는 법을 배웠다. 그녀의 대답은 사귀어도 안전한지 알려주는 리트머스 시험이었다. 포춘은 지극히 안전하게 느껴졌다.

그가 나의 아파트를 둘러보면서 나의 뼈다귀, 돌멩이, 탈수된 균류, 허브 병, 10킬로그램짜리 고양이 미카사(체구는 아니더라도 성미는 비슷한 만화영화 등장인물의 이름을 땄다)를 가늠하는 것을 보았다. 그가 내게 돌아서서 심각한 표정으로 물었다. "당신, 마녀예요?" 마법은 나이지리아에서 버젓한 행위이므로 그의 질문은 온당했다. 내가 대답했다. "아니요, 꼭 그런 건 아니에요." 그가 물었다. "'꼭 그런 건 아니다'라는 게 무슨 뜻이죠?" 나는 잠시 뜸을 들인 뒤 말했다. "그건, 특별한 마법 전통이나 그런 건 없다는 뜻이에요. 저는 저주를 하거나 주문을 읊지 않아요. 하지만 세상이 마법적이라고 생각해요. 이 모든 것들은 제게 마법으로 가득해요." 그는 말없이 주위를 둘러보았다. 호빗의 집 같은 작은 아파트에서 똑바로 서 있기조차 힘들었다. 물론 나는 그를 편안하게 해주고 싶었지만 나의 정자에 대해 설명이나 정당화를 내놓으려 들진 않았다. 기다렸다. 마침내 그가 입을 열었다. "알겠어요." 우리는 서로를 향해 수줍게 미소 지었다. 3년 뒤 우리는 결혼했다.

공동체의
시간

바로 이 순간 미시시피강 동부 숲 지대의 흙은 매미로 발달하는 유충을 품고 있다. 수천만 년간 그랬듯이.[1] 미성숙 매미('약충(nymph)' 또는 '영충(instar)'이라고 부르기도 한다)는 땅속 세계에서 성긴 균류 그물망과 엮인 채 단풍나무, 참나무, 너도밤나무, 서어나무, 칠엽수, 그 외 낙엽수의 잔뿌리에 구멍을 뚫는다.[2] 굶주린 약충은 나무의 목질부에서 해마다 유액을 빤다. 흙과 균류 파트너에게서 나무에게 전달된 물과 무기물이 약충에게 다시 전달된다. 약충은 주변 세상의 여러 맥박과 흐름에 발맞춰 느릿느릿 자란다.

봄이 되어 낮이 길어지고 날씨가 따뜻해지면 흙은 성글어지고 몸들로 바글거린다. 하층 식생은 연령초, 제비꽃, 오월꽃, 피뿌리꽃 같은 달콤한 미끼로 가득하다. 꽃가루받이 곤충을 위한 사랑의 묘약이다. 곤충들도 알고서 흥분에 전율한다. 햇빛, 이산화탄소, 물로 만든 당이 뿌리로 흘러내려 균류에게 전달되면 균류는 숲바닥에서 확장되고 기어가고 읊조린다. 봄비에 부푼 버섯들은 조심스럽게 자실체로 형체를 바꿔 흙을 뚫고 솟아올라 홀씨를 퍼뜨린다. 나무들은 광합성을 증가시켜 뿌리를 통해 물과 무기물을 더 많이 빨아들이는데, 작은 벌레들이 주둥이를 바늘처럼 꽂아 액체를 뽑아낸다. 이러한 영양소 급증은 약충의 성장을 도울 뿐 아니라 약충이 지구가 태양을 공전하는 횟수를 '헤아리는' 수단으로도 쓰인다. 약충들은 출현 시기를 함께 조율한다. 시간은 공동체가 함께 꼽는다.

2024년 봄 주기매미의 몇 부류가 동시에 출현했는데, 이는 드문 사건이다. 주기매미를 '브루드(brood)'로 묶는 기준은 종이 아니라 13년마다 나타나는지 17년마다 나타나는지와 지리적 위치다. 제1브루드부터 제23브루드까지 스물세 브루드가 있으며 브루드마다 수십억 마리의 매미가 속해 있다. 17년 브루드는 대부분 미국 북부에 서식하며 13년 브루드는 대부분 남부에 서식한다. 각 브루드는 다른 브루드와 철저히 교대한다. 두 브루드가 동시에 출현하거나 같은 지역에 서식하는 경우는 하나도 없다. 그런데 2024년에 나타난 제13브루드와 제19브루드가 공간적으로 살짝 겹쳤다. 그들의 시간적 동시 출현은 1803년 이래 처음이었다. 심해의 파도가 그렇듯 태곳적부터 브루드들은 인간에게 목격되지 않은 채 리드미컬하게 자라고 부풀어 오르고 터져 나오고 죽었다.

매미는 '나무벌레'의 일종이어서 반시목에 속한다. 일상어에서 '벌레(bug)'라는 낱말은 곤충에서 바이러스까지 온갖 작은 생물을 가리킨다. 하지만 곤충학에서 '벌레'의 의미는 매우 구체적이다. 찔러 빨아들이는 용도의 구기(口器)가 있고 불완전변태를 하며 여러 발달 단계를 거쳐 성숙한다. '반시목(Hemiptera)'의 어원은 '절반 날개'를 뜻하는 그리스어 '헤미프테루스'인데, 말 그대로 날개의 절반은 딱딱하고 절반은 보들보들하다. 반시목에는 매미 말고도 진딧물, 빈대, 여치, 매미충, 노린재, 대벌레, 뿔매미, 소금쟁이 등 8000여 종이 있다.

육지에 사는 3000여 종의 매미 중에서 주기매미는 주기매미속(Magicicada)에 속하는 일곱 종으로, 북아메리카에서만 발견된다. 서쪽 끝에 서식하는 개체군은 오클라호마 중부에 있으며 북쪽으로 뉴욕 중부, 미드웨스트 북부, 오대호 인근 캐나다 남부까지 올라가지만 뉴잉글랜드 북부부터는 찾아보기 힘들다. 남부 서식처는 남해안을 앞두고 끝나는데, 미시시피강 유역 전역에서 대규모 군집을 볼 수 있다. 주기매미속은 수십만 년간 이곳에 서식했지만 오늘날 브루드의 지리적 분포는 7만 5000년 전 위스콘신 빙기로 거슬러 올라간다. 기후가 반복적으로 냉각되었다 가열되었다 함에 따라 빙하가 전진했다가 후퇴했으며 그에 발맞춰 숲이 쪼그라들었다 늘어났다. 빙하기를 이기고 살아남은 숲의 조각들은 매미 같은 생물들의 피난처가 되었다.

매미 생활환의 첫 단계는 땅 위 식물 조직에서 부화한 알이다(산란은 두 달 전쯤 이루어졌다). 작고 희멀겋고 말랑말랑한 약충은 땅에 떨어진 뒤 굴을 파면서 나무의 근계를 찾아가 영양분을 섭취한다. 매미의 소화 세포에는 내부공생 세균이 세대마다 전달되면서 살아가는데, 매미가 좋아하는 즙에 부족한 필수 아미노산과 비타민을 공급한다.[3] 혹독한 계절 변화와 포식자를 막아주는 이 달콤한 어둠 속에서 매미는 느릿느릿 성장하고 허물을 벗으며 여러 해에 걸쳐 다섯 번의 발달 단계를 통해 변태한다. 마지막 단계에 도달하는 시점은 브루드의 개체마다 다를 수 있지만 처음 도달한 개체는 나머지도 도달할 때까지 기다렸다가 일제히 출현한다. 그러고는 해마다 출현하는 다른 종의 매미들에 합류한다.

브루드 구성원이 모두 성숙하면, 햇볕이 봄 흙을 데우기 시작하면, 공동체 시계가 운명의 해 운명의 순간을 알리면 매미들은 굴을 따라 위로 올라가다 지면에서 몇 센티미터 아래에 멈춰 기다린다. 이렇게 약충으로 가득한 표토가 17.8도에 처음 도달하면 수십억 마리가 터져 나온다. 2024년처럼 주기가 맞아떨어지는 해에는 출현하는 매미의 수가 수조 마리에 이를 수도 있다. 땅 1제곱미터 안에서 최대 300마리의 매미를 발견할 수 있는데, 이들은 며칠에 걸쳐 진흙투성이 포탑에서 땅 위로 기어 올라가 피부를 벗고 대담한 색깔의 몸을 드리내고는 친친히 날개를 펼친다.[4] 수컷은 더 일찍 출현하는 경향이 있다. 재빨리 합창단을 조직하고는 욕구의 맴맴 노래를 부른다. 암컷이 출현하여 이 노래를 들으면 날개를 팔락거려 쾌락과 허락을 표현한다.[5] 매미들은 몇 주에 걸쳐 노래하고 구애하고 짝짓기하고 알을 낳고서는 먹잇감이나 영양분이 되어 흙으로 돌아간다.[6]

주기매미속이 오랜 주기를 유지하는 능력(또한 정확한 소수 주기마다 떼지어 나타난다는 사실)은 아직도 수수께끼다. 어떻게 왜 이렇게 진화했을까? 어떻게 열일곱까지 세는 걸까? 초기 가설 중 하나는 이 행동이 포식으로 인한 심각한 개체수 손실을 피하게 해준다는 것이다. 매미는 움직임이 느리고 독이 없으며 쏘거나 물지 못해 비교적 무방비 상태다. 게다가 시끄럽게 노래하기 때문에 위치를 금세 들킨다. 하지만 수십억 마리나 수조 마리씩 출현하면 어마어마한 개체수의 성체가 살아남아 짝짓기하고 알을 낳아 다음 세대를 이어갈 수 있다. 주기가 소수인 것은 포식자의 번식 주기에 맞춰 진화했기 때문일 것이다.[7] 주기를 설명하는 또 다른 가설은 혹독하고 들쭉날쭉한 기후 조건에 대응하여 진화한 결과라는 것이다.[8] 극한 기후에는 오랫동안 땅속에서 버틸 수 있는 능력이 적응에 유리했다. 이 능력을 처음 낳은 유익한 돌연변이는 특정 개체군에 국한되었을 것이며 매미들이 이렇게 시차를 두고 출현한 덕에 이 형질이 계속해서 유지될 수 있었을 것이다.

주기매미가 어떻게 햇수를 헤아리거나 시간의 흐름을 알아내는지는 아직 완전히 밝혀지지 않았다. 곤충학자들은 주위 환경으로부터 들어오는 화학적 입력에 반응하는 분자시계('일주 리듬'이라고 부르기도 한다)가 매미에게 내장되어 있다고 생각한다. 이를테면 수액 먹이의 화학적 구성이 계절적으로 달라져 생장기의 끝과 새로운 생장기의 시작을 알리는 식이다. 이것은 24시간 주기에 맞춰진 인간의 일주 리듬과 별로 다르지 않다. 이 리듬은 햇빛이 사라지면 멜라토닌 분비를 촉진하여 우리를 잠들게 하고 햇빛이 나타나면 멜라토닌을 억제하여 잠에서 깨운다. 인간과 마찬가지로 매미도 시간에 매여 있지만 초나 분 같은 단위에 맞추는 게 아니라 수액과 토양 온도 변화의 맥동에 맞춘다. 이 방법은 결코 정확도가 덜하지 않으며 매미에게는 생사의 문제다. 17년이 되기 전에 출현하는 것은 한밤중에 홀로 깨어 갈피를 잡지 못하는 것과 비슷할 것이다.

분자시계의 작동 방식은 공동체 시간의 일종이다. 종간(種間)·종내(種內) 신호와 천체 위치를 둘 다 이용하여 친족들의 몸에 시간을 맞춘다. 인간과 마찬가지로 매미는 집단에서, 패턴에서, 봄철 숲의 풍요에서 안전함을 찾는다. 오랫동안 모습을 감췄다가 일제히 대규모로 나타나는 것은 매미의 생존 전략일 뿐 아니라 인간의 생존 전략이기도 하다.

◎

2024년 매미 출현을 보니 아메리카 심장부에서 처음 보낸 시기에 대한 복잡한 기억이 떠올랐나. 나는 2014년 6월 초 미드웨스트에 남아 있는 자연 프레리 서식처를 처음 방문했다. 나의 임무는 친구의 골든리트리버 노견 세이디를 차에 태워 캘리포니아주 샌타바버라에서 뉴욕주 애디론댁산맥까지 데려가는 것이었다. 나는 스물두 살이었고 이번 임무는 꿈같은 일거리였다. 뉴욕시 아이 돌보미 일을 잠시 쉴 기회였을 뿐 아니라 균류학 박사 과정을 시작하기 전에 맛보는 잠깐의 자유였다. 나는 서해안과 서부 산악 지대를 지나는 두 주짜리 자동차 여행을 계획했다. 어릴 적 로스앤젤레스에 머물면서 친척들을 방문한 적이 있긴 하지만 뉴욕의 구불구불한 언덕과 무성한 활엽수와 함께 살다 보니 아메리카 서부의 거대한 풍경은 내게 낯설었다. 그래서 이번 여행이 더욱 흥분됐다.

세이디를 길동무 삼고 하워드 진의 『미국 민중사』를 읽을거리 삼아 1번 고속도로를 따라 미국삼나무 해변을 오르다 동쪽으로 방향을 틀었다. 훔볼트의 안개 낀 숲을 찾아가 조류학자 친구와 함께 북부점박이올빼미의 흔적을 찾았으며 가늠할 수 없이 호젓하고 루비가 점점이 박힌 아이다호 북부 소투스산맥 앞에서 입이 헤벌어졌다. 새먼강 기슭에서 날도래들이 제 모습에 놀라고 연어들이 네페르세족 부족 토지의 고향에서 알을 낳으려고 빙하강 폭포를 거슬러 올라가는 광경을 보았다. 와이오밍주 잭슨에서는 말코손바닥사슴을 만난 뒤 그랜드티턴 국립공원에서 야영했다.

솔직히 말하자면 와이오밍 이후의 풍경(그레이트플레인스, 또는 프레리, 그리고 끝이 없는 듯한 옥수수밭과 콩밭)은 그저 그랬다. (초원이라고도 하는 프레리는 전 세계 5대 생물군계 중 하나다. 생물군계는 기후, 토양, 식물상, 동물상, 균류상이 비슷한 서식처 집합이다. 식민지 이전 북아메리카의 드넓은 초원 생물군계는 생물군계를 통틀어 가장 넓었다.[9]) 이 풍경을 찍은 사진들은 내게 익숙한 숲에 비하면 텅 비고 단조로워 보였다. 하지만 나는 심드렁한 것을 내 탓으로 돌려 죄책감을 느꼈다. 나는 사랑스럽지 않은 풍경이 있을 수 있다는 주장에 언제나 맞섰다. 한번은 뉴멕시코 출신의 대학 룸메이트(열성적 오지 여행자이자 급류 래프팅 애호가였다)가 북동부에는 아무것도 없으며 학기 끝나고 집에 돌아갈 날만 손꼽아 기다린다고 말했다. 붉은가슴도요의 황홀한 군무, 투구게 유생, 인근 강어귀의 달 모양에 대해 아느냐고, 쌀먹이새들이 파나마에서 도착하여 생체공학적 노래로 해안초지를 메우는 광경을 보았느냐고, 주기매미의 출현에 대해 들어봤느냐고 물어보고 싶었지만 그 순간 내가 입 밖에 꺼낼 수 있던 말은 "글쎄, 난 좋은데"가 고작이었다.

나는 북동부의 언덕이 좋다. 언덕의 윤곽과 경사가 그려내는 느낌이 좋다. 나뭇잎이 떨어지면 수북한 잎 무더기에 숨을 수 있는데, 그것도 좋다. 강바닥과 협곡에 쪼그려 앉을 수도 있다. 필요하다면 표석●이 당신을 숨겨줄 것이다. 소택지에 모습을 감출 수도 있다. 걸음을 늦춰 기어다니면, 일종의 은신을 시작하면 더 많은 생명이, 더 많은 만남의 그물이 보이기 시작한다. 하층 식생은 어찌나 생명으로 빽빽한지 마치 우주의 도롱뇽 서식처에 있는 듯한 느낌인데, 실제로도 그렇다. 나는 퀴어 아이일 적 이런 장소에 숨는 법을 배웠다. 가혹한 사회적 분위기로부터 피난처를 찾아야 했다. 이제 나는 자연이 크고 강해야만 존경받을 수 있고 경외감을 자아낼 수 있고 보호받을 가치가 있다는 생각을 거부한다. 정서적으로나 과학적으로나 공감이 안 된다. 그 지적 원류도 심란하다. 우생학 운동이 초기 아메리카 자연보전 시도에 미친 영

●   빙하의 작용으로 운반되었다가 빙하가 녹은 뒤에 그대로 남게 된 바윗돌

향에서 완전히 자유롭지 못하기 때문이다.[10]

　하지만 한없는 서부를 누비면서 나는 의심할 여지 없이 완전한 경외감에 사로잡혔다. 어쩌면 나의 대학 룸메이트가 옳았을지도 모른다는, 이곳이 '더 나은' 장소 같다는 느낌에 가슴이 철렁했다. 이 긴장은 호수 효과* 구름처럼 나의 희열 뒤에 드리워 있었다. 북서부 풍경이 멀리 사라지자 나는 초심을 되찾아야겠다고 마음먹었다. 나는 미드웨스트의 생태 심장부를 찾고 싶었다. 샤이엔의 휴게소에서 사우스다코타 배드랜드 국립공원에 대한 근사한 설명을 접했다. 고대 해양 화석, 자생 자주천인국, 아메리카들소 이야기가 들어 있었다. 그래서 하루 오전을 떼어 탐사하기로 했다. 그레이드디바이드** 서쪽에서 일주일 넘게 보낸 터라 시간이 빠듯해지고 있었다. 세이디를 뉴욕에 있는 가족에게 데려다줘야 했다.

　마지막 순간에 계획을 변경한 탓에 캠프그라운즈 오브 아메리카(KOA) 야영장만 자리가 남아 있었다. 여느 KOA 시설과 마찬가지로 래피드시티 야영장은 고속도로 근교에 있었으며 레저용 차량을 타고 온 가족들로 북적거렸다. 볼 만한 것은 별로 없었다. 이웃 야영객이 아내와 다투는 소리를 들으며 잠을 청하는데 가슴 철렁하는 느낌이 찌릿했다. 그날 밤 잠을 설쳤다. 세이디와 나는 일찍 잠에서 깼다. 그늘이 없

●　따뜻한 수면 위로 찬 공기가 지나갈 때 아래쪽 공기가 상승하여 구름이 형성되는 현상
●●　캐나다와 미국을 가로질러 길게 뻗은 로키산맥을 이르는 말

어 뙤약볕에 텐트가 익기 시작했기 때문이다. 흙구덩이에서 벗어나고 싶어서 (불쾌할 것이 틀림없는) 공동 샤워장을 생략하고 최대한 빨리 짐을 쌌다. 우리는 44번 도로를 타고 남동쪽으로 배드랜드 환상(環狀)도로를 향해 출발했다.

환상도로에 들어서자 아스팔트가 먼지 자욱한 자갈로 바뀌고 키 큰 풀이 우리를 둘러쌌다. 속도를 늦추고 창문을 내렸다. 사진으로 보면, 심지어 주간(州間)고속도로를 내달리며 창밖으로 볼 때에도 무미건조하고 황량해 보이던 풍경이 생기로 약동하고 있었다. 무척추동물의 목소리가 쇠풀과 스위치그래스를 뚫고 튀어나왔다. 은은한 소리경관은 부드러우면서도 충만했다. 나는 차에서 내려 풀과 주변 식물을 들여다보았다. 들여다보기 시작하자 다양성이 훨씬 풍부해졌다. 처음에 눈길을 끈 것은 피보나치 나선 모양 적갈색 고깔을 쓴 자주천인국의 도도한 자태였다. 길가에 차를 세운 것은 이 때문이었다. 포동포동하고 뾰족뾰족한 배, 하얀 세이지브러시, 가시 돋친 엉겅퀴도 보았다. 킬디어가 너른 하늘을 향해 재잘거렸다. 놈들이 종종걸음 할 때마다 풀이 흔들렸다. 나는 가만히 앉아서 모든 것이 초점에 들어오도록 했다. 세이디에게 말할 때는 도서관이나 교회에서 속삭이듯 목소리를 낮췄다. 게다가 이곳에서라면 제대로 '숨을' 수 있을 것 같았다.

그 자리에 며칠간 머물렀든 당장 몸을 돌려 환상도로를 빠져나갔든 나는 변화되었을 것이다. 자리를 옮길 마음은 전혀 없었지만 빠듯한 일정을 생각하여 차로 돌아갔다. 나는 공원 안으로 더 깊이, 고요한 황홀의 세계 속으로 더 깊이 들어갔다. 사방 어디를 보든 작은 기적이 보였다. 프레리도그 가족이 서서 나를 쳐다보았다. 등을 길게 빼고 촉각을 곤두세운 채였다. 가시올빼미 한 쌍의 심술궂은 보름달 시선이 나를 마주 보았다. 은여우 한 마리가 멀리서 다리를 높이 쳐들며 빠르게 걸었다. 쌍안경을 눈에 갖다대니 긴부리마도요가 보였다. 도요새의 일종으로, 다리가 죽마처럼 생겼고 부리가 몸길이의 절반을 넘었다. 긴뿔양이 모래산 사이 협곡에 드문드문 서 있었다. 모래산은 동심원 띠를 두르고 있었는데, 각각의 층과 곡선은 오래전 사라진 지층과 생활세계의 흔적이었다. 마치 머나먼 과거에 대한 소문이 들려오는 것 같았다. 도로를 따라 살금살금 내려가다 예쁘장한 노간주나무들이 점점이 박힌 가파른 언덕 뒤에서 아메리카들소 떼를 마주쳤다.

차를 세우고 들소가 자갈을 가로질러 노란 전동싸리밭으로 들어가는 광경을 지켜보았다. 외래종인 전동싸리는 아메리카들소가 좋아하는 먹이는 아닌 듯했다. 다시 한번, 내 안팎의 희열과 생물학적 풍요를 목격하면서도 이 땅에서, 이 땅에 대해 가해진 폭력을 생각하지 않을 수 없었다. 앨도 레오폴드의 『모래군의 열두 달』에 나오는 구절에 대해 생각했다.

드넓은 프레리를 덮은 실피움이 들소의 배를 간지럽히던 옛날의 풍경은 어땠을까 하는 물음은 다시는 대답을 얻을 수도, 아마 묻는 이조차 없을 것이다. … 이제 앞날이 어떨 것인지는 뻔하다. 몇 년 동안 내 실피움은 부질없이 제초기를 이겨내려고 애쓸 것이다. 그[러]고는 죽을 것이다. 더불어 프레리 시대도 막을 내릴 것이다.[11]

한때는 아메리카 프레리에 매우 풍부하게 무리 지어 자라던 실피움(*Silphium*. 국화과의 한 속으로, 데이지가 속해 있다)의 영토는 잔존하는 소규모 프레리 서식처로 쪼그라들었다.[12] 실피움속에는 수많은 종이 있는데, 프레리도크와 나침반식물 같은 일반명으로 불린다. 하지만 아무리 찾아봐도(뿌리가 굵고 다년생이며 다소 해바라기를 닮았다) 이번 방문에서는 하나도 볼 수 없었다.

배드랜드를 비롯한 이 일대는 이런 상실에 시달리는 경관이다. 1939년 국립기념지로 지정되었는데, 명칭은 오글랄라라코타족이 부르는 이름인 마코시카(Mako Sica)를 직역했다.[13] 이름에서 보듯 지형이 험난하며 가파른 모래산이 특징적이다. 깎아지른 절벽을 모래가 움직이며 침식하고 니무가 없는 넓은 지대는 여름 열기에 바싹 달궈졌다. 공원에 둘러싸인 9만 8000헥타르와 주변 지역은 한때 많은 유목민과 반(半)유목민 집단이 아메리카들소를 비롯한 동물을 사냥하려고 찾아오던 곳이다. 하지만 유럽인들이 북아메리카를 식민지로 삼으면서 상황이 달라졌다. 1862년 시작된 〈자영농지법〉●은 식민지 서부 팽창과 프

●　　정착을 장려하기 위해 〈자영농지법〉에 따라 일정 조건을 충족한 정착민에게 토지를 공여하는 제도로, 홈스테드법이라고도 부른다.

레리의 농지 전환을 장려했으며 1887년 〈도스법〉으로 미국 정부는 3650만 헥타르 이상의 토착민 토지를 농사 목적으로 부당하게 차지할 수 있었다.[14] 이때 '사유 재산' 개념이 아메리카 대륙에서 자리 잡았으며 유동적이고 변화하던 공동체에 경직되고 폭력적인 구획 짓기를 강요했다. 같은 기간에 아메리카들소가 하루에 5000마리씩 도살되었는데, 토착민 공동체를 굶주리게 하고 처벌한다는 직접적이고도 (이해할 수 없을 만큼) 사악한 의도에서였다. 20년도 지나지 않아 아메리카들소 개체수는 6000마리 이상에서 고작 300마리로 줄었다.

초원의 표면에서는 아메리카 식민주의의 포괄적이고 지속적이고 다층적이고 잔혹한 폭력의 세세한 모습들이 지워져 있다. 인종학살의 넓은 붓질을 이야기하는 것은 바다를 물 담긴 그릇으로 묘사하는 것과 같다. 잔학 행위의 실제 깊이와 차원은 가정의 난로가 마지막으로 꺼진 순간, 영영 멈춰버린 자장가 장단, 흐느끼는 남자의 정확한 음조 같은 구체적 사실들에 있으며 이것들은 대부분 알려져 있지 않다. 키 큰 풀이 하도 높이 자라고 넓게 퍼져 그 안에 있으면 지평선이 보이지 않는다는 묘사를 읽은 적이 있다. 아르메니아인들이 들판과 풀밭에 숨었다가 나중에 자신들을 숨겨준 식물의 이름을 자녀에게 붙였다는 이야기를 들은 적도 있다. 인종학살의 범죄는 결코 돌이킬 수 없다.

그럼에도 배드랜드 같은 작은 은신처에서는, 사람들이 보호하려고 필사적으로 싸운 장소에서는 아직도 살아 있고 아직도 투쟁하는 생물군계의 맥박을, 생태적 심장의 박동을 들을 수 있다. 이 찬란한 틈새에서 나는 완전한 상실이 아닌 것에 고마움을 느꼈다.

◎

제13브루드와 제19브루드의 출현 지점은 좁은 서식처에 몰려 있었다. 일리노이주 중부를 흐르는 일리노이강 유역이었다. 제13브루드는 17년 브루드로, 북쪽에 서식한다. '대(大)남부 브루드(The Great Southern Brood)'라고도 불리는 제19브루드는 13년 브루드로, 일리노이주 남쪽 절반, 미주리주와 아칸소주 전역, 그리고 앨라배마주, 조지아주, 캐롤라이나주 여기저기 다른 브루드들 사이사이에 흩어져 있다. 2024년 동시 출현의 무대는 지난 200년간 엄청난 사회적·생태적 변화를 겪었다.

이 합류 중심 근처에 피오리아시가 있다. 일리노이강 유역과 지금의 일리노이주, 인디애나주, 아이오와주, 미시간주, 미주리주, 오하이오주에 실있딘 도칙 부족의 이름을 땄다. 피오리아시는 일리노이주에서 가장 오래된 유럽인 정착지로, 1680년 프랑스인 정착민들이 건설했다. 두 브루드가 마지막으로 동시 출현했을 때 이 지역은 유럽 식민주의 팽창에 의한 분쟁으로 요동치고 있었다. 당시는 피오리아족이 자신의 보금자리를 미국 정부에 양도하기 전이었다. 조상의 땅을 비우고 남서쪽 오클라호마로 강제 이주당하기 전이었다. 그해 미국 정부는 루이지애나 매입을 통해 2억 1400만 헥타르의 토지를 취득했으며 미시시피강 서쪽으로 루이지애나주를 확장하려는 야욕을 드러냈다.

미시시피강은 아메리카 대륙을 7억 년에 이르도록 양분했다.[15] 강과 개울은 무른 엽암(shale)* 위로 구불구불 흐르며 느린 강줄기에 끌려든다. 약 2만 5000년 전 빙하기에 미시시피강의 경로가 바뀌고 북쪽 유역의 넓은 경관이 재편되었다.[16] 거대한 빙하가 강물의 흐름을 막았으며 옛 물길이 빙하 퇴적물로 메워졌다. 빙하와 물의 덩어리가 팽창했다 수축했다, 팽창했다 수축했다 하다가 마침내 녹은 물이 빙력토 평야에 범람하고 옛 미시시피강 물길을 깎아내고 자갈, 미사, 먼지를 날라 이노카 시피위(Inoka Siipiiwi), 즉 일리노이강을 형성했다.

바로 이 대륙빙하와 지질 과정은 주기매미속 브루드들의 진화와 생물지리를 빚어내는 한편 인간의 삶을 넉넉히 지탱하는 생태를 형성했다. 뒤이은 온난화 시기에 빙하는 가문비나무 숲으로, 그다음 매미가 서식하는 낙엽수 숲으로 바뀌었다.[17] 기후가 계속해서 따뜻해지고 건조해짐에 따라 숲의 많은 부분이 결국 엄청나게 비옥한 프레리로 바뀌었다. 지난 수천 년에 걸쳐 이 평원은 식물상, 동물상, 균류상의 복잡한 시스템으로 발전했지만 유럽인의 정착으로 인해 모든 형태의 생물 다양성이 극적으로, 또한 빠르게 감소했다. 미드웨스트에서는 1803년 이전에도 이주와 폭력이 오랫동안 부글거리고 있었지만 이 시기는 아메리카 대륙 내륙에서 정착민의 야심이 분출하는 변곡점이었다. 19세기

---

* '頁巖'은 '혈암'으로 표기되고 있으나 암석 형태로 보면 '머리 혈'이 아니라 '책장 엽'으로 읽어야 한다.

초 식민지 세력과 부족 연합 사이에 전쟁이 거듭거듭 벌어졌다. 어마어마한 토지 획득은 계속되고 속도가 더욱 빨라졌다.

한동안은 유럽인들이 경관의 생태에 친숙하지 않은 덕에 프레리가 보호되었다. 정착민들은 나무가 없는 것을 보고서 땅이 척박할 거라 지레짐작했다. 그들의 연장으로는 자생종 풀의 질긴 뿌리를 뽑을 수 없었다. 그러다 1837년 일리노이주 그랜드디투어 정착지에서 존 디어(John Deere)가 흙이 묻지 않는 강철 칼날 쟁기를 발명했다. 이 농기구는 프레리를 경운할 수 있을 만큼 튼튼했다. 수천 년 전 빙하에 의해 깎여나간 땅이 다시 한번 쑥대밭이 되었다. 하지만 빙하기와 달리 이번 변화는 (지질학적으로) 눈 깜박할 사이에 일어났다. 불과 50년 만에 일리노이주의 프레리 890만 헥타르(일리노이주의 전체 토지 면적의 60퍼센트 이상)가 800헥타르로 쪼그라들었다.[18] 인간, 아메리카들소, 키 큰 풀, 매미 등 많은 존재들은 더는 숨을 곳이 없었다.

◉

미드웨스트 횡단 자동차 여행으로부터 약 6년 뒤 침실에서 줌 화상 통화로 초현실적이고 약식으로 박사 논문을 방어하고 균류학 학위 과정을 마쳤다. 때는 2020년 8월이었으며 나는 뉴욕 중부의 구불구불한 언덕에서 살고 있었다. 하지만 미드웨스트로 이주할 작정이었다. 인디애나주 웨스트래피엇에 있는 퍼듀 대학교의 박사후 연구원 자리에 지원했다. 그 뒤로 습하고 뿌연 두 주 동안 친구들에게 작별 인사를 하고 내가 좋아하는 오래된 백합나무 숲에도 이별을 고했다. 내 사람들, 나의 '코로나 공부 모임(pandemic pod)', 나의 파트너, 나의 동네 명소, 내가 기억하는 길들, 내게 친숙한 날씨 패턴을 두고 떠나서 슬펐다. 인디애나 옥수수밭에 나를 심어야 한다고 생각하니 두려웠다.

나의 고약하고 신경질적인 고양이 미카사, 마흔 개 남짓한 화분 식물, 그리고 장거리 운전에 동행해줄 포춘과 함께 유홀 이삿짐 트럭을 타고 서쪽으로 출발했다. 나는 버섯의 붉은색을 띤 뉴욕의 여름 풍경을 떠나면서 울었다. 하지만 오하이오에 도착하기 전 어느 즈음 슬픔은 인생의 새 장을 시작하는 열의로 바뀌었다. 나는 세계 수준의 균류학 실험실에 합류하여 아서 균류관과 크리벨 식물관의 큐레이터로 일하게 되어 들떴다. 유기체생물학 및 자연사 표본 소장의 세계에서 큐레이터는 도서관 사서처럼 생물 표본을 관리한다. 대체로 큐레이터는 맘에 드는 하위분야에서 직접 연구를 진행하며 일반적으로 자료를 보살피고 학문 공동체가 이용할 수 있도록 제공한다. 이 일은 나의 경력에서 중요한 단계였다.

퍼듀 대학교에서 나의 연구는 녹병균에 초점을 맞췄다. 녹병균은 식물 병원균의 한 부류로, 우리가 알고 있는 지구상의 어떤 유기체보다 복잡한 생활환을 거친다. 녹병균은 형태가 다양하며 아름답거나 심지어 충격적일 때도 많다. 자실체가 주황색이어서 녹병균이라고 불린다. 녹병균과 식물의 공진화 관계는 매혹적인 연구 주제이자 밀, 콩, 옥수수, 커피, 초콜릿 같은 여러 주요 농작물에는 중대한 문제다. 그렇기에 녹병균에 대한 연구 자금은 대부분의 균류 집단을 능가한다. 퍼듀 대학교는 미국의 곡창 지대에 자리 잡은 랜드그랜트 대학교[•]로, 당연하게도 세계 최대 규모의 녹병균 수장고가 있다.

오하이오를 통과하자 지대가 평탄해졌다. 한참 동안은 땅이 다시 울퉁불퉁해지지 않을 것이어서 운전에 신경을 곤두세우지 않아도 괜찮았다. 그래서 불안감을 떨치기 위해 6년 전 배드랜드 방문을 떠올렸다. 늘 그랬듯 밉살스러운 땅은 하나도 없고 옥수수밭들 사이에 생물학적 내성으로 자연이 되살아나 나를 지탱해줄 거라 믿고 싶었지만 미국에서 가장 초토화된 생태계 중 하나이자 초원의 유령이자 산업적 단작 농지경관의 적나라한 심장부로 직행하고 있다는 것도 알고 있었다.

이틀간 운전한 끝에 솔직히 예스러운 래피엇 읍내에 들어섰다. 마이애미족에게 와파시키 시피위(Waapaahšiki Siipiiwi)로 알려졌고 지금은 워배시강이라고 불리는 빙하강 유역이었다.[19] 인디애나폴리스 공항에 포춘을 내려줄 때 새로운 삶의 현실이 내게 밀어닥쳤다. 그가 건물 안으로 사라진 지 오래도록 나는 출발 차로에서 창문을 내린 채 멍하니 있었다. 이른 아침 공기는 이미 더웠고 바람은 훈훈했으며 마치 바다 근처에 있는 듯 신기한 짠내가 났다. 찌르레기 떼가 물결치는 광경이 보였다. 직접 본 것 중에서 제일 컸다. 찌르레기 수천 마리가 고요하

177

고 완벽한 안무에 맞춰 모였다 일렁였다 흩어졌다 다시 모였다.[20] 친숙한 장면이었다. 황홀한 유체역학 공연이었으며 수가 많으면 안전하다는 것을 상기시켰다. 찌르레기를 바라보고 있었던 것은 래피엇으로의 복귀를 미루려는 핑계였다. 코로나 첫해에 새롭고 낯선 장소에서 거의 전적인 고립을 맞닥뜨릴 터였기 때문이다. 찌르레기 떼가 흩어지자 마음을 다잡고는 '집'으로 차를 몰았다.

나는 북쪽으로 운전하면서 주변 지형을 가늠했다. 인디애나폴리스는 콘 벨트[•]가 된 빙력토 평야의 한가운데 자리 잡고 있었다. 인디애나의 옥수수밭은 믿기 힘들 정도로 넓었다. 2014년 자동차 여행 때 인디애나주를 횡단했고 이사 전에 이곳 환경을 맞닥뜨릴 마음의 준비를 했음에도 이곳을 보금자리로 삼는 것은 전혀 다른 문제였다. 배드랜드에서 시간을 보낸 탓에 농업을 위해 상실되고 옮겨지고 훼손된 것이 더욱 뼈저리게 다가왔다. 인디애나주는 초원과 숲이 섞여 있으며(하지만 대체로 지난 일이다) 그레이트플레인스와 동부 낙엽수 온대림의 전이지대였다. 켄터키주에 가까운 남부를 제외하면 숲은 대부분 사유지이며 한없이 넓은 옥수수밭, 아마존 물류창고, 거대한 자동차 판매점, 창고형 할인점, 체인 레스토랑 사이에서 봉투에 붙은 우표만 하게 쪼그라들었다. 이사하고 몇 주 지났을 때 체육관에 있다가 현지 뉴스 방송사에서 자랑스럽게 하는 말을 들었다. "인디애나에는 3만 8000헥타르의

<hr>

● 미국 중북부의 옥수수 재배가 집중적으로 이루어지는 지역을 하나의 벨트처럼 묶어 이르는 말

'팝콘'이 있습니다!" 그래도 곧이들렸다.

이렇게 드넓고 탁 트인 평지를 다니다 보니 내가 적나라하게 노출된 듯한 느낌이 들었다. 거대한 매가 나를 낚아챌 것만 같았다. 어딜 가든 작은 들쥐처럼 필사적으로 도망쳐야 할 것 같았다. 나는 몸을 숨길 수 있는 은신처를 간절히 찾아 헤맸다. 주변의 난개발과 훼손을 잠시나마 잊고 다른 생명과 영적으로 교감하고 싶었다. 한번은 이사한 지 한두 주 지났을 때 포춘과 전화하다 불쑥 이렇게 내뱉었다. "여긴 숨을 데가 없어!" 그가 물었다. "무엇으로부터 숨으려고?" 내가 대답했다. "모든 것으로부터!" 이것은 내게 무척 실질적인 문제였다. 나는 보이지 않음에 대해 많이 생각한다.[21] 소셜 미디어로부터, 이른바 현실로부터 사라지는 것은 안전하고 창조적이고 심지어 해방적이다. 나는 어릴 적 소택지에 숨을 때부터 이 개념을 태생적으로 이해했던 것 같다. 사회의 시선에서 벗어나면 종간 의식(意識)을 함양할 공간을 얻을 수 있다. 이것은 내가 사람으로 살기 위한 핵심 조건이다.

퀴어함은 보이지 않음과 미묘한 관계가 있다. 벽장 안에 숨는 것은 안전과 억압의 역설적 조합을 함축한다. 벽장은 동성애 혐오 사회의 적대감을 막아주는 방어벽이지만 세상을 자유롭고 온전하게 돌아다니지 못하는 고통스러운 대가를 치러야 한다. 퀴어 공동체에서는 '커밍아웃' 의무에 대한 반발이 일었는데, 커밍아웃을 이성애 규범적 시선을 위해 공연되는 볼거리로 전락시킬 수 있기 때문이었다. '커밍아웃'은 이성애가 기준이라는 관념(사람들은 대체로 자신이 이성애자임을 선언해야 할 의무감을 느끼지 않는다는 뜻)을 강화할 수도 있다. 주변화된 사람들은 기본적 권리와 자원을 얻으려고 투쟁하면서 종종 가시성을 추구하지만 이 영역에서의 진보에는 상업화, 전유, 젠트리피케이션이라는 가시가 돋아 있다.

궁극적 특권은 완전히 사라질 수 있으면서도 기본적 권리를 보장받고 자신을 물질적으로 지탱할 능력을 유지하는 것이다. 세계가 더워지고 오염되면서, 숨을 곳이 끊임없이 파괴되면서 보이지 않을 공간은 점점 상류층의 전유물이 되고 있다.

도착한 지 몇 주 지나지 않았을 때 나의 방 하나짜리 아파트에 가져갈 테이크아웃 주문 음식을 받으러 갔다. 그해 완전한 고독 속에서 먹을 무수한 저녁 중 하나였다. 그런데 식당에 들어서는 순간 대체 현실에 진입하는 듯한 느낌이었다. 빈 자리가 하나도 없이 꽉 차 있었다. 테이블마다 금발 미드웨스턴 주민들로 다닥다닥하고 시끌벅적했다. 코로나가 한창인 2020년 9월이었는데도 다들 태평해 보였다. 주문한 음식을 받아들다가 위압적인 백인이 '호모들' 어쩌구 하고 지껄이는 소리를 엿들었다. 인디애나에서는 말 그대로 경관에서의 가시성이 더 커진 듯한 느낌 말고도(원인은 모두베기와 사유화다) 퀴어임을 공개하는 것에 대한 불편한 마음이 다시 들었다. 인디애나는 퀴어인 대상 증오 범죄에 대한 보호 조치를 명시적으로 규정하지 않은 다섯 개 주에 속했다(나머지는 아칸소, 조지아, 사우스캐롤라이나, 와이오밍이다). 차별적 토대는 한낱 과거의 유물이 아니었다. 2015년 인디애나 주지사(이자 나중에 부통령이 된) 마이크 펜스는 〈종교자유회복법(RFRA)〉의 주법 제정을 승인했다. 〈종교자유회복법〉은 개인이나 기업이 종교나 '양심의 자유'를 명분으로 차별하는 것을 허용하며 웨딩 케이크를 구입하는 게이 커플 같은 퀴어인들에게 가장 혹독하게 적용된다. 펜스의 타이밍은 오버거펠 대 호지스 사건에서 대법원이 50개 주 전부에서 게이 결혼을 합법화한 판결을 내린 것에 대한 반격이었다.

2020년 가을 도널드 트럼프와 마이크 펜스는 전 세계 코로나 대유행에도 아랑곳하지 않고 열성적 재선 캠페인을 벌였다. 이에 더해 아제르바이잔의 인종학살 독재 정권은 아르메니아인들이 사는 아르차흐 공화국을 무력 침공하여 과거의 생존자와 그들의 후손들에게서 세대를 뛰어넘는 트라우마를 날카롭게 들쑤셨다.[22] 수천 명이 사망하고 공화국은 무너졌으며 12만 명의 아르메니아인이 완전히 인종청소를 당했다. 나는 숨고 싶었지만 투쟁을 피하거나 남들이 위해의 예봉에 외로이 맞서도록 내버려두는 식으로 숨는 것은 결코 편안하지 않았다. 나 혼자 집에서 동료 아르메니아인들과 줌 화상 통화를 하면서 아르메니아인의 자결과 인종학살 교육을 위한 단체를 조직하기 시작했다. 나는 아르메니아의 생물 다양성과 문화를 공동으로 보호하고자 국제아르메니아균류학자회의를 공동 설립했다.[23]

가장 긴 겨울, 거의 끊임없는 고립을 한 번에 몇 달씩 겪어야 하는 겨울에 대응하는 나의 방법은 다가올 봄에 출현할 주기매미에 대해 생각하는 것이었다. 남들에게 보이지 않는 순간(또는 단계)들이 능동적 상태임을 이해한다. 이 순간들은 필요한 휴식일 뿐 아니라 중대한 변화의 시기, 전략을 짜고 에너지를 모으고 연대와 친밀감을 쌓는 시기이기도 하다. 땅속의 매미 약충에 대해 생각했다. 잔뿌리를 꿰뚫어 수액을 빠는 그들의 작은 구기와 17년째의 자정에 맞춰진 그들의 분자시계에 대해 생각했다. 그들은 제10브루드라고 불렸으며 2004년에 마지막으로 출현했다.

◎

사회적 역사는 직선적이기보다는 겹겹이 쌓인 지층으로 이루어진다. 불의라는 기반암 위에 승리가 한 겹, 고통과 투쟁이 한 겹 층층이 쌓여간다. 권력은 지각판처럼 움직인다. 하도 느려서 대개는 감지되지 않는다. 하지만 가끔 지각판들 사이의 단층선이 느닷없이 움직이는데, 그때 지진이 일어난다.

시간은 우주의 얼개를 이루는 일부이며 내재적 속성이다. 모든 물질과 모든 존재는 시간에 의해 빚어지며 이 일은 우리가 탄생하기 오래전에 이루어졌다. 수십억 년간 단세포 생명체들이 생겨나고 번성하고 멸종했다. 수천만 년간 무수한 세대의 매미가 탄생하여 신선한 수액을 먹으며 성장하다가 나무뿌리 근처나 가지 위에서 죽었다. 시간은 언제나 지나간다. 인간이 목격하든 하지 않든. 하지만 시간에 대한 우리의 해석은 말랑말랑하다. 지금 지구상에 있는 대부분의 인간은 '시계 시간'의 문화에서 살아간다.

자본주의에서는 시간이 보편화되었다. 세계를 정복하려면 물자와 병력을 기차나 배에 실어 먼 거리를 이동해야 했는데, 이를 위해서는 세계 여러 지역의 여러 집단 사이를 정밀하게 조율해야 했다.[24] 몸, 생물종, 식물, 별 사이의 관계 경험으로서 측정되던 것들이 이제는 효율을 위해 청소되고 표준화되었다. 시간은 돈이 되었다.[25] 1830년 프랑스 7월 혁명 때 시위대는 파리 전역의 시계탑에 총을 쏘았다.[26] 노동자 계급이 떨쳐 일어나 40년 전 대규모 혁명의 평등주의 요구들을 재천명했을 때 그들은 산업과 노동, '시계 시간'과 이윤의 관계를 상징적으로 공격했다.

프로테스탄트 문화에서는 시간의 '이용' 또한 지독히 도덕화되었다.[27] 오늘날 빈둥거리거나 게으른 것은 잠재적 소득을 허비하는 것일 뿐 아니라 도덕적 파탄이자 신을 실망시키는 행위로 간주된다. '지나치게' 쉬고 휴면기에 드는 것은 아무리 전략적 선택일지언정 죄악이다. 이에 반해 공동체 시간에는 퀴어한 성격이 있다. 퀴어함은 이 의미에서 자율적이고 주체적이고 찰나적이고 관계적이고 전복적인 것을 의미한다. 퀴어 공동체 시간은 귓속말 네트워크처럼 움직인다. 직선성이 분기, 분열, 재조합에 자리를 내어준다. 시간은 자신에게 되돌아가고 증식하고 사라진다. 퀴어 공동체 시간은 머리를 긁적이게 하는 뜻밖의 데자뷔이자 뇌우가 지나간 뒤 돋아나는 곰보버섯 자실체다. 퀴어 공동체 시간은 직접 행동을 위한 임계질량의 형성이다. 퀴어 공동체 시간은 봉기다.

주기매미가 그렇듯 봉기는 종종 땅속에서 느릿느릿 발달한다. 봉기를 길러 형태와 힘을 부여하는 것은 상호성과 공동체의 그물망이다. 당신의 시계가 공동체에 맞춰져 있지 않으면 오랫동안 잉태되어 있던 봉기가 마치 느닷없이 태어난 것처럼, 마치 저절로 일어나는 것처럼 보일지도 모른다. 봉기의 조짐을 감지하려면 집단성의 단서, 당신 주위에서 무리 짓는 시스템과 몸들의 단서를 알아차려야 한다. 퀴어 공동체 시간도 눈여겨보아야 한다. 자신이 바로 지금 현재에만 있는 것이 아니라 세포기억의 길고 연속하는 사슬의 일부임을 이해해야 한다. 조직을 만드는 법에 대한 중요한 교훈은 조상들에게서도 반려종들에게서도 배울 수 있다.

봉기가 일어나면 종종 '시계 시간'이 교란된다. 사람들은 도로를 차단하고 항구를 점거하고 건설 기계를 막아서고 파업을 촉구한다. 이런 교란은 국가의 억압을 맞닥뜨린다. 금전적으로 값비싼 비용을 발생시키기 때문이다. 방관자들의 경멸도 맞닥뜨린다. 방관자의 시계는 활력 넘치는 공동체의 속도에 맞춰 (잠시일지언정) 느닷없이 새로 맞춰졌다. 정치적 행동을 맞닥뜨린 막후 권력자와 그들의 지지자들은 구불구불한 강에 발을 디딜 수밖에 없다. 그곳에서는 시간이 기이한(퀴어) 여울에서 소용돌이친다. 봉기의 요소들이 더 전략적일수록, 더 오랫동안 힘을 길렀을수록, 그들의 공동체 시계가 더 정밀하게 맞춰졌을수록 어느 시계로 시간을 알 것인지를 더 오래 통제할 수 있다.

1971년 9월 9일 뉴욕주 북부 애티카교정시설에 감금된 사람들이 교도소의 열악한 처우에 반발하여 봉기했다.[28] 몇 시간 지나지 않아 축구장 절반만 한 교도소 운동장에서 약 1300명이 민주주의를 실현했다. 그들은 요구 사항을 공식적으로 전달할 대표단을 선발했다. 원하는 것은 목숨을 위협하는 의료 태만을 중단하고 휴지, 주당 2회 이상의 샤워 같은 기본적 여건을 개선해달라는 것이었다. 그들은 의료진과 보안팀을 구성했으며 교도소와 주 관료들 사이에 정보를 전달할 통신 시스템을 마련했다. 이슬람교인들은 인질로 잡힌 교정 공무원과 교도소 직원들을 보호하기 위해 주위를 에워쌌다. 이렇게 조직이 만들어진 과정은 기적이라고 해도 과언이 아니었다. 하지만 그렇다고 해서 봉기가 자연발생적으로 일어났다는 뜻은 아니다. 주 당국이나 지지자들은 다르게 믿고 싶었겠지만.

여러 해 동안 애티카를 비롯한 교도소의 수감자들은 교도소와 선출 공직자들에게 편지를 보내 교도관의 인종차별적이고 잔혹한 공격, 형편없는 위생 상태, 상한 음식, 그 밖의 위험과 수모를 조목조목 고발했다. 하지만 승인된 창구를 통해 고충을 해결하려는 시도는 번번이 무시당했다. 한편 일부 수감자는 흑인 해방론을 면밀히 공부하고 있었다. 은밀한 독서 모임에서 함께 책을 읽고 입소문을 통해 저항의 소식을 들었으며 공통의 경험에 대해 남몰래 소통했다. 교도소가 자본주의 체제에서 불의가 행해지는 포괄적 기구의 일부이며 무엇보다 자신들이 더 큰 공동체의 일부임을 깨달았다.

'시계 시간'과 가장 밀접하게 연관된 기관은 단연 교도소일 것이다. 그럼에도 수감자들은 주 당국이 나흘 밤 나흘 낮 동안 공동체 시계를 따르도록 했다. 그 뒤 주목할 만한 협상들이 주 당국에 의해 느닷없이 폐기되었다. 주 당국은 화학 무기와 주 방위군 700명의 무차별적 화력으로 봉기를 잔혹하게 짓밟았다. 인질 10명을 포함한 40명이 총에 맞아 숨졌다. 수백 명이 부상을 입어 몇 주간 극심한 고통을 겪었으며 이후 추가 범죄 혐의로 기소되었다. 하지만 봉기는 허사가 아니었다. 수감자들의 용기와 전략은 다른 사람들에게 영감을 선사했으며 주 당국의 광포한 폭력은 극심한 대중적 반발을 불러일으켰다. 그 뒤 일련의 교도소 개혁이 실시되고 전국에 퍼져 나갔으며 수감자의 존엄에 대해 (여전히 안쓰러울 정도로 미흡하긴 하지만) 의미 있는 개선이 이루어졌다.

경멸은 인간에 대해서든 곤충에 대해서는 유독한 감정이다. 곤충은 '타자화된' 인간과 마찬가지로 종종 무섭고 징그럽고 달갑잖은 존재로 여겨진다. 정신 이상이나 심리적 비정상과 관계가 있다고 간주되며 그들의 생존 방식은 우리에게 이해되지 않아 무가치한 것으로 치부된다.[29] 하지만 곤충은 지대한 반항 능력을 보여준다. 그들은 봉기한다. 뭉치고 무리 짓고 피하고 인간의 의지를 압도할 수 있다. 그 의지가 지배하려는 의지일 때조차. 아니, 그럴 때면 더더욱.

◎

2021년 봄 내 목숨이 경각에 이르렀을 때 지구가 미드웨스트를 데웠고 코로나 백신이 개발되었고 인디애나에 얼마 남지 않은 숲에서 곰보버섯이 풍성한 자실체를 냈고 제10브루드가 비명을 지르며 땅 위로 올라왔다. 나는 허겁지겁 숲으로 달려가 그들을 맞이했다. 어딜 바라보든 땅에 구멍이 있었고 갓 벗은 허물이 쌓여 있었고 느리고 서투르고 눈이 빨간 존재들이 풀, 쐐기풀, 메이애플 줄기를 올라가고 있었다. 이 청소년 벌레들을 짓이기지 않도록 매 걸음마다 바닥을 주시해야 했다. 수컷들은 무아지경에 빠져 노래하고 있었다. 귀가 멀 지경이었다. 도시에서는 매미 소리를 전혀 들을 수 없었는데, 숲에서 이 소리에 둘러싸여 있자니 매미가 세상을 점령한 것 같은 느낌이 들었다. 매미 한 마리를 집어들어 어깨에 놓았다. 우리는 합창단을 향해, 나무의 성당 안으로 어슬렁어슬렁 걸어 들어갔다.

2004년 제10브루드가 마지막으로 출현한 뒤로 퀴어 권리와 관련하여 많은 일이 일어났다. 〈샌프란시스코 베이 타임스〉에서 스튜어트 개프니와 존 루이스(동성 결혼을 인정한 2008년 대법원 재판의 원고)는 이 변화를 회상했다.

> 매미들이 정말로 조지 W. 부시 대통령을 피하기 위해 2004년에 땅속에 굴을 판 것 아닌가 하는 생각이 든다. … 다음 세대의 매미가 출현할 2038년에는 우리 운동의 이후 17년이 LGBTIQ인의 삶에 어떤 변화를 가져왔을지 상상도 되지 않는다.[30]

내 삶은 금세 또다시 달라졌다. 바드 대학에서 가르치기 위해 허드슨 밸리에 돌아가게 된 것이다. 하지만 매미의 대담한 쾌락, 장기적 전략, 정확히 조율된 생태를 목격하고서 나의 공동체 시계를 맞출 수 있었다. 나는 새로운 감사의 마음을 품고서 고향에 돌아왔다. 모두가 그럴 수 있었으면 좋겠다. 우리 모두에게는 서식처, 틈새, 우리를 떠받치는 공생 그물망이 필요하다. 소멸의 시간에도, 풍요의 시간에도. 우리에게는 교사와 친구가 필요하다. 공동체가 필요하다. 우리 모두는 장소에 터 잡은 임계질량의 씨앗을 뿌려야 한다. 결실을 우리 생전에 맺든, 지금으로부터 221년 뒤에 맺든. 1803년의 상황은 1971년의 상황을 위한 토대였다. 지구 약탈은 노예제와 인종주의적 자본주의를 통해 벌어졌으며 일련의 기괴한 발작을 통해 오늘날 확장 일로에 있는 교도소 국가로, 우리 지구의 위기 상태로 탈바꿈했다.

2024년 매미들이 동시에 출현했을 때 나는 공동체 시계를 맞출 새로운 기회를 희망하고 있었다. 우리 모두가 데자뷔를 갈망하길, 모두가 서로에게서, 조상들에게서, 우리의 미래에서 온전함을 보길 바라고 있었다(지금도 그렇다). 두 브루드가 다시 동시에 나타나는 2245년에 그들이 우리를 자랑스러워하길 바란다.

장소에 토박이가 된다는 것

'무히칸툭(Muhheakantuck)', 즉 허드슨강을 따라 이어진 넓은 만에서 부분적으로 드러난 깊은 갯벌에 선 채 나와 학생들은 유리뱀장어*들로 파닥거리는 그물을 잡아당겼다. 유리뱀장어는 작고 투명한 새끼 북아메리카뱀장어(*Anguilla rostrata*)다. 우리는 허드슨강뱀장어프로젝트 회원들을 돕고 있었다(미국에서 가장 오래된 뱀장어 보호 사업이다).[1] 애넌데일-온-허드슨 소재 비영리 환경단체 허드소니아에서 운영하는 이 모니터링 프로젝트는 북아메리카뱀장어 개체군을 조사하고 복원을 추진한다. 1970년대를 시작으로 세 뱀장어속(*Anguilla*. 유럽뱀장어(*A. anguilla*), 뱀장어(*A. japonica*), 북아메리카뱀장어(*A. rostrata*))은 집약적이고 산업적인 어획의 표적이 된 뒤로 개체수가 급감했다. 남획과 더불어 서식처 파괴와 수질 오염 때문에 뱀장어 개체수가 감소했으며 이로 인해 세 종 모두 세계자

●   실뱀장어를 이르는 말

연보전연맹 적색 명단에 멸종 위기종으로 등록되었다.

나는 바드 대학에서 자연사를 가르치는데, 수업의 일환으로 학생들을 '뱀장어의 날'에 자원봉사로 참여하도록 했다. 뱀장어의 날은 대부분 봄철 금요일이지만 시각은 달의 인력이 물을 바다 쪽으로 끌어당기는 시기에 따라 달라진다. 하긴 달의 주기에 맞춰 계획을 짜는 것은 이 수업에 걸맞게 느껴졌다. 우리는 큼지막한 방수 바지 차림으로 진창에 선 채 손을 물속에 넣어 꼼지락거리는 새끼 뱀장어를 한 마리 한 마리 조심스럽게 그물에서 꺼내어 마릿수 파악과 기록을 위해 들통에 넣었다. 새끼 뱀장어는 길이가 약 5센티미터로 작았으며 등뼈와 (작은 얼굴에 만화처럼 박힌) 크고 검은 눈을 제외하면 온몸이 투명했다.

새끼 뱀장어 한 마리를 들고 있으니 드물고도 친숙한 느낌이 들었다. 내 손바닥에 놓인 한 존재의 진화 이야기가 도무지 감당할 수 없을 만큼 아름답고 가슴 저리도록 불가해했기에 어떤 본질적이고 형언할 수 없는 진리를 대면하는 기분이었다. 이 진리는 삶의 의미와 관계가 있는 것 같지만 슬픔이 감각에 둘러싸여 있어서 확신히는 모르겠다. 이런 순간에 느껴지는 앎의 고통을 언어로 표현하고 싶지만, 당신도 실감하도록 해주고 싶지만 그럴 수 없다. 그 대신 북아메리카뱀장어의 이야기를 들려드리겠다.

앞에서 말했듯 위스콘신 빙하기에 거북섬 북동부 전역은 1.6킬로미터 두께의 얼음에 덮여 있었다. 얼어붙은 물의 어마어마한 무게가 움직이며 땅의 물질을 으스러뜨리고 짓누르고 깎아내고 휘젓고 퍼뜨리는 상전이 유동을 일으켰다. 뉴욕의 무른 산악경관과 들쭉날쭉 널브러진 바위와 거대한 무히칸툭에서 그 지질학적 역사를 여전히 감지할 수 있다. 이 강은 지구 온도가 증가하던 시기에 빙하가 북쪽으로 물러나면서 땅을 파내어 생겼다. 애디론댁산맥에 있는 상류에서 대서양까지 500킬로미터 이상 길게 흐르며 '익사한 강'이라고 불린다. 바닷물이 쳐들어와 민물과 짠물이 섞였기 때문이다. 달의 기조력은 강의 성격을 빚어내며 만에서 때로는 넓은 갯벌을 드러내기도 하고 때로는 완전히 집어삼키기도 한다. 무히칸툭이 레나페족의 먼시어로 '양쪽으로 흐르는 강'을 뜻하는 것은 이 때문이다.[2]

어떤 어류는 민물에서 평생을 살고 어떤 어류는 짠물에서만 산다. 그런가 하면 북아메리카뱀장어 같은 회유어도 있다. 생활환의 어떤 단계에는 민물에서 살다가 어떤 단계에는 짠물에서 산다는 뜻이다. 구체적으로 말하자면 뱀장어는 강하어(降河魚)인데, 민물에서 살다가 알을 낳으려고 바다로 내려간다는 뜻이다. 바다에서 살다가 알을 낳으려고 민물로 올라가는 소하어(溯河魚)는 정반대다. 소하어가 더 흔한 이유는 대부분의 어류가 민물 종의 후손이기 때문이다. 민물에서 짠물로 이동하는 것은 매우 성공적인 적응적 변화였으며 이로 인해 오늘날 많은 종이 바다에서 살게 되었다.

사르가소해 버뮤다 삼각수역 근처에서 성체가 난교의 향연을 벌여 뿌려놓은 알에서 유리뱀장어가 태어난다. 부화 직후의 새끼는 머릿속에 새겨진 조상의 지식에 이끌려 민물로 이주하기 시작한다. 우리가 만에서 퍼 올린 뱀장어들은 헤엄의 끝자락에 와 있었다. 이 작고 투명한 존재들은 1년 내내 이 항로에, 이 운명에 전념했다. 많은 동물이 어마어마한 거리를 이동하며 불가사의한 적응 능력을 발휘하지만 유리뱀장어의 크기를 생각하면(게다가 그들의 여행은 물속에서 이루어진다) 생물학적 가능성에는 한계가 없음을 실감하게 된다. 조류는 부분적으로 시력의 안내를 받으리라 짐작할 수 있다. 새들은 방향을 알려주는 일출과 일몰, 산의 윤곽, 물의 모습 등을 길잡이로 쓸 것이다. 조류는 동족과 함께 이동하므로 커다란 협력적 무리를 이뤄 서로 길을 잃지 않도록 도와줄 수도 있다. 물론 인상적이지만 불가사의하진 않다. 하지만 새끼 뱀장어를 생각하면 별자리에 의지하여 온 바다를 누빈 폴리네시아 뱃사람들이 떠오른다. 대체 어떻게 그럴 수 있을까?

뱀장어의 이주 능력에 대한 우세한 설명은 자철석이다. 자철석은 산화철 결정이 들어 있는데, 이름에서 알 수 있듯 지구 자기장에 민감하다. 자철석과 유사 화합물들은 일부 세균, 어류, 조류, 곤충, 인간을 비롯한 생명의 나무 전반에서 찾아볼 수 있다. 동물의 경우 이 신화철 결정은 대체로 뇌 안쪽이나 근처에 있다. 1970년대 이래로 많은 동물이 이주에 자기(磁氣) 감각을 이용한다는 주장이 제기되었지만 이 현상의 생물학적 전모는 제대로 밝혀지지 않았다.[3] 과학자들은 모든 동물에서 발견되는 자철석에 나름의 역할이 있는지, 아니면 대사 경로의 우연한 부산물에 지나지 않는지 논쟁하고 있다.

우리가 아는 사실은 자철석의 기원이 아주 오래되었다는 것이다.

철은 지구에서 가장 풍부한 원소 중 하나이며 알려진 모든 생명 형태가 기능하는 데 필수적이다. 어느 시점엔가, 아마도 수십억 년 전 수생 원핵 세균의 한 계통이 자철석 결정을 단세포 몸 안에 담는 쪽으로 진화했다. 이 세균은 '자석에 반응하여 움직인다'는 뜻에서 '주자성(走磁性) 세균(magnetotactic bacterium)'으로 불린다. 자철석 결정을 이용하여 지구에서의 위치를 감지하고 이를 길잡이 삼아 자신이 원하는 서식처로 이동하기 때문이다. 세균의 몸속에 있는 특정 단백질은 자철석 나노입자를 합성하는데, 이것은 막으로 둘러싸여 있다. 이 마그네토솜(magnetosome)은 여남은 개씩 사슬을 이루어 지구 자기장에 대해 바늘처럼 움직인다(생명 최초의 나침반인 셈이다).

이 자석 나침반이 세균에게서 진화한 뒤 또 다른 도무지 믿기지 않는(적어도 내게는) 사건이 일어난 듯하다. 또 다른 단세포 유기체가 주자성 세균을 흡입하여 몸속에 집어넣은 것이다. 주자성 세균은 소화되지 않았으며 자신을 집어삼킨 유기체의 몸속에서 살아남았을 뿐 아니라 여러 세대에 걸쳐 명맥을 이어갔다. 공존하는 유기체의 두 계통은 심층시간에 걸쳐 서로에게 전적으로 의지하게 되었으며 작은 주자성 종은 독자적 개체라기보다는 구성 요소에 가까워졌다. 큰 종은 이제 공생 파트너의 생물학적 능력을 얻은 채 계속해서 진화하고 분화하여 무수한 후손을 낳았으며 점차 여러 계통으로 갈라졌다. 이것이 내부공생(endosymbiosis)이라는 과정이다. 유기체가 미토콘드리아와 엽록체를 비롯한 세포 구성 요소를 가지게 된 것도 내부공생 덕분이다. 이 잔존 구조는 더 큰 종의 몸속에 완전히 포섭되었지만 여전히 단백질과 (심지어) DNA 서열처럼 자신의 기원 이야기를 들려주는 독특한 특징을 가지고 있다. 인류가 지금의 형태로 진화할 수 있었던 것은 옛날 옛적 어떤 세균이 식사에 실패한 덕분이다.

주자성 세균의 성공은 특이해 보이지만 실은 여느 적응이 그렇듯 자연선택에 따른 것이었다. 주자성 세균을 맨 처음 흡입한 개체는 동족에 비해 조금이나마 유리했다. 단세포 유기체가 분열하자 그 속의 세균도 분열하여 순식간에 자성을 가진 다세포가 생겨났다. 이번에도 느리고 냉정한 자연선택 과정에서 약간의 유리함이 작용하여 각 세대마다 자화된 개체의 수가 억겁의 세월에 걸쳐 늘고 또 늘었다. 물론 다른 변화들도 일어나고 있었다. 다른 내부공생 사건, 다른 압력, 다른 보상이 일어나면서 결국 자성 생물로 가득한 많은 부류가 탄생했다.

내부공생 이론(연쇄 내부공생 또는 세포 내 공생으로도 불린다)이 확립된 것은 대체로 생물학자 린 마굴리스(Lynn Margulis)의 1967년 논문 「체세포 분열하는 세포들의 기원에 대해」와 이후 연구 덕분이다.[4] 마굴리스는 지구가 어떤 의미에서 초유기체라는 가이아 가설에 일조한 것으로도 유명하다. 공생이 생물학적 과정과 종 상호작용을 지배하는 규칙의 예외이기보단 정상임을 받아들인다면 집합체로서의 지구 자체가 덜 무작위적이고 덜 혼돈스럽게 보일 것이다. 지구와 그곳에서 발생하는 모든 복잡성은 사물보다는 존재와 비슷해진다.

제임스 E. 러브록에 의해 처음 발전하고 마굴리스의 협력으로 확장된 이 가설의 중심에는 미생물의 많은 역할과 기능이 있다. 처음에는 고세균과 세균이, 다음에는 균류가 한몫했다. 미생물계는 환경을 화학적으로 유지하려 생명의 조건을 스스로 조절하고 지탱한다. 마굴리스는 생태학에서 경쟁에 지나치게 초점을 맞추는 것에 반대했으며 그 대신 매우 엄밀한 연구를 통해 상호성, 협력, 생명력이라는 틀을 향해 우리를 이끌었다. 패러다임을 바꾼 그녀의 이론들은 수십 년간 맹렬히 공격받았으며 끊임없는 비판의 표적이 되었다. 하지만 지난 50년에 걸쳐 그녀의 이론을 뒷받침하는 증거가 쌓여감에 따라 마굴리스는 '혐의를 벗은 이단자(vindicated heretic)'로 불렸다.

2022년 오리건 주립대학교 연구진이 연어의 코에 들어 있는 자철석에 대한 연구를 발표했다.[5] 연어는 극적인 이주 행태로 유명하며 과학자들은 수십 년 전부터 연어의 자성 감각에 대해 관심을 품었다. 이 연구는 자철석 구조 안의 단백질에 주목했으며 이 단백질과 세균의 유전적 연관성을 밝혀 내부공생 이론의 확고한 증거를 제시할 수 있었다. 이 연구 방법은 아직 다른 동물군에 적용되진 않았지만 북아메리카 뱀장어를 비롯하여 특수한 자철석 구조를 가진 모든 동물이 공통 세균 조상으로부터 이 특징을 얻었으리라 판단하는 것은 논리적이다. 이 이주성 종들에서 지구 자기장은 여정의 핵심을 이루는 정보원일 뿐 아니라 자철석 자체가 역사와 함께 각인될 수 있는 것처럼 보인다. 뱀장어는 자기(磁氣) 기억을 가지고 태어나는지도 모른다. 우리가 엄마의 주름진 자궁에 손바닥을 대면 자궁 내막의 말랑말랑한 윤곽을 따라 지문이 생기는 것처럼 말이다. 바다의 역동적 변화, 인력에 의한 조수 간만, 달과 지구와 지구 속에 들어 있는 철 성분 핵의 상대적 질량은 결정으로 새겨진 지형이며 세대에서 세대에게 전해진다.

연어와 마찬가지로 뱀장어는 이마 근처 코 안과 주변에 자철석이 있다. 이것을 생각하면 아르메니아어 낱말 Ճակատագիր('차카타기르')가 떠오른다. '운명'으로도 번역할 수 있지만 직역하면 '이마에 쓰다'라는 뜻이다. 이따금 한 사람의 삶의 조건들은 운명 지어진 것처럼, 어떤 목적을 향해 자석처럼 이끌리는 것처럼 보일 때가 있다. 어찌나 명백한지 이마에 쓰인 것처럼 보이기도 한다. 뱀장어의 작은 눈 사이에는 그들이 바다로 흩어지기 전에 부모에게서 받은 결정화된 지도가 들어 있다. 그 지도를 따라 집으로 돌아간다.

◎

뉴욕은, 구체적으로 말하자면 참나무, 단풍나무, 솔송나무, 스트로브잣나무가 자라는 뉴욕의 숲은 나의 집이다. 뉴욕의 언덕, 소택지, 얕은 개울은 나의 집이다. 미국봄청개구리 소리를 듣거나 다공균 쓰가불로초의 반들반들한 루비색 자실체를 볼 때마다 집에 있는 것처럼 느껴진다. 하지만 이 장소가 '집'인 것은 나의 혈통에서 100년 남짓밖에 되지 않는다. 앞에서 설명했듯 나의 조상들은 인종학살과 식민주의의 광란을 피해 아르메니아와 아일랜드에서 이주했다. 이제 나는 도둑맞은 땅을 돌아다닌다.

장소에 대한 토착적 관계는 수천 년에 걸친 얽힘에서 비롯한다. 이것은 인간의 일생보다는 지질학의 심층시간 척도에서 이해하는 게 낫다. 특정한 강, 강우 패턴, 유실수와 함께 살고 숨 쉬고 죽은 수천 년은 집합적 인간의 행동, 믿음, 사고방식에 새겨진다. 전 세계에서 이러한 문화는 생물 다양성과 그에 대한 인간의 응답이 독특하게 조합된 산물이다. 의도적이고 지속되는 종간 연합으로 엮인 풍성한 양탄자다. 이 관계들은 뒤따르는 이들에 의해 온전히 재현되거나 대체될 수 없다. 천천히 건축되고 깊숙하며 현재의 시대가 보여주듯 연약하기도 하다.

산악 국가 아르메니아는 지구상에서 가장 오래 이어진 문명 중 하나의 발상지다. 약 500만 년 전 마이오세가 끝나자 화산 활동과 지각 활동으로 높은 지괴와 넓은 골짜기가 생겨났다. 오늘날 아르메니아의 다채로운 지형은 사막과 (균류에 덮인) 참나무, 너도밤나무, 서어나무의 활엽수 숲을 품고 있다. 페르시아표범이 산악 스텝*과 협죽도, 노간주나무, 주목의 메마른 관목지를 어슬렁거린다. 유실수, 특히 석류, 살구, 뽕나무가 경관에 당을 공급한다.

지형을 특징짓는 또 다른 요소는 아르메니아의 전통 석조물과 건축물이다. 이는 특히 정교한 종교 건축물을 통해 표현되는데, 그중 일부는 13세기로 거슬러 올라간다. 이 지역의 활발한 지질 활동에서 유

---

* 러시아와 아시아의 중위도에 위치한 온대 초원 지대. 건조한 계절에는 불모지, 강우 계절에는 푸른 들로 변한다.

래한 물질인 응회암과 현무암은 돔형 바실리카●와 방사형으로 각진 큐폴라●●의 재료가 되었다. 뾰족한 돔은 성스러운 산 아라라트에 바치는 송가이며 성소를 장식하는 프레스코에는 많은 메소포타미아 식물이 새겨져 있다. '카치카르(khachkar)'라는 성스러운 조상(彫像)은 9세기까지 거슬러 올라간다. 아르메니아는 서기 301년 기독교를 공식적으로 받아들인 최초의 나라이지만 조로아스터교를 비롯하여 땅을 숭배하는 이교 신앙은 아르메니아 문화의 요소로 오랫동안 남아 있다.

아르메니아 인종학살에 친숙한 서구인은 비교적 소수인데(이 폭력은 1915년에 절정에 도달했다), 그들은 종종 이것을 고정된 역사적 사건으로, 지리적으로 또한 시간적으로 까마득한 비극으로, 흐릿한 옛 사진만큼이나 강렬하고 긴박한 것으로 여긴다. 이런 시각은 세대에서 세대로 이어지며 우리 몸속에서 끊임없이 중얼거리는 세계사적 영향(심리적 트라우마, 빈곤, 토지와 언어의 상실, 강제적 문화 동화)을 설명하지 못한다. 그뿐 아니라 튀르키예와 그 '형제' 국가 아제르바이잔의 인종학살은 현재 진행형 기획이다. 튀르키예는 인종학살에 대해 한 번도 책임지지 않았다. 부정주의●●●는 튀르키예 사회의 규범이며[6] 인종학살은 다른 나라들에 의해 번번이 축소된다.[7] 튀르키예에서는 아르메니아인뿐 아니라

●　바실리카 양식의 초기 기독교 교회. 후에 로마네스크 및 고딕 건축 양식의 기초가 되었다.

●●　잔을 엎어놓은 모양의 작은 돔

●●●　나치의 유태인 학살처럼 반인륜 범죄에 속하는 역사적 사실의 존재를 부정하거나 그 의미를 축소하려는 행위, 또는 그런 식의 역사 왜곡적인 태도

아시리아인, 야지디인, 폰토스 그리스인, (최근에는) 쿠르드족에게 저질러진 폭력에 대해 공개적으로 발언하려면 투옥이나 암살을 각오해야 한다.[8]

인종학살과 식민 지배 기간에 피해자들은 경관과의 연결, 몸속 장소와의 심층시간적 관계가 상실되는 것을 느낀다. 그들이 애도하는 것은 인간 생명의 상실만이 아니다. 생존자들은 반려종의 상실을 뒤이어 언급하며 똑같은 고통을 토로한다. 아르차흐에서 인종청소가 일어난 뒤인 2023년에 촬영된 영상에서 나이 지긋한 아르메니아인이 말한다. "카라바크(이 지역의 또 다른 이름)의 가시나무, 계곡, 찬란한 태양을 위해서라면 기꺼이 죽을 수 있소. 하지만 지금은 튀르키예인의 손아귀에 들어가 있지."[9]

자생하는 것들로부터, 장소에 기반한 생태적 존재 방식으로부터 유리된 사회는 일종의 제도적 정신병에 취약하다. 우리는 아메리카 대륙이 식민지화되는 과정에서 이를 보았다. 유럽인들은 대륙 내부에 사는 아메리카들소를 살육하여 (앞에서 언급했듯) 수백만에 이르던 개체수를 단 수십 년 만에 고작 300마리로 감소시켰다. 1892년에 찍힌 사진이 뇌리에서 떠나지 않는다. 아메리카들소 두개골이 무시무시한 탑처럼 쌓여 있고 앞에서는 백인 남성이 뻐기듯 포즈를 취하고 있다.[10] 이 도살은 현지인을 굶기려는 의도에서 벌어졌으며 그 열정, 그 일을 실행한 착란적 열의의 근원은 심각한 질병이다. 마찬가지로 아르차흐에서 아제르바이잔 튀르크인들은 토착 아르메니아인들을 이주시키려고 그들이 사랑하는 뽕나무를 조직적으로 없애버렸다. 아르차흐 작가 레오니드 후룬츠(Leonid Hurunts)는 이렇게 썼다.

> 아르차흐의 뽕나무를 죽이는 것은 인종학살이다. 뽕나무는 비단이자 태양으로 가득한 황금 열매이기 때문이다. 오디 잼과 오디 보드카도 있다. 이것 하나면 약국이 필요 없다. 말린 오디는 아이들이 좋아하는 겨울 간식이다. 뽕나무는 산소이고 땔나무이고 통이고 가구이고 울타리이고 건축 재료다. 마지막으로, 조상들에 대한 기억이다. … 하루 만에 불도저 마흔다섯 대가 수백 년 된 나무들을 치받아 농원의 80퍼센트 가까이를 쑥대밭으로 만들었다. 왜 그랬을까? 뻔하지 않나? 농장과 농민들을 해치고 그들이 고향을 떠나게 하려는 것이다. 아르메니아인들을 떠나게 만드는 인종학살이다.[11]

가해자가 살해 작전의 일환으로 반려종을 표적으로 삼는 것은 흔한 일이다. 폭력 가해자들은 문화와 생태의 연계를 부분적이고 왜곡된 방식으로나마 이해하는 것이 틀림없다. 그들은 피해자들이 이 연계에 의해 어떻게 힘을 얻는지, 어떻게 기쁨과 슬픔을 번갈아 느끼는지 안다. 반려종은 공격자들이 파멸시키려 하는 인간의 단순한 대리물, 상징이 아니다. 그들 또한 피해자다.

토착 문화를 들여다보면 종이나 지형에 부여하는 상징은 결코 표면적 수준이 다가 아니다. 잡아당기면 뿌리가 문화의 기반암에 박혀 있음을 알게 된다. 이런 상징은 존재론적이다. 이를테면 아르메니아 국기의 주황색 선이 상징하는 살구(*Prunus armeniaca*)는 태곳적부터 아르메니아인들이 가꾼 과일이다. 아르메니아인 중에서 살구를 먹어본 적 없는 사람은 아무도 없다. 아르차흐에는 사람들이 사랑하는 조각상이 있는데, 애정을 담은 별명 타티크-파피크('할머니-할아버지')로 불린다. 복숭아색 응회암으로 만들었으며 두 개의 얼굴은 할머니와 할아버지를 상징한다. 공식 명칭은 Մենք ենք մեր լեռները('우리는 우리의 산이다')다. 모든 아르메니아인에게, 무엇보다 아르차흐 토박이인 사람들에게는 산이 우리 조상이고 우리 조상이 산이라는 공감대가 있다. 이것은 상징이 아니다. 우리 자신의 살과 같은 실재다.

이에 반해 비교적 젊은 정착민 식민지인 미국의 상징을 생각해보라. 아메리카의 '자유'를 상징하는 흰머리수리는 곧잘 무시무시한 맹금으로 묘사된다. 하지만 생물학적 관점에서는 오해다. 흰머리수리는 대부분 독수리와 비슷한 청소동물로, 사냥하는 일이 드물며 딱히 공격적이지 않다. 공중에서 먹잇감을 낚아챌 때보다는 썩어가는 고기를 쪼아먹을 때가 많다. "호박색 곡식 물결"이라는 노래● 가사를 들으면 프레리를 파괴하고 내륙 토착 부족들을 인종청소로 내몬 밀 단작이 떠오른다. 여기에서 드러나는 이 나라의 모습은 무엇보다 이 땅과 이곳에서

●　애국심을 고취하는 노래 〈아메리카 더 뷰티풀(America the Beautiful)〉

살아가는 존재들에 대한 무지다.

우리 가족이 정착한 이 땅을 돌아다니다 보면 복잡한 감정이 든다. 나는 이곳 말고는 아는 곳이 없다. 이곳에서 나고 자랐다. 이곳을 떠나 (한 번도 가보지 않은) 아일랜드나 아르메니아에 가게 된다면 내가 아는 숲과의 이별에 가슴이 미어질 것이다. 내가 태어난 곳에 대한 그리움이 결코 가시지 않을 것이다. 로빈 월 키머러가 "장소에 토박이가 된다"라고 묘사한 것에 대해 종종 생각한다. 이것은 당신이 어떤 조상의 후손이든 의도적이고도 집중적으로 생태계에 연결되고 주변 종들의 보호자이자 제자가 된다는 뜻이다.[12] 이런 관계를 맺고 나서 어떻게 작별을 고할 수 있겠는가?

하지만 나는 태어난 곳의 경관에서 편안함을 느끼는 것 못지않게 무언가 동떨어져 있고 무언가 빠져 있다는 느낌을 오랫동안 받았다. 이 장소를 '집'으로 선언할 때 이 말이 온전히 참으로 느껴질 수 있었으면 좋겠다. 이 거리감의 일부는 언어에서 오는 것 같기도 하다. 나는 조상의 언어인 서아르메니아어와 게일어 둘 다 유창하게 구사하지 못한다. 각 언어는 조직적 파괴와 동화 정책으로 죽어가고 위협받고 있다. 내가 무척 슬프게 여기는 것은 언어가 탄생한 생태적 요람에서 그 언어를 유창하게 구사할 가망이 없다는 것이다. 언어는 상징과 마찬가지로 화자(話者)의 거주지라는 맥락에서 생겨난다. 이것은 인간과 경관의 상호적 참여다. 경관이 보여주면 화자가 말하고 화자가 말하면 경관이 보여준다. 경관은 아르메니아 고지대 농부들과 비슷하게 부드러운 힘을 발휘한다. 농부들은 육종을 위해 가장 단맛이 나는 살구를 수천 년간 세대마다 골랐다.

아일랜드 언어학자 파르데이그 오 투아마(Pádraig Ó Tuama)는 게일어를 명명백백한 땅의 언어라고 묘사한다. 물리적 세계를 말 그대로, 때로는 곧이곧대로 번역한다는 뜻이다.[13] 투아마에 따르면 칼루나 헤더(Calluna vulgaris)를 일컫는 게일어 낱말인 '프리오흐(fraoch)'는 '분노'라는 뜻이다. 외국인은 구불구불한 파스텔톤 언덕을 보고서 헤더처럼 부드럽고 아름답다고 상상할지도 모르겠다. 하지만 이 땅에 친숙한 사람은 겉보기에 가붓직한 풍경이 실은 양의 혀에서 피를 흘리게 하는 뾰족뾰족한 식물인 프리오흐로 가득하다는 것을 안다. 언어가 이런 식으로 생태 지식과 겹쳐 있으면 언어를 빼앗는 것은 민족과 생태의 관계를 부수는 것과 같다. 영국이 아일랜드를 예속시킨 수백 년간 벌어진 일이 바로 이것이다. 1800년대까지도 게일어는 대부분 구어였기에 영국은 게일어 사용을 쉽게 억압할 수 있었다. 게일어를 금지하고 땅과 장소에 기반한 아일랜드 공동체의 이름들을 영어로 강제로 바꾸면서 사람들은 사회적·경제적으로 방향을 잃었을 뿐 아니라 경관에 대한 지식도 훼손당했다.

내가 보기에 이 상실은 상호적이다. 사람들과 경관 둘 다 이 폭력을 겪었다. 나는 아르메니아를 방문했을 때(인종학살 이후 고국에 돌아간 사람은 우리 가족 중에서 내가 처음이었다) 속하고자 하는 욕구를 억누를 수 없었다. 산을 걸으며 전율을 느끼고 싶었다. 완전한 확신을 품고서 내가 보금자리에 있다고 말해줄 무언가를 느끼고 싶었다. 나는 부끄러움도 잊고 마법을 찾아다녔다. 땅이 나를 다시 인식하는 것을 느끼고 싶었다. 자석들이 딱 들어맞는 것을 느끼고 싶었다. 시간이 지나도 그런 일이 일어나지 않자 내가 잊힌 게 아닌지, 시간이 너무 많이 흘러 나의 혈통이 너무 조각조각 부서진 게 아닌지 두려워졌다.

어느 날 아침 딜리잔의 안개 낀 언덕에서 비에 젖은 채 버섯을 채집한 뒤 인종학살 1000년 전에 지어진 넓고 어두운 수도원에 들어갔다. 어둠 속에서 누군가 초에 불을 붙여 내게 건넸다. 나는 초를 들고서 울었다. 꺼트릴 수 없는 속함의 앎이 불빛 속에서 깜박였다.

◎

북아메리카뱀장어에게 집은 동해안에서 거북섬 심장부로 흘러드는 잔잔한 강과 개울이다. 고요한 물은 유리뱀장어가 돌아와 잡아먹을 수 있는 영양 많은 무척추동물로 가득하다. 시간이 흐르면서 뱀장어는 자라 색이 짙어진다. 투명색 단계에서 노란색 단계로, 다시 은색 단계로 넘어가는 동안 뱀장어의 몸은 조류(藻類), 식물성 타닌, 흙이 풍부한 유거수에 의해 검게 변한 모래질 강바닥을 점차 닮아간다. 뱀장어는 강이나 개울 한 곳에서 최대 40년을 살면서 1.5미터까지 길어진다. 완전히 성숙한 뒤 다시 옛 명령과 계절 단서의 신호를 받으면 바다로 여행을 떠난다. 뱀장어에게 많은 것이 달라졌고 강산이 세 번 변했지만 뱀장어의 이마에는 여전히 자기 기억이 기록되어 있다.

뱀장어가 두 번째 여행을 하는 목적은 산란 수역으로 돌아가기 위해서다. 그곳에서 교미와 죽음의 소용돌이를 벌일 것이다. 2022년 후반까지도 이 수역이 어디인지 정확히 아는 사람은 아무도 없었다. 찾으려 시도한 사람들도 전부 실패했다. 한번은 한 연구진이 다 자란 뱀장어 약 50마리에게 추적 장치를 달았지만 여행을 떠날 시기까지 살아남아 목적지로 추정되는 곳 근처까지 추적된 것은 한 마리에 불과했다. 수십 년간 뱀장어의 비밀은 수수께끼 같은 물속에 고이 숨어 있었다. 나는 우리가 영영 알지 못하길 바랐다. 1~2년 전 유럽뱀장어의 산란 수역에 대한 보고서가 발표되었지만 읽지 않았다.[14] 성스러운 것을 존경하기에 뱀장어의 내밀한 장소가 비밀로 남아야 한다고 생각했다.

2022년까지는 뱀장어가 알을 낳는 장소를 누구도 발견하지 못했기에 뱀장어가 교미하는 광경을 목격한 사람도 전혀 없었을 것이다. 내가 알기로 누구도 보지 못했다. 뱀장어는 거의 평생을 간성 존재로서 살아간다. 2차 성징은 전혀 드러나지 않으며 성별은 말년에야 결정된다. 두 번째 이주를 준비하는 뱀장어는 유전적 프로그램에 따라 섭식을 중단하고 생식 기관인 생식소를 몸에 장착하기 위해 소화관의 구조를 바꾼다. 그러고도 성체 뱀장어가 실제로 기능하는 정소와 난소를 둘 다 가진 간성이라는 기록이 있다. 뱀장어가 생의 말년에 이르기까지 뚜렷한 생식 기관이 없다는 사실은 수백 년간 백인 남성 과학자들의 호기심을 자극했다. 심지어 그들은 여기에 '뱀장어 문제'라는 이름을 붙이고 광적으로 매달렸다. 작가이자 뱀장어 애호가 파트리크 스벤손(Patrik Svensson)에 따르면 뱀장어의 성을 이해하는 것은 '자연사 연구의 성배'였다.[15]

뱀장어의 신비로운 발생을 처음 설명한 것은 아리스토텔레스의 자연발생설이었다. 그는 다세포 기관들이 생명 없는 물질(대개는 썩어가는 유기물이나 흙)에서 저절로 생겨나며 부모의 유성 생식을 통해 직접 태어날 필요가 없다고 추정했다. 아리스토텔레스의 『동물지』에서는 이렇게 설명한다.

> 뱀장어는 진흙과 축축한 흙에서 저절로 자라는 이른바 '땅의 내장'이라는 것에서 발생한다. 실제 지렁이를 자르거나 해부해보면 거기서 뱀장어가 나오는 것을 간혹 볼 수 있다. 그런 지렁이들은 특히 부패물이 있는 바다와 강에 살고 있다. 바다에서는 해초가 많은 곳, 강과 호수에서는 물이 얕은 곳에 살고 있는데 그런 곳에시는 강힌 햇볕이 부패를 촉진하기 때문이다. 뱀장어의 번식에 대해서는 이쯤 해두자.[16]

자연발생설은 기생충, 파리, 심지어 흰뺨기러기(*Branta leucopsis*) 같은 수수께끼 같고 종종 유해하거나 '세련되지 못한' 생물에 주로 적용되었다. 이 이론은 18세기까지 생물학에 단단히 자리 잡아 존재의 대사슬이라는 다윈 이전의 서구 제국주의 구조를 강화했다.

자신의 진화 이론이 논파되어 유명해진 19세기 과학자 장 바티스트 라마르크는 종 위계질서를 설명하기 위해 자연발생설을 끌어왔다. 현재 우리는 진화가 통합된 생명나무이고 모든 종이 단일 공통 조상의 후손이라고 알고 있지만 라마르크는 각 종이 생명 없는 물질에서 독자적으로 생겨났으며 '신경액'에 의해 존재의 대사슬 위로 올라가면서 더 큰 복잡성과 궁극적 완벽함에 가까워진다고 믿었다.[17] 그에 따르면 '하등' 생물과 '고등' 생물(이 용어들은 아직도 생물학에서 쓰인다)이 동시에 존재한다는 사실은 각 종이 생겨난 시기가 저마다 다르다는 증거였으며 멸종은 느닷없는 변형의 순간이었다. 하지만 1859년 찰스 다윈의 『종의 기원』이라는 획기적 저작이 발표되고 현미경 관찰과 기생충 연구가 발전하면서 자연발생설은 신뢰를 잃었다. 뱀장어의 기원을 설명하는 새로운 학설이 필요해졌다.

뱀장어 문제에 관심을 가진 학자를 통틀어 가장 유명한 사람은 지크문트 프로이트(Sigmund Freud)였다. 프로이트의 초기 연구는 자연사에 초점을 맞췄으며 인간 이전에 뱀장어의 성생활에 관심을 기울였다. 이탈리아의 과학자가 뱀장어에게서 난소를 발견한 뒤로 뱀장어도 유성 생식을 한다는 확신이 강해졌다. 프로이트는 한 달간 날마다 뱀장어 수백 마리의 몸을 공들여 째어 확고한 수컷 성 기관, 구체적으로는 정소의 증거를 찾으려 했다. 약 400마리를 해부한 뒤 마침내 정소를 찾았다. 뱃속 깊숙이 파묻혀 있었다. 드디어 성적 이분법이 (부분적으로) 확증되었다. 그럼에도 (역사가 알렉산더 리의 주장에 따르면) 이 결론은 프로이트에게 만족보다는 고통을 선사한 듯하다.[18] 훗날 프로이트는 이 연구를 자신의 출판 목록에서 빼고 거리를 두었다. 리는 프로이트의 친구가 제시한 의견을 근거로 뱀장어 정소를 찾으려는 이 힘들고 폭력적이고 오랜 탐색이 그 자신의 거세 불안(그의 초창기 정신분석학 개념들 중 하나)을 촉발했으리라 추측한다.

프로이트의 강박에서 핵심은 다른 생명체들이 이분법적이지 않고 퀴어할 수 있음을 설명(또는 수용)하는 데 본질적으로 실패했다는 것이었다. 뱀장어가 생애 대부분의 기간 동안 간성이라는 사실이 흥미롭다는 것은 의심할 여지가 없지만 이성애 문화의 맥락에서는 경악스러운 일이다. 어떤 질문을 던지는가, 어떤 탐구 방법을 선택하는가, 자신의 편견이 쉽게 입증되지 않았을 때 얼마나 당황하는가에서 보듯 이성애 규범의 영향은 단계마다 뚜렷이 드러난다. 얼마나 비과학적인 태도인지. 사실 뱀장어 문제는 인간 문제라고 불러도 무방했을 것이다. 경계를 넘는 상상력의 결여와 폭력은 우리 곁에서 살아가는 생물 못지않게 인류 스스로에게도 확장된다.

간성인은 남녀 스펙트럼의 양쪽 끝에 꼭 들어맞는 사람들보다 수가 적지만 그럼에도 수백수천만 명을 헤아린다. 간성, 트랜스, 논바이러리 경험을 연구하는 제니 커모드(Jennie Kermode)는 이렇게 썼다. "누구나 약간의 이상한 유전 변이가 있지만 간성 변이는 이분법적 성별 모형에 의존하는 사회 구조를 위협한다는 이유로 낙인찍힌다. 다른 사람들의 사회정치적 불안으로 인해 우리의 몸과 정신에 손상이 가해진다.”[19] 미국에서는 의사들이 간성인의 동의를 받지 않고서 성기 절제와 성별 지정을 시행하는 것이 일반적이다.[20] 이 시술은 종종 의사 표시를 할 수 없는 아기나 어린이에게 행해지며 시술을 받은 뒤에는 성기의 감각을 완전히 상실하는 등의 합병증을 겪을 위험이 크다. 경우에 따라서는 어떤 성별을 지정할지를 사실상 동전 던지기로 정하기도 하는데, 이 때문에 평생 동안 성별 불쾌감을 느끼거나 성적 표현을 억압당하기도 한다.

2017년 미국의 외과의사 세 명이 이런 비동의 수술에 반대하는 보고서를 발표하며 이렇게 주장했다. “미용 목적의 영아 생식기관성형술이 심리적 손상을 감소시킨다는 증거는 거의 없는 반면에 수술 자체가 심각하고 돌이킬 수 없는 신체적 피해와 정서적 스트레스를 일으킬 수 있다는 증거는 확고하다.”[21] 사회 전반에서와 마찬가지로 의학에서도 우리는 더 큰 대가를 치르는 한이 있더라도 정상적으로 보이는 것이 상책이라고 결정했다. 다행히 조금이나마 변화의 조짐이 보이고 있긴 하지만 말이다. 퀴어 옹호론은 대부분 보금자리를 확립하거나 재확립하고 사물 안에서(바깥세상에서와 자신의 몸 안에서) 자신의 자리를 찾으려는 시도로 이해할 수 있다.

간성인을 비롯한 퀴어인을 뱀장어와 비교하는 것이 무례하게 보일지도 모르겠지만 동물과의 비교를 모욕으로 받아들이는 사고방식은 (내가 이 책에서 분명히 밝혔듯) 특정인을 다른 사람보다 아래에 두고 동물과 자연을 인간보다 아래에 두는 것과 같은 논리 구조에서 비롯한다.

그러지 않으려면 전혀 새로운 관점에서 비교해야 한다. 수수께끼 같고 변신하는 주자성 존재의 몸에 자신의 특성이 반영된 것을 보는 경험은 마법이다.

◎

나는 '장소에 토박이가 된다'의 귀결로서 '장소에 퀴어가 된다'에 대해 생각하는 것을 좋아한다. '장소에 퀴어가 된다'는 것은 당신과 당신 주변의 축축한 땅 사이에 어떤 선도 그을 수 없다는 뜻이다. '장소에 퀴어가 된다'는 많은 것이 한꺼번에 참일 수 있다는 뜻이다. 당신은 이주민이면서도 토박이일 수 있으며 지구의 여느 존재와 마찬가지로 해소할 수 없는 모순으로 가득하면서도 받아들여질 수 있다. 장소에 퀴어가 되려면 적극적이고 겸손한 태도를 취해야 한다. 이를 위한 영감을 뱀장어 말고 누구에게서 찾을 수 있겠는가? 물론 그러려면 뱀장어를 상징으로서가 아니라 스승으로서 대해아 한다.

여느 생명과 마찬가지로 뱀장어는 유전 부호 자체와 마찬가지로 근본적이고 보편적인 생명 에너지로 가득하다. 이 유전 부호에는 맥동하는 연속성의 충동이 전사되고 번역되어 있다. 충동은 단순함에서뿐 아니라 유전 부호의 사슬이 반복되는 복잡성에서도 심오하다. 뱀장어가 비교적 안전한 모래 보금자리를 떨치고 드넓은 바다로 나갈 때 그들의 귀소는 첫 여행보다 조금 빨라서 45일 남짓 걸린다. 이제는 덩치가 커지고 아마 자신감도 커진 채 처음이자 마지막 향락을 위해 자력에 이끌려 탄생지로 돌아간다. 그들은 이것이 죽으러 가는 길임을 알까? 죽음이 무엇인지 알까? 모를 거라 짐작하는 것은 어리석은 짓이다.

나는 쌀쌀한 봄날 학생들과 함께 강물 속에 서 있었다. 모래를 퍼 올릴 때마다 유리뱀장어가 딸려 올라왔다. 없는 데가 없어 보였다. 발을 디딜 때마다 유리뱀장어를 짓이길까봐 겁이 났다. 물 담은 양동이에 유리뱀장어를 옮기자 놈들은 마릿수를 세지 못할 만큼 빠르게 쏘다녔다. 그때 학생 하나가 손그물로 유리뱀장어를 퍼서 몸부림치는 놈들을 한 번에 한 마리씩 양동이에 도로 넣었다. 이 섬세한 작업에는 한 사람만 있으면 됐지만 나머지 학생들도 바싹 모여 섰다. 순식간에 일제히 활기차게 학생들이 그물에서 풀려나는 뱀장어를 하나하나 세기 시작했다. "하나! 둘! 셋-넷-다섯! 여섯! 일곱-여덟! 아홉! 열!" 다들 옹기종기 서서 뱀장어에게, 그리고 서로에게 도움이 되고 관계를 맺고 싶어했다. 한 모둠의 그날 공식 집계(스물일곱)가 담당자에 의해 기록되었고 뱀장어들은 작은 비닐봉지에 담긴 채 소킬크리크 댐 위쪽 상류로 옮겨졌다. 댐은 유리뱀장어가 건너기엔 너무 크지만 고향으로 돌아가는 성체들은 쉽게 건널 수 있다.

나중에 알게 된 사실인데, 우리가 찾아간 무히칸툭의 그 만(灣)한 곳에서 그해 뱀장어 모니터링 프로젝트가 집계한 유리뱀장어는 3408마리였다. 프로젝트 지도자들은 이 수가 이례적으로 높다며 북아메리카뱀장어 개체수가 회복되기 시작했다는 조심스러운 희망을 내비

쳤다. 붙잡히고 그물에 갇히고 헤아려지고 봉지에 담기는 것은 뱀장어의 자연적 이주 방법이 아니지만 도움은 되는 듯하다. 그날 비닐봉지에 담긴 3408마리의 작은 몸뚱이와 새까만 눈과 깃털 모양 등뼈를 보면서 그들이 상류에 도착하면 어떤 기분일지 상상했다. 지도의 지시 사항을 완수하고 이를 통해 자신의 ճակատագիր(운명)을 실현했음을 알게 되었을 때 뱀장어들이 느낀 기분은 승리감이었을까, 기분 좋은 만족감에 가까웠을까? 그들은 자신의 성취를 틀림없이 어느 정도 자각할 것이다. 자석은 잠잠해져 오랜 휴지기에 들어섰다가 어느 정해진 날 다시 깨어날까? 아니면 잔잔하고 확실하게 공명하려나? 뱀장어가 받는 신호는 이럴 것이다. 너는 이제 집에 왔어. 여기서 자라렴.

오늘은 여기에,
내일이면 없으리

◎

2023년 4월 12일 오후 5시 30분

캐츠킬산맥 남동쪽 가장자리 국유지에는 내가 즐겨 찾는 작은 협곡이 있다. 이곳에 이사한 지 두어 주 지났을 때 산책로를 걷다가 서늘한 산들바람이 나를 향해 불어오는 것을 느꼈다. 바람은 물의 존재를 암시했으며(아마도 캐나다솔송나무(*Tsuga canadensis*)가 지켜주고 있었을 것이다) 온갖 촉촉한 반가운 존재들도 있었을 것이다. 가파른 내리막(빙하의 흔적)을 따라 내려가니 과연 잔잔한 개울이 있었다. 개울 주변에는 몇 개의 얕은 연못, 이끼, 붉은꾀꼬리버섯, 앉은부채, 그리고 내가 지나갈 때 개구리들이 첨벙 하고 물에 뛰어드는 소리가 있다. 내가 이 지역에서 살거나 일하는 동안 이곳이 '내 자리'가 될 것임을 직감했다. 2년이 지나 이 책을 쓰는 지금 한 달여만 지나면 떠날 것임을 안다. 그래서 나의 마지막 방문을 기록하고 싶다.

해마다 이 시기에는 날씨가 따뜻해지고 낮이 길어져 5시 30분이 오후 서너 시처럼 느껴진다. 4월 초인데 놀랍게도 26도다. 하늘은 구름 한 점 없고 바람은 세차고 습도는 낮다. 불나기에 좋은 조건이다. 그래서 '적색 깃발' 경보가 발령되었다. 협곡으로 향하는 길의 흙이 포슬포슬하게 느껴진다. 지난해의 참나무 잎이 발밑에서 바스락거리고 걸을 때마다 먼지가 인다. 2월 이후로 협곡에 가보지 못했다. 일정이 빡빡해서 통 시간을 낼 수 없었다. 여유 시간이 부족할 때는 바드 캠퍼스 근처의 다른 자리 두어 군데로 간다. 나는 이 장소에 일시적으로 머물 것임을 알기에 지나치게 애착을 느끼지 않도록 조심했다. 전에도 많은 자리를 떠나야 했는데, 그때마다 지독하게 힘들었다.

물이 좀 더 높을 거라 기대했지만 내가 내려온 지점에는 개울이 낮게 흐르는 것 같다. 그래도 내 자리의 중심을 향해 걸어가니 물이 이끼 위로 잔잔히 흘러 연못에 모여드는 것이 보인다. 나는 통나무에 앉는다. 사방이 솔송나무다. 빽빽한 바늘잎이 비를 막아준다. 협곡이 물을 머금노록 해수기노 한다. 그래서 조봄에는 이렇다 할 활농이 벌어지지 않기에 처음에는 마음이 헤매고 다닌다. 잠시 마음 가는 대로 내버려두었다가 기운을 내어 좀 더 유심히 관찰한다.

모든 잠재 에너지가 주위의 나무와 식물에, 발 밑의 뿌리와 균류에 매여 있다고 상상한다. 숨을 들이마시고 손바닥을 펴서 숲의 에너지를 받는다. 이곳에서 나만 활동하는 게 아님을 되새긴다. 뿌리로 물을 걸러주는 솔송나무에 대해 생각한다. 덕분에 에메랄드빛 조류의 무정형 구름 속에서 떠다니던 도롱뇽 알들이 살아갈 수 있었다. 나도 이곳에서 떠다니고 싶다. 이 생각에 이끌려 작은 연못에 눈길을 던진다. 잠시 정적이 감돌다 물속에 떠 있는 도롱뇽의 몸에 시선이 꽂힌다. 변태가 끝나지 않아 아직 지느러미 꼬리가 달려 있다. 저 도롱뇽은 내 눈에 띄기 오래전부터 저기 있었을 것이다. 땅속이나 조직 속 깊은 곳에서 조용히 중얼거리는 모든 것에 대해 다시 생각한다.

쉰 마리 남짓한 각다귀 떼가 쓰러진 스트로브잣나무의 분형근[●] 위에서 춤춘다. 뿌리가 있던 자리가 파여 또 다른 웅덩이가 고였다. 웅덩이에 나뭇가지들이 있는데, 이것도 스트로브잣나무다. 노란매화나무지의(*Flavoparmelia caperata*)가 두꺼운 껍질을 이루고 있다. 이름에서 알 수 있듯^{●●} 방패 무늬로 자라는 희멀건 청록색 지의류이며 흔히 볼 수 있다. 예전 방문에서 알게 된 사실인데, 이 가지들은 대부분 지난해 눈보라에 떨어졌다. 저렇게 지의류에 둘러싸여 있으면 더 쉽게 떨어질는지 궁금하다. 전보다 15미터 아래에서, 일부는 물에 잠긴 채 어떻게 살아갈지 생각해본다. 이 모든 가지가 분해되기까지는 얼마나 걸릴까? 어디에나 가지가 있다. 크고 어렴풋하고 삐죽빼죽 겹쳐 있다. 초록 방패로 장식되었고 영양소로 가득하다. 눈보라 이후 이 가지들이 숲바닥의 성격을 빚어냈다.

바람이 은은한 솔향을 내게 뿜어낸다. 서늘한 산들바람이 따스해

지는 걸 피부로 느낀다. 첫 번째 숨은 봄이고 두 번째 숨은 여름이다. 아직 4월 초밖에 안 됐는데! 열기에 심란하다. 흙이 얼마나 말랐는지 다시 점검한다. 일기예보 앱에서 비 소식을 확인하고 싶다. 숲에서 나가면 알 수 있을 거라고 스스로에게 말한다. 목덜미가 따끔하다. 모기인가보다. 내 마음이 진드기들에게 가닿는다. 나중에 몸을 훑어야겠다. 얼추 40분은 앉아 있었던 것 같다.

　좀 더 둘러보려고 일어선다. 크고 아름다운 수프 같은 진창을 쳐다보는 것이 좋다. 유난히 넓은 웅덩이에서 초본식물이 조금 돋아나 있다. 계절의 새로운 활력에 생기가 넘친다. 발을 담글까 생각하다가 손가락만 찔러 넣는다. 시원함을 즐긴다. 웅크린 채 붉은꼬리말똥가리 깃털을 들여다본다. 이 근방에 흔한 반려종이다. 깃털은 길이가 약 12센티미터로 큼지막하다. 절반은 하얗고 절반은 새까맣다. 짙은 가로 줄무늬가 나 있다. 깃털을 집어 손가락으로 굴린다. 한참을 웅크린 채 참신한 생명을 찾는다. 실망스럽게도 더 큰 균류는 하나도 보이지 않는다. 돋아난 자실체는 어디에도 없다. 그러다 문득 깨닫는다. 이곳에서는 무엇도 소유물이 아님을. 그들은 나타나고 싶을 때 나타나며 내가 여기 온 것은 소유하기 위해서가 아니라 찬미하기 위해서다. 한 시간쯤 지났다. 틀림없이 저녁이 되었을 것이다. 집에 갈 시간이다.

◎

흔히 '앉을자리(SIT SPOT)'라고 부르는 자연의 장소는 자연과 오랜 관계를 맺도록 해준다(반드시 외딴 곳일 필요는 없다). 이 방법을 처음 배운 것은 휘턴 대학 학부생 시절이었다. 바버라 달링 교수님의 종교와 생태학 수업에서였다. 앉을자리는 내가 계절마다 시간에 따라 빛에 따라 다시 또다시 돌아가는 장소다. 언제나 혼자 찾아간다. 실은 내가 앉을자리에 있는 광경을 단 한 순간도 남에게 보이고 싶지 않다. 자리에 따라서는 누가 오는 소리가 들리면 덤불 속이나 나무 뒤에 숨기도 한다.

나는 내 자리에서 식물상, 동물상, 균류상의 친숙한 얼굴을 익힌다. 언제 누굴 기대해야 하는지 안다. 날씨에 따른 모습 변화를 눈여겨본다. 균류는 더욱 유심히 들여다본다. 변화를 추적하고 계속 주시하고 귀를 쫑긋 세우고 냄새를 맡는다. 앉을자리를 방문하는 것은 몸과 마음의 공동 경험이다. 그곳에서 슬픔과 기쁨, 그리고 그 사이에 있는 모든 감정을 경험한다.

앉을자리의 가장 특별한 성질 중 하나는 시간이 묘기를 부린다는 것이다. 당신은 변모할 것이다. 기다릴 수만 있다면. 당신이 끈기 있다면 자신의 마음에서 변화가 느껴질 것이다. 자리에서 긴장을 풀고 숨을 가다듬고 주변 세상의 신호에 촉각을 곤두세울 것이다. 더 많이 감지하기 시작할 것이다. 뇌가 더 많이 알아차리기 시작할 것이다. 처음에는 정지해 있는 것처럼 보이던 나무의 벽이 춤추기 시작할 것이다. 나무껍

질의 무늬와 나뭇잎의 모양이 당신에게 기어올 것이고 지의류와 곤충을 위한 서식처가 새로운 깊이를 얻을 것이다. 새들이 더 많이 보일 것이다. 소리가 들리지 않더라도. 흙에서 꼼지락거리는 곤충들이 더 잘 보일 것이다. 당신은 모든 존재가 날개 형태, 에메랄드빛 몸통, 시큼한 단내와 지린내 같은 자신만의 특별한 무언가에 의해 특징지어지는 것을 더 많이 보게 될 것이다. 그러기까지는 시간이 걸릴 것이다. 아마도 몇 주, 어쩌면 몇 달, 심지어 1년이 더 걸릴지도 모른다. 하지만 장담컨대 반드시 그렇게 될 것이다.

시간이 계속 흐름에 따라 당신은 장소에 대한 애착이 깊어지고 있음을 느낄 것이다. 늘 곁에 있다가 하루나 한 계절 떠나 있으면 그리울 것이다. 누군가 느닷없이 나타나 당신을 놀래고 당신은 야단법석을 떨지도 모른다. 당신은 날씨가 생명체에 어떤 영향을 미치는지 더 섬세하게 이해할 것이다. 누가 열기에 허약해지는지, 누가 비에 번성하는지, 서리가 내릴 때 누가 맨 먼저 숨는지 알게 될 것이다. 어떤 이유에서인지 일주일 동안 딩신의 자리에 가지 못하면 그 부재를 몸으로 느낄지도 모른다. 당신은 자신의 자리가 그리울 것이다. 하지만 습관을 버린다면 그것 또한 괜찮다. 언제나 돌아갈 수 있다. 아무리 오랜 시간이 지났더라도. 이것은 제로섬 행위가 아니니까.

앉을자리에 있을 때는 글을 쓰고 싶지 않지만 집에 돌아오면 곧장 그 경험을 묘사하고 싶어진다. 진짜 일기를 몇 달 넘도록 쓴 적은 한 번도 없지만(나는 습관이나 규칙에는 서투르다) 이 찰나적인 정신적 결실, 내 마음의 '퍼퍼위(puhpowee)'를 내놓을 수 있다.[1] 앉을자리 수행을 하면 내가 누구인지, 무엇을 바꿀 수 있고 무엇을 바꿀 수 없는지 알게 된다.

나는 살아오는 동안 여러 명상법과 기 수련법을 탐구했다. ADHD 환자이자 트라우마 생존자로서 완전한 침묵을 동반하는 완전한 정지를 요구하는 것은 도무지 내게 알맞지 않다. 괴롭게 느껴진다. 내겐 움직임이 필요하고 배경 소음이 필요하다. 움직이지 않는 명상 수행이 나 자신에게 강요해야 하는 무언가가 아니라 여러 수단 중 하나일 뿐임을 깨닫기까지 오랜 시간이 걸렸다. 나는 몸에 힘을 불어넣고 사랑과 보살핌을 베풀고 나의 욕구를 존중하는 법을 배워가고 있다. 자신을 몰아붙이지 않는 법을 연습하고 있다. 나는 가만히 앉아 있지 못한다. 그래서 어쩌라고?

내가 생각하기에 앉을자리는 트라우마에 대한 이해를 기반으로 하는 명상법이다. 앉을자리는 자신의 몸에 주의를 기울이는 것과 동등하게 타자의 몸에도 관심을 쏟는다. 당신은 몸을 편안한 상태에 두고 감각에 은은히 탐닉한다. 거닐고 쉬어도 좋다. 심장 박동이 느려지고 턱에서 힘이 빠져도 괜찮다. 원하는 만큼 오래 있어도 된다. 걷거나 쪼그려 앉거나 기어다니거나 눕거나 무릎 꿇거나 서 있을 수도 있다. 잔가지를 만지작거리고 부드러운 잎을 쓰다듬고 민들레 내음을 깊이 들이마셔도 좋다. 인간의 시선을 피해도 상관없지만 남들의 눈에 띄어도 판단받지 않을 것임을 믿으라. 남에게 무언가를 보여줄 필요는 전혀 없다. 누구도 당신이 무엇을 하는지 알 필요가 없다. 앉을자리는 당신이 원하는 만큼 은밀하다.

◎

'춘계단명식물(spring ephemeral)'은 해마다 봄이면 잠깐 나타나는 식물이다. 일반적으로 대부분의 식물이 깨어나기 전에 모습을 드러낸다. 내가 사는 지역의 춘계단명식물로는 봄처녀꽃(*Claytonia virginica*), 금낭화속(*Dicentra spp.*), 혈근초(*Sanguinaria canadensis*), 연령초속(*Trillium*) 등이 있다. 북동부 같은 낙엽수림에서는 우듬지 넓이가 줄어드는 시기에 자라도록 진화했다. 그때 숲바닥에 도달하는 햇빛이 많아지기 때문이다. 이 식물은 재빨리 자라 꽃을 피운 뒤 씨앗을 맺고 잎 조직이 시들고 휴면 상태에 들었다가 때가 되면 이 과정을 처음부터 시작한다.

나는 곰보버섯속(*Morchella spp.*), 술잔버섯속(*Sarcoscypha spp.*), 말미잘버섯(*Urnula craterium*), 마귀곰보버섯속(*Gyromitra spp.*) 같은 여러 균류도 춘계단명식물로 친다. 이 균류들은 봄철 숲바닥을 잠시 덮는데, 긴 겨울 뒤에 만나는 가장 반가운 얼굴들이다. 생활환이 햇빛과 직접적 관계가 있진 않지만 곰보버섯 같은 균류는 균근성이기에 낙엽수가 잎을 틔운 직후 새로 생겨난 광합성 에너지의 덕을 볼 수 있을 때 나타나는지도 모르겠다. 이 균류들도 봄 잔치를 벌인 뒤에는 땅속으로 사라져 균사체 단계에 돌입한다. 이듬해 몇몇은 똑같은 지점에서 돋아나겠지만 어떤 것들은 자리를 옮기고 이주할 것이다.

춘계단명식물이 절정일 때는 바깥에 나가고 싶어서 늘 몸이 달아오른다. 눈 깜박하는 동안 놓칠 것만 같다. 조금이라도 시간이 날 때마다 숲에 가서 한껏 들이마신다. 겨울의 생물 다양성 가뭄을 겪어서인지 새로우면서도 친숙한 모든 것이 고맙다. 부재하는 동안 낯설어진 옛 친구들의 형태가 반짝거리며 신비롭게 귀환한다. 너무 금방 작별을 고해야 하리라는 걸 알지만 이 드묾에 고마움이 더 커진다. 오늘은 여기에, 내일이면 없으리.

2023년 4월 18일 오후 6시 45분

오늘은 방문을 늦게 시작했다. 이번 주는 심란했다. 그래서 계획에는 없었지만 슬쩍 빠져나와야 했다. 차량 온도계는 9도를 가리켰다. 지난주 찾아왔을 때보다 17도가량 서늘해졌다. 이제야 평년 기온에 가깝다. 양털 모자를 쓰고 후드티에 두툼한 코트를 받쳐 입고는 셀처 탄산수 캔을 특대형 주머니에 밀어넣었다. 위장을 진정시킬 게 필요했다. 나는 조급하고 불안하고 안절부절못하고 있었다. 어제와 오늘이 똑같게 느껴진 게 언제가 마지막인지 기억도 안 난다. 요즘 들어 하도 많은 것이 오고 가는 바람에 도무지 안정이 되지 않았다.

포춘과 나는 이젠 함께할 수 있도록 지난 여러 달 동안 같은 지역의 일자리를 찾았다. 서로 가까이 있는 학계 자리 두 곳을 찾기란 여간 힘들지 않다(한 사람이 균류학자이면 더더욱 힘들다). 몇 주 전 나는 올버니에 있는 뉴욕주립박물관 균류 큐레이터라는 새 일자리를 제안받았고 포춘은 근처 대학에서 화학 교수 자리를 제안받았다. 얼마나 고생하고 장기적 계획을 세웠는데, 이게 진짜라니 믿기지 않았다. 제안이 오기 전까지만 해도 바드 대학과의 계약이 종료된 뒤에 일자리를 찾을 수 있을지, 우리 중 한 명이 지역에서 일자리를 찾을 수 있을지 알 수 없었다. 그래서 나의 진로와 우리의 미래에 대해 들뜬 것에 더해 안도감을 느낄 여유가 생겼다. 성인이 된 뒤로 줄곧 금전적 압박에 시달렸기에 안도감이 자리 잡기까지는 시간이 걸린다. 어떤 보장도 빼앗길 수 있을 것처럼 느껴진다. 게다가 나의 외부와의 접점이 많아지기 시작했는데, 이것은 흥미진진하다가도 두려운 일이었다. 나는 번번이 비판을 자초하며 이런 취약한 처지가 내 신경계를 좀먹는다. 내 자리에 다가가는데 머리가 핑핑 돈다. 누구의 눈에도 띄지 않은 채 도로에서 나와 오솔길에 들어선다. 지금처럼 늦은 시간에는 뒤를 밟히지 않으려고 특히 조심한다. 이 모든 스트레스 때문에 셀처 캔을 휴대하는 것조차 버겁지만 내 자리에 가면 마음이 자문해실 거라고노 빋는다. 이것은 나의 양면 접근법이다.

협곡을 따라 내려가면서 이틀간 내린 폭우의 결과를 본다. 참나무, 너도밤나무, 물푸레나무 잎은 여전히 쪼글쪼글하지만 발아래 땅은 폭신폭신하다. 먼지는 하나도 없다. 내려갈 때는 발을 헛디디지 않도록 시선을 아래에 고정해야 한다. 바닥에 도착하자 고개를 들어 주위를 둘러본다. 이곳에 도착할 때마다 같은 감각에 휩싸인다. 잠깐 동안 협곡이 파노라마처럼 느껴지고 웅웅거리며 흔들리는 것처럼 보인다. 마치 환각에 빠진 것 같다. 뉴멕시코주 타우스의 주민들이 말하는 현상인 '타우스 험(Taos Hum)'이 떠오른다. 그 지역에서 일정한 진동이 들리거나 느껴지는 것을 말한다. 이 작은 자리에서 무슨 일이 일어났는지, 수천 년간 이 앞에서 누구와 무엇이 오고 갔는지 궁금해진다.

마지막 방문 때 보지 못했던 것에 재빨리 눈길이 간다. 헤아릴 수 없이 많은 사슴 똥 무더기다. 똥이 하도 많고 수북이 쌓여서 이끼 양탄자의 주름 위로 넓게 퍼져 있다. 이곳은 사슴의 자리이기도 한가보다. 그들이 돌아오면 내가 왔다 간 흔적을 감지할 수 있으려나? 이 자리에는 인간의 발길이 뜸했으니 남아 있는 나의 냄새에 경계심을 품을까? 그들이 나를 친구로 감지했으면 좋겠다.

4월의 기록적 더위가 이틀간 이어지고 뇌우가 이틀간 이어진 덕에 새로운 생장이 무성하다. 셀처 캔을 따고는 주위를 둘러본다. 동의나물(*Caltha palustris*) 스무남은 포기가 물속에서 당당하게 무리 지어 꽃을 피웠다. 축축한 온대림을 좋아하는 동의나물의 꽃은 연노랑에 가로 길이가 몇 센티미터밖에 안 된다. 형태는 미나리아재비를 빼닮았다. 수프 가장자리에는 눈에 덜 띄지만 그럼에도 매혹적인 세잎황련(*Coptis trifolia*)이 점점이 모여 있다. 이 작고 하얗고 하늘하늘한 꽃들은 사슴 똥 둔덕과 말랑말랑한 이끼에서 솟아올라 아름다운 대조를 이룬다. 동의나물과 같은 미나리아재비과(Ranunculaceae)다. 다들 진창을 좋아하는 게 틀림없다. 세잎황련의 영어 이름 'goldthread'(황금 끈)는 밝은 색 뿌리에서 왔다. 항생제 효과가 있으며 어느 서식처에서든 토착민들에게 이용되었다.[2] 여러 주에서 멸종 위기종이나 멸종 우려종으로 등록된 민감한 종이다. 여기 있는 걸 보니 이 자리는 비교적 안전한가보다.

협곡 바닥을 어슬렁거리다 이곳이 유난히 조용하다는 걸 알아차린다. 새소리가 하나도 들리지 않는다. 틀림없이 시간 때문일 것이다. 7시가 조금 넘었으니 한 시간도 지나지 않아 해가 질 것이다. 들어오는 길에 나무청개구리 한 마리의 쉿소리를 듣긴 했다. 난생처음으로 제 목소리를 시험하는 것 같았다. 다음번 방문 때는 동료 개구리들과 함께일 것이다.

내가 이 자리를 좋아하는 건 여러 미소서식처를 돌아다니고 탐구할 수 있기 때문이다. 이곳이 고르지 않아서 맘에 든다. 표면의 온갖 변이가 좋다. 스트로브잣나무 밑동 주위에는 푸릇푸릇한 이끼 담요가 깔려 있고 연못은 맑고 깊으며 땅에 떨어진 채 지의류에 덮인 가지는 파묻힌 말코손바닥사슴의 뿔처럼 생겼다. 놈의 유령이 아직도 이곳을 떠도는 듯하다. 걸으면서 『신기한 스쿨버스』의 한 장면을 상상한다. 프리즐 선생님과 아이들이 작아져 사람 몸속에 들어가는 내용이다. 협곡의 표면은 우리 장의 융털 같다. 차이가 많고 표면적이 넓을수록 몸(또는 생태계)의 기능이 좋아진다. 변이는 생물 다양성을 증가시킨다.

또 다른 노란색이 번득여 내 눈을 사로잡는다. 황금흰목이(*Tremella mesenterica*)다. 만지니 시원하다. 춘계단명균류가 아니라 엄동설한을 제외하고 내내 함께하는 동반자 중 하나다. 기후 변화 때문에 '엄동설한'

은 옛말이 되었지만. 황금흰목이 근처 통나무에 웅크린다. 나의 양면 접근법이 꽤 효과를 발휘했지만 끈질긴 일상의 근심에서 완전히 벗어나진 못했다. '차 문 잠갔나?' '저 논문 읽어야 하는데.' '할머니께 전화해야 해.'

고요와 정적이 뚜렷한 가운데 나무 한 그루만 내 호흡에 맞춰 흔들리고 삐걱거린다. (아니면 내 호흡이 나무에 맞춰진 걸까?) 셀처를 마저 마시고 캔을 주머니에 집어넣고는 집으로 향한다.

◎

내가 좋아하는 춘계단명식물 중 하나는 트리필룸천남성(*Arisaema triphyllum*)이다. 영어 이름은 '잭 인 더 펄핏(jack-in-the-pulpit)'이지만 나는 '재키(Jackie)'라고 부르는 게 좋다. 재키는 거북섬 전역에 두루 퍼져 있으며 그늘을 좋아하여 숲바닥 여기저기 흩어져 자란다. 4월 하순이나 5월 초순에 모습을 드러내면 그해 겨울이 정말로 지나갔다는 게 실감 난다. 키는 30센티미터가량이지만 남동부에서는 1.2미터까지 자랄 수도 있다고 한다. 하지만 재키의 가장 뚜렷한 특징은 꽃을 둘러싼 부위인 불염포다. 불염포는 길이가 몇 센티미터이고 세로로 홈이 파였으며 입술이 말렸다. 초록색인 것도 있지만 매혹적인 고동색에 연노랑 줄무늬가 그려진 게 더 자주 보인다. 불염포 안에는 육수화서라는 구조가 있는데, 작은 새끼손가락을 닮았다. 'jack-in-the-pulpit'이라는 영어 이름은 여기서 왔다. 불염포는 설교단(pulpit)을 닮았고 육수화서는 안에서 있는 사람을 닮았다. 혹파리와 곰팡이각다귀를 개종시켜 꽃으로 데려오려고 하나보다.

재키는 퀴어하게 번식한다. 처음에는 무성이다가 수꽃으로 발달한다. 계속 자라면서 암수한그루가 되었다가 성숙하면 완전히 암꽃이 된다. 이것을 자웅이숙, 또는 순차적 자웅동체라고 한다. 살아가면서 성전환을 겪는다는 뜻이다. 이 전환 덕에 개체군이 유전 다양성을 유지할 수 있어서 적응력과 회복력이 뛰어나다. 완전히 암꽃이 된 트리필룸천남성을 '질 인 더 펄핏', 자웅동체 형태를 '잭 앤드 질 인 더 펄핏'이라 부르기도 한다.

2023년 4월 25일 오후 2시 50분

며칠간 줄기차게 비가 내려 내 자리가 푹 젖었다. 길목에서 선애기별꽃(*Houstonia caerulea*) 무리가 나를 맞는다. 여린 자생 꽃으로, 은은한 파란색 팔레트 한가운데 노란색 점이 찍혔다. 선애기별꽃을 보니 아르메니아인종학살 피해자와 그 후손들의 상징인 물망초가 떠오른다. 어제가 인종학살 추모일이었다. 두 꽃은 비슷하게 생겼지만 분류학상 목(目)조차도 다르다. 그럼에도 내 기억 속에는 함께 들어 있다.

가파른 언덕을 내려가다 참나무 잎에 살짝 미끄러진다. 젖은 아랫배에 축축한 흙이 닿는다. 기온은 12도로 서늘하다. 해와 구름이 어우러진 영락없는 4월이다. 내 자리는 마지막 왔을 때와 달라 보인다. 그래서 앉을자리 수행은 계절이 반환점을 돌 때 시작하는 게 좋다. 변화가 당신을 끌어당기기 때문이다. 스트로브잣나무 한 그루가 지난주에 쓰러져 가지가 사방에 널브러졌다. 가지 끄트머리에는 기다란 진녹색 바늘잎 다발이 아직 달려 있다. 기쁘게도 수프가 부쩍 넓어졌다. 한때는 얕은 물웅덩이였는데 이젠 깊이가 60센티미터 이상인 곳도 있다. 협곡 바닥에 숭숭 뚫린 웅덩이들은 대부분 합쳐졌다. 이 때문에 돌아다닐 때 더 조심해야 한다. 무릎 깊이의 물에 발을 처박지 않기 위해서뿐 아니라 어린 식물을 밟지 않기 위해서라도 걸음을 신경 써야 한다. 온갖 초록색의 식물이 땅을 뒤덮었다. 적어도 세 종의 고사리 어린순이 좌우로 동글동글하다. 캐나다오월화(*Maianthemum canadense*) 군락이 작은 고양이 귀처럼 비죽 나와 있다. 키가 크고 곧고 살짝 안쪽으로 말린 채 바람에 움찔한다. 이 오월화들은 잎이 두세 장이 아니라 한 장뿐이어서 꽃을 감당하지 못할 것이다.

세잎황련은 두 배로 풍성해졌으며 동의나물은 여전히 당당하지만 이제는 수프 속에 더 편하게 자리 잡았다. 모든 것이 춤추거나 팔락거리거나 터지고 있다. 고사리 무리가 자기네 자리에서 의기양양하게 볕을 쬔다. 소금쟁이들이 표면장력을 이용하여 빨빨거리며 서로 스쳐 지나간다. 지의류에 덮인 가지들은 이제 전부 물속에 잠겼다. 땅의 차(茶)처럼 화합물과 색소가 우러나온다. 외로운 여로속(*Veratrum*)이 수프 가장자리 근처에 서 있다. 지금 볼 수 있는 초본식물 중에서 가장 크다.

당신을 죽일 수 있을 것처럼 생기지 않았지만(내 눈에는 맛있는 채소처럼 보인다) 죽일 수 있다. 맛보면 심장이 멎을 것이다.

물이 하도 맑아서 한 모금 마시고 싶어진다. 그랬다가는 배탈 날 걸 알기에 충동을 억누른다. 하지만 물을 보고 있으니 친숙한 생각들이 떠오른다. 나는 오늘날 (거의 모든 곳에서 그렇지만) 살아간다는 것이 오염된 물의 세계에서 존재하는 것임을 섬뜩한 마음으로 끊임없이 절감한다. 물을 더럽히고 인간을 병들게 하는 기생충과 병원균은 늘 있었지만 우리 주변의 물이 산업 폐기물, 하수, 유거수에 심하게 오염되었다고 끊임없이 전제해야 하는 세상은 이제 우리에게 익숙해진 디스토피아다. 무히칸툭 근처에서 살면 이 사실을 매일같이 자각한다. 이 거대한 수역은 수십 년간 병들어 있었다. 수백 년 전 이곳은 어떤 모습이었을지, 그때 지금의 상태를 예상하는 건 얼마나 불가능했을지 상상한다. 이 현실들을 보면서 이런 생각이 떠오른다. '종말은 이미 일어났다.' 언제든 이보다 더 나빠질 수도 있겠지만.

나무도 병색이 완연하다. 주변의 솔송나무 및 그루는 솔송나무솜벌레 때문에 고역을 치르고 있다. 진딧물처럼 생긴 이 곤충은 수액을 빨아먹으며 1950년대에 이곳에 자리 잡았다. 가지와 바늘잎에 희고 보송보송하게 달라붙어 북동부 전역에서 솔송나무를 말려 죽였다. 시러큐스보다 허드슨 밸리에 더 흔해서 숲 여기저기 널브러진 수많은 고목에 아직도 적응이 되지 않는다. 바람이 불어오면 머리 위에 위험이 도사리고 있음을 상기해야 한다. 병든 자연을 보는 것이 괴로워 숲을 멀리할 때도 있지만 억지로 찾아갈 때도 있다. 이 존재와 공간들은 목격자가 필요하다. 관심을 기울이고 사랑으로 말을 걸어줄 사람도 필요하다.

연노랑 황금흰목이는 아직 있다. 물에 잠겨 물러지고 있긴 하지만 대부분 고스란히 남아 있다. 작은 파리들이 비스듬해진 빛기둥 속에서 반짝거린다. 햇빛은 협곡 가장자리에 걸쳐 있다. 네 시가 지났다.

춘계단명식물의 찰나성은 퀴어함과 곧잘 연관된다. 많은 사람들은 살아가는 동안 정체성이 달라진다. 자신에 대한 앎이 깊어지고 넓어지면서 우리는 다시 또다시 재탄생하며 우리의 공동체도 마찬가지다. 내가 알기로 퀴어인 중에서 규모가 큰 동성 친구 집단과 평생 가는 사람은 한 명도 없다. 여성 여덟 명이 중학교 때부터 절친이라거나 남성 여섯 명이 함께 자랐거나 하는 얘기는 퀴어인에게서는 찾아볼 수 없다. 적어도 나는 이런 부류의 집단역학에서 언제나 소외감을 느꼈다. 나의 찰나적 성질은 이런 유대를 맺기에 알맞지 않았으며 나는 진정으로 오래갈 것 같은 관계를 찾기 전에 번번이 허물을 벗었다.

문화적 의미에서 보더라도 지난 수백 년의 퀴어 혐오증 때문에 우리는 민첩하고 발이 빨라야 했다. 도심 공원에서 크루징*을 하든 지하 나이트클럽을 열든 퀴어의 만남은 종종 비밀스럽고 입소문으로 전파되며 금방 사라진다. 이성애 문화의 퀴어 수용성이 커지고 있는데도 이 현실은 변하지 않았다. 퀴어함이 세련된 것으로 인식되면 다른 사람

---

* 공공장소나 게이 대상 업소 등을 돌아다니며 데이트 상대를 찾는 일

들도 한몫 차지하려 할 것이다. 신랄하고 도발적이고 당돌하던 것이 사회에 흡수된다. 그래서 우리는 몇 발짝 떨어져 작별을 고하는 데 익숙하다. 버섯이나 춘계단명식물이 그렇듯 가장 기억할 만하고 특별한 퀴어 공간(나는 20대 중반에 다니던 시러큐스 댄스파티 '드림랜드'에 대한 기억을 소중히 간직한다)은 고작 두어 번, 두어 달, 두어 해밖에 지속되지 않는다. 빛나는 순간으로 존재하다 시야에서 사라져 스스로를 재정비하고는 제철이 돌아왔을 때 다른 곳에서 나타난다.

2023년 5월 2일 오후 4시 53분

오늘 날씨는 지난주와 별반 다르지 않다. 여기저기 덩어리진 구름들 때문에 하늘이 여러 겹처럼 보인다. 이 달의 시작은 건조했지만 다시 비 오는 날이 이어졌다. 이번에는 4월 소나기였다. 잘됐다. 이 지역이 특별한 것은 무성하기 때문이다. 적어도 내게는 그렇게 보인다. 여기저기 빛이 비쳐드는 곳에서 새 잎들이 햇빛을 받아 선기가 통한 듯 생농한다. 위쪽의 어두운 회색과는 딴판이다. 새까만 색깔과 연녹색의 조합은 내가 가장 좋아하는 것 중 하나다. 요즘 봄과 가을이 얼마나 짧은지 생각하면 지금 열흘간 날씨가 일정한 것에 안정감이 느껴진다. 일기예보에서는 금세 일조량이 많아지고 기온이 올라갈 거라고 한다. 그것 또한 환영이다.

　오늘 방문을 위해 새로운 시도를 해보기로 마음먹었다. 햇빛 감광지를 내 자리에 가져왔다. 인화하려면 나뭇잎 같은 3차원 물체를 감광지에 놓고 딱딱한 아크릴판으로 덮어 2분 정도 햇빛을 쬐면 된다. 그러고 나서 감광지를 물에 1분간 헹군 다음 말린다. 물체의 상은 흰색이고 배경은 파란색이다. 인화 작업은 이곳에서의 시간을 기념하는 좋은 방법 같다. 나는 이주가 얼마 남지 않았기에 가슴이 미어질 것에 이미 대비하고 있다. 그리 멀리 가진 않을 거지만.

봄에 들어선 지 몇 주 지났다는 건 모든 것이 터져나온다는 뜻이다. 지난번 방문에서와 같은 '전부 담기' 접근법을 쓰기는 이미 힘들어지고 있다. 드넓은 협곡의 표면이 점점 다채로워지고 있다. 사방으로 동글동글한 새 생명이 늘고 초록 면적이 늘고 있다. 충만하다는 느낌이 들기 시작한다. 햇빛 감광지는 커져만 가는 수프와 그 주변으로부터 단 하나에 초점을 맞추는 방법이다.

처음 눈에 띄는 종은 스트로브잣나무의 이끼 낀 밑동 주위에서 돋아난 작은 갈색 버섯 무리다. 잣나무 뿌리는 수프 가장자리에서 흙을 떠받치고 있다. 버섯은 수십 개다. 유심히 살펴보지 않으면 밟아서 으깨기 십상이다. 막대기에 종 모양 갓을 씌운 모양인데, 갓 가운데에 돌기(umbo)가 젖꼭지처럼 튀어나왔다. 하나 뽑아서 들여다보니 갓 아래 주름은 미백색에 자글자글하다. 줄기에 연결되지 않은 짧은 주름인 주름살(lamellula)이 사이사이에 나 있다. 애주름버섯속(Mycena)이다. 확실히 알려면 현미경이 있어야겠지만 내가 보기엔 얇은갓애주름버섯(Mycena leptocephala) 같다. 이 작은 친구들은 나의 첫 햇빛 감광의 소재로 제격이다.

솔잎과 이끼 사이에서 자실체를 네 개 뽑아 감광지에 놓는다. 그 위에 빳빳한 파란색 아크릴판을 덮는다. 타이머를 4분에 맞추고 기다리며 주위를 둘러본다. 소금쟁이가 짝을 만나고 동의나물은 여전히 풍성하고 대담하다. 사슴 콧소리 같은 후두음이 들린다. 숲 경계 바깥에 곰이 나타났다고 상상한다. 지금껏 숲에 혼자 있을 때 한 번도 없었던 일이다. 곰이었으면 좋겠다고 생각해본다.

몇 장 더 인화할 작정이었는데, 감광지를 말리려면 평평한 표면이 있어야 한다. 주위 어디에도 평평한 표면이 없다(내가 이 장소를 사랑하는 건 이 때문이기도 하다). 감광지를 포장한 판지를 쓸 수밖에 없어서 한 번에 한 장밖에 못 말린다. 준비가 미흡한 채로 새로운 것에 뛰어드는 건 나의 장기다. 산업 기계 기사이자 괴짜인 친구 에이먼이 생각난다. 우리는 내가 아홉 살이고 그가 열 살 때부터 알고 지냈다. 에이먼은 이렇게 말한 적이 있다. "너에겐 언제나 올바른 연장이 필요해." 나는 이 조언을 종종 되새긴다. 무언가를 잘하기 위해 필요한 것들을 모으려면 시간이 필요하지만 그런 시간을 들이지 않고 성급하게 뛰어들 때면 으레 그의 조언을 생각한다.

에이먼은 이런 글을 쓴 적도 있다. "일은 가시화된 사랑이다." 이 문구가 쓰인 종잇조각은 그가 내게 만들어준 대형 프린트에 딸려 있었다. 프린트는 광화학 반응을 이용했지만 종이가 아니라 치즈 클로스●

● 치즈나 버터 따위의 포장에 사용하는 얇은 면 평직물

에 인화하고 물감을 칠했다. 가장 오래된 친구에게 받았기에 가장 아끼는 소유물 중 하나다. 에이먼은 나와 처음 만난 뒤에 자기 집 바깥의 나무에 우리 이름의 머리글자를 새겼다. 그의 신경다양성(neurodivergence)과 나의 ADHD는 보강 간섭처럼 작용한다. 보강 간섭이란 두 파동이 만났을 때 진동의 모양과 진행 경로가 같으면 합성파의 진폭이 개별 파동보다 훨씬 커지는 현상이다. 어떤 사람들은 당신을 더 나은 존재로 만들어준다.

4분 알람이 울리자 종이를 들어 물에 잠깐 담근다. 이렇게 하면 광화학 반응이 중단된다. 사진을 보니 노출 과다였던 것 같다. 포장지에 위험성을 경고하는 문구가 쓰여 있었지만 저녁 해는 내 눈에는 훨씬 어둑해 보였다. 그래도 애주름버섯속의 희미한 환영은 남아 있다. 어찌 됐든 그들을 영원히 기억했을 테지만 사진으로 남은 지금은 좀 더 생생히 나의 뇌리에 떠오를 수 있다.

◎

나는 모든 존재가 자신이 탄생한 서식처를 자신의 진화 방식에 부합하게 돌아다닐 생태적 생득권을 가졌다고 믿는다. 맑은 물을 마시고 그곳에서 헤엄치고, 반려종과 함께 뛰놀고, 신선한 식물을 먹고, 깊은 구멍에 몸을 숨기고, 어두운 별밤에 자거나 사냥할 수 있어야 한다. 시간은 공동체 시간이어야 한다. 모든 이웃의 생물학적·천체적 리듬에 맞춰져야 하며 일광, 달, 노래의 순환과 일치해야 한다.

다른 시스템을 강요하면 고통을 유발하게 된다. 감옥에 갇힌 사람들은 햇빛, 신선한 채소, 야생의 내음, 친족의 유대, 거닐기 요법을 차단당한다. 자본주의하에서 우리는 사적 경관이 확산하는 것을 보았다. 서식처는 이른바 소유주의 입맛에 맞게 잘리고 깎이고 톱질당하고 밝혀졌다. 거북섬 동해안에는 이 토지 경계선 너머로 공간이 거의 남지 않아서 숲에 가는 길을 찾기조차 힘들다. 공간 전체가 지금 당장 파괴될 수도 있다. 물론 개발 허가를 받아야 하는 경우도 있긴 하다. 하지만 굴착기 칼날에 등뼈가 부러지는 도롱뇽의 연약한 몸이나 지면의 틈새로 숨 쉬고 섹스하고 비집고 들어가는 균류 그물망을 특별히 고려하지는 않는다. 당신은 연금술을 거꾸로 시행하여 한때 시끄럽고 황홀하고 절대 당신의 소유가 아니던 것을 무(無)로 만드는 허가를 받는다.

자라면서, 그리고 이날까지도 나는 보이지 않는 토지 경계선을 몰래 통과했다. 나는 교외의 도망자였다. 때로는 '출입 금지' 신호에 멈추었고 때로는 방향을 돌렸고 또 때로는 가운뎃손가락을 늘어 보이고는 총총 지나갔다. 개나리 덤불에서 휴식을 취했고 새 올가미를 설치했고 (다치게 하려는 게 아니라 그냥 관찰하기 위해서) 눈이 내 눈처럼 반짝거리는 양서류들과 함께 있는 시간을 음미했다. 그들은 토지 경계선에 대해 아무것도 모르지만 토요일 아침 커피를 마시며 숲을 벌목할 때가 됐다고 결정할 수 있는 자들의 변덕에 목숨이 걸려 있다.

2023년 5월 10일 오후 2시 30분

기온은 약 18도로 상쾌하며 햇빛은 잎이 돋아나는 우듬지에 걸러져 협곡에 도달한다. 우리는 지난 두 주를 감싼 서늘한 날씨를 뚫고 나왔다. 나는 바드 대학에서의 마지막 학기를 마무리하고 북쪽으로 한 시간 거리에서 새 일자리를 시작할 준비를 하느라 바빴다. 이 자리로 언제 돌아올지, 아니 돌아올 수나 있을지 모르겠지만 내가 자란 이 골짜기에 매일 수 있어서 고맙다. 강이 시야에 들어오든 아니든 나는 강이 동쪽에 있는지 서쪽에 있는지, 뒤에 있는지 앞에 있는지 언제나 안다. 식물 사이로 낮게 웅크린 채 타임이끼(초롱이끼과(Mniaceae))의 축축한 매트에 내려와 가늘고 투명한 조직을 비추는 빛을 경탄하며 바라보았다. 명금은 이끼의 잎을 둥지 깔개로 쓸 것이고 도롱뇽은 뿌리줄기에 알을 묶을 것이다.

나는 찰나성의 삶에서 종종 영속성을 갈망한다. 영속성은 주로 다른 종과의 지속적 관계에서, 앉을자리 방문 수행에서, 보기(觀) 연습에서 볼 수 있는 속성이었다. 누군가에게 또는 무언가에게 주의를 기울이는 것은 성스러운 행위일 수 있다. 정보 과부하가 커지는 시대에 우리의 주의는 쪼개지고 벌어지며 우리의 에너지는 사방으로 흩어진다. 잠깐이라도 이 힘에 저항하여 적극적 귀 기울이기에 몰두하는 것은 자신과 동반자들에게 선물을 주는 것이다.

이따금 이 관심이 깨달음의 순간을 낳기도 한다. 나는 특별한 장소에서 특별한 종을 보게 되리라는 것을 안다. 전혀 새로운 장소이거나 한 번도 보지 못한 종이더라도 말이다. 이 일은 대개 버섯에서 일어나지만 이번 방문에서는 쓰러진 스트로브잣나무 반대편에서 붉은 연령초속 꽃을 보리라는 느낌이 든다. 아니나 다를까 무릎을 꿇으니 홀로 핀 붉은연령초(*Trillium erectum*)의 포도주색 꽃잎이 보인다.

내가 연령초속과 처음 친숙해진 것은 시러큐스 외곽의 오래된 숲에서였다. 대학원생 때 찾아가던 앉을자리다. 우뚝 서서 목을 기울이고 석 장의 대담한 잎을 나선형으로 뻗은 연령초속은 내가 좋아하는 춘계 단명식물 중 하나다. 예민한 식물이기도 해서 일부 종은 멸종 위기종이나 멸종 우려종으로 등록되어 있다. 뉴욕주에서는 붉은연령초 채집이 불법이다. 오랫동안 보호구역이던 시러큐스 숲에서 이렇게 만발한 것은 이 때문일 것이다. 연령초속은 개미산포(myrmecochorous)를 한다('개미'를 뜻하는 그리스어 '미르멕스(myrmex)'에서 왔다). 개미가 일종의 호혜적 행위로서 씨앗을 퍼뜨려준다는 뜻이다. 개미를 유혹하는 미끼는 지질과 단백질이 풍부한 조직인 엘라이오솜(elaiosome)으로, 씨앗에 붙어 있다. 개미는 씨앗을 애벌레에게 먹이려고 보금자리에 가져간다. 영양소가 풍부한 엘라이오솜을 다 먹어치우면 어른 개미들은 씨앗을 개미집의 쓰레기 처리장에 버린다. 배설물과 사체로 가득한 이곳은 연령초속이 발아하기에 안성맞춤인 영양 만점의 장소다.

잭 앤드 질 인 더 펄핏과 비슷하게 연령초속도 간성 자웅동체다. 백합목(Liliales)은 전부 그렇다. 식물학자들은 '양성(bisexual)'이라는 낱말을 두 용어와 혼용하지만 인간에게 쓸 때는 성별이 아니라 성적 지향만 가리킨다. 이런 의미상의 차이가 있음에도 연령초속은 인간 양성성의 상징이 되었다. 이 상징의 쓰임은 멕시코로 거슬러 올라간다. 2000년대 초 미술가 프란시스코 하비에르 라구네스 가이탄(Francisco Javier Lagunes Gaitán)과 미겔 앙헬 코로나(Miguel Ángel Corona)가 양성 자부심 깃발에 그려 넣은 것이 시초다.[3] 그들을 비롯한 여러 사람과 마찬가지로 나는 이 예민하고 단명하고 호혜적이고 퀴어한 식물에게 동지 의식을 느낀다.

2023년 5월 26일 오후 7시 15분

오늘은 저녁에 방문하기 때문에 빛이 시간을 제약한다. 이 시기에는 여덟 시 직후에 해가 진다. 늦은 시각인데도 21도 가량으로 포근하다.

오늘의 방문은 어딘지 기도와 비슷하다. 빠르고 심각하고 도움이 되지만 분명하지는 않다. 시간에 대해, 어느 시점에든 주위에 있는 새들의 90퍼센트를 보지 못하리라는 것에 대해, 최근 포춘에게 태양만을 이용해 숲에서 길 찾는 법을 가르친 것에 대해, 그럴 때 나만의 시간 단위를 쓰는 방식에 대해 생각한다.[4] 이것은 내 '소유'의 시간이라기보다는 공동체 시간에 가깝다. 붕붕거리는 호박벌은 얼마나 오랫동안 내 주위를 날아다닐까? 햇빛의 각도는 얼마나 빨리 변할까? 내 심장이 개울의 속도에 맞게 느려지려면 얼마나 걸릴까? 공간에 대해, 공간이 시간을 가시적으로 만드는 방법에 대해서도 생각한다. 나는 이곳에 변화를 보러 왔으며 나 자신도 변화되었다.

이번 방문에서는 저녁을 위해 봄을 데우고 있는 많은 농부영원(암 갈색의 말랑말랑한 몸에 점이 나 있다)을 지나쳐 걸어간다. 그들이 등뼈를 구부리며 걸을 때 피부가 주름지는 모습을 보는 게 좋다. 그들이 주로 야행성이라는 걸 알지만 이렇게 많은 걸 보고서 놀란다. 전에 여기 왔을 때에도 영원이 이렇게 많았지만 다들 숨어 있었을 것이다. 영원을 보려면 나의 시간을 바꾸기만 하면 된다.

나는 바드재소자교육과정(Bard Prison Initiative)에서 생태학과 진화를 가르친다. 최근 시험에서 이런 문제를 냈다. "진화의 가장 기본적인 동인은 무엇인가?" 이 문제는 정답이 없다. 나는 건전한 과학적 추론이 바탕에 깔려 있다면 (이론상) 어떤 답도 정답으로 인정하겠다고 학생들에게 말했다. 한 학생이 내놓은 기발한 답은 '시간'이었다. 본질적으로 그의 주장은 진화나 자연선택의 어떤 요소도 시간 밖에서는 이해할 수 없으며 변화란 시간의 함수라는 것이었다. 그는 이 논승을 전개하느라 한 페이지를 다 채웠다. 창의적이면서도 설득력이 있었다. 시간은 변화이고 변화는 시간이다. 그리고 옥타비아 버틀러에 따르면 변화가 곧 하느님이다. 변화, 유일한 상수.[5]

한 시간, 하루, 일주일, 1년 안에 얼마나 많은 일이 일어나는지 얼떨떨하다. 지난 5주간 내 자리에서, 또한 내게 일어난 모든 일에 대해 생각한다. 내 학생들이 치르고 있는 형기에 대해 생각한다. 모두가 종신형을 받지는 않았지만 10년이나 12년에는 수백만 개의 종신형이 들어 있을 수도 있다. 당신이 10년간 얼마나 많은 날을 살았는지 생각해보라. 몇 컵의 물을 마셨는지, 몇 명의 사람을 만났는지, 몇 번의 시간을 울거나 사랑하는 사람과 이야기했는지, 몇 권의 책을 읽었는지, 몇 곡의 새의 노래가 당신의 아침을 채웠는지 생각해보라. 10년은 가늠할 수 없는 기간이다.

45분은 금세 지나간다.

마지막으로 내 자리를 떠나면서 나는 슬픔, 흥분, 두려움, 감사로 가득하다. 지금껏 내 안에서 살고 죽은 모든 것으로 가득하다. 나는 여섯 살이다. 서른한 살이다. 나는 아르메니아 조상들이다. 매슈다. 나는 뱀 성인, 사랑에 빠진 민달팽이, 거북 알, 공생 균류다. 나는 수다쟁이 까마귀, 자주색에 끌리는 정자새, 공동체 시간을 헤아리는 매미, 운명의 이끌림을 받는 새끼 뱀장어다. 삶의 다음 단계가 어떻게 펼쳐지든 우리는 모두 함께일 것이다.

후기
숲의 희열

숲의 희열

뉴욕주립박물관에서 균류 큐레이터라는 새 일자리를 맡은 지 일주일도 지나지 않아 균류가 보관된 수장고에 들어갔다. 널찍한 실내에 줄줄이 늘어선 커다란 캐비닛이 금속 미로를 이루고 있었다. 창문 없는 공간은 깨끗했으며 멸균된 것 같았지만 삭막함과는 거리가 멀었다. 캐비닛은 수백만 가지 표본으로 가득했다. 꼼꼼하게 동정되고 표시되어 작은 칸막이 안에 들어 있었다. 균류 표본은 포유류, 조류, 곤충, 식물과 같은 수장고에 보관되어 있어서 균류를 찾으려면 퓨마(박제되어 있다), 오리 한 쌍, 거대한 고래 뼈를 지나쳐야 했다. 솔직히 균류 표본(종종 갈색에 퍼석퍼석해 보인다)은 저 동물만큼 아름다워 보이지 않는다. 하지만 나는 균류를 찾아가고 싶은 마음이 훨씬 컸다. 복도를 지나는데 센서등이 켜져 소장품들을 비췄다.

박물관의 균류 소장품은 약 9만 점의 보존 표본으로 이루어져 있으며 1800년대 중반으로 거슬러 올라간다. 북아메리카의 독자적 '균류관’ 중 하나이며 뉴욕주 지정 식물학자이던 찰스 호턴 펙(Charles Horton Peck)의 주도로 설립되었다. 균류가 식물인 줄 알던 시절이었다. 펙은 북아메리카 최초의 직업 균류학자 중 한 명이었으며 균류에 평생을 바쳤다. 그는 균류를 찾으려고 걸어서, 말, 마차, 기차를 타고 뉴욕 전역을 탐험했으며 애디론댁산맥, 캐츠킬산맥, 허드슨 밸리 등지에 깊숙이 들어갔다. 그렇게 수천 개의 학명을 짓고 표본에 설명을 달았으며 그가 발견한 원래 표본들은 표준 관행에 따라 특별 지정된 캐비닛에 ‘모식’ 표본으로서 보존되었다. 어떤 종을 신종으로 지정하는 것은 언제나 가설적 행위다. 그 종이 이미 알려진 종에 비해 실제로 고유한지, 이 이론을 뒷받침할 증거가 형태, 생태, (지금은) 분자 데이터에 있는지 밝혀내야 한다. 이 가설을 검증하고 재현할 수 있으려면 다른 과학자들이 검사할 수 있도록 원래 표본을 보관해야 한다.

펙의 모식 캐비닛은 도합 열 개쯤 되며 위풍당당하게 늘어선 채 150년 묵은 버섯들을 든든히 지키고 있다. 나는 버섯들 앞에서 걸음을 멈췄다. 문득 겸손해지면서 조금 거북했다. 청바지 주머니에 들어 있는 작은 놋쇠 열쇠고리를 만지작거리면서 이제 내가 이 소장품을 돌보게 되었다는 사실을 곱씹었다. 직전 균류 큐레이터인 존 헤인스는 내가 채용되기 전 열여덟 해를 꼬박 채우고 2005년 은퇴했다. (균류가 독자적 계로서 처음 자리 잡고서 몇 년 지나지 않은) 1974년에 그가 채용된 이후 처음으로 구인 광고가 났을 때 마침 나와 바드 대학과의 계약이 끝나가고 있었다는 사실은 나의 균류 후원자들이 건넨 특별한 선물처럼 느껴졌다. 이 수장고의 균류들은 20년 가까이 캐비닛 속에서 조용히 관심을 기다리고 있었다. 그리고 내가 그들에게 관심을 주려고 이곳에 왔다.

하지만 펙의 버섯들을 들여다보기 전에 또 다른 균류학자의 연구에 몰두하고 싶었다. (성별 때문에 펙보다 덜 알려졌지만) 메리 엘리자베스 배닝(Mary Elizabeth Banning)의 엄청난 유산이 이곳 박물관에서 불멸을 누리며 이제 나의 보살핌을 받게 되었다. 나는 캐비닛을 뒤져 그녀의 표본을 몇 점 찾았다. 소장품 중에는 그녀가 학계에 처음 기재한 23종과 유일한 동료 펙에게 우편으로 보낸 기존 종의 표본들이 있었다. 나는 그녀가 1879년 고향 메릴랜드주에서 채집한 산그물버섯(*Boletus subtomentosus*) 표본을 하나 발견했다. 보관 상자에는 펙의 기울어진 필기체로 이름표가 붙어 있었으며 안에는 황갈색의 중간 크기 버섯이 세 개 들어 있었다. 가느다란 노끈으로 조심스럽게 종잇조각에 꿰여 있었다. 그녀가 조심조심 채집하고 보존 처리하여 펙에게 보낸 것들을 들고 있다니 믿기지 않았다.

자연사 소장품을 보존하기 위한 큐레이터의 모든 노고(온갖 통찰력, 지혜, 노동)에 문득 감사하는 마음이 들었다. 지금의 생물 다양성 위기에서 이렇게 물리적으로 과거에 접근할 수 있다는 것은 무척 귀중한 일이다. 또 다른 캐비닛에서 알광대버섯(*Amanita phalloides*), 일명 '죽음의 갓' 표본을 찾았다. 배닝이 채집한 것으로, 갓과 줄기가 분리되어 각각 별도의 종잇조각에 꿰여 있었다. 갓은 주름이 보이도록 거꾸로 놓여 있어서 여전히 홀씨를 세상에 내놓고 있었다. 그러고 나서 펙의 캐비닛으로 돌아갔다. 그가 표본 하나를 배닝의 이름을 따서 '히포미케스 배닝기아이(*Hypomyces banningiae*)'로 명명했다는 사실이 떠올랐기 때문이다. 나는 검색을 시작했다. 펙이 배닝에게 바친 찬사를 보고 싶었고 그녀가 그에게 쓴 글이 무슨 의미인지 가늠하고 싶었다. 그녀는 이렇게 썼다. "당신은 균류의 논쟁적 영토에서 저의 유일한 친구이고 당신의 다정한 지도는 무엇으로도 매길 수 없는 가치가 있습니다."[1]

메리 배닝은 펙보다 덜 유명한 균류학자에 그치지 않았다. 삶과 학문적 기여 또한 100년 가까이 망각 속에 묻혀 있었다. 배닝은 19세기에 살았던 미국 여성이었기에 과학에 공식적으로 참여할 길이 막혀 있었다. 그래서 독학을 했으며 자신의 변변찮은 자금으로 현미경을 사고 메릴랜드 전역의 숲에서 직접 현장 조사를 진행했다. 그녀의 과학적 초점(강박)이 버섯이었다는 사실도 버젓한 명성을 얻는 데 유리하지 않았다. 그녀는 이 좌절스러운 상황을 공책에 기록했다. "연구에 공감하는 사람이 아무도 없다. 실은 우스꽝스럽다고 생각한다."[2] 배닝은 한 번도 결혼하거나 자녀를 낳지 않았지만 어머니와 언니를 평생 돌봤으며 집안일을 하는 사이사이에만 자신의 참된 소명을 추구할 수 있었다. 그녀는 성별에 따른 의무와 소명 사이에서 느끼는 지독한 개인적 갈등을 이렇게 묘사한다. "이 연구에 평생을 바쳤으면 좋겠다. 그랬다면 지금은 모든 분야에서 전문가가 되었을 것이다. 하지만 낮에는 집안일이 시간을 잡아먹었다. 내가 후회를 느끼는 것은 옳지 않은지도 모르겠다.

식물학에 대한 영원한 사랑을 만족시켰다는 느낌보다는 의무를 다했다는 느낌을 품고서 죽는 게 낫겠다."[3]

펙과 마찬가지로 배닝은 북아메리카의 초창기 균류학자 중 한 명이었으며 그랬기에 생전에 대륙에서 입수할 수 있었던 버섯 책은 한두 권에 불과했을 것이다. 이런 지식 공백을 메울 수 있는 것은 가장 열성적이고 강박적인 사람들뿐이다. 배닝은 오랫동안 오로지 혼자서 연구하다가 펙에게 편지를 썼다. 그가 성별에 구애받지 않고 자신을 진지한 동료로 대우해주지 않을까 하는 바람에서였다. 펙은 배닝에게 답장을 보냈는데, 이는 펙의 성격(또한 오랫동안 폄하된 균류학 세계에 헌신하는 사람들 사이에 형성된 기이한 관계)을 잘 보여주는 듯하다. 두 사람은 30년간 편지를 주고받았다. 균류학 분야에 대한 열광은 격식을 갖춘 어조로도 숨길 수 없었다. 펙이 뉴욕주의 제도적 지원을 받아 연구를 진행하는 동안 배닝은 수십 년간 자비를 들여 메릴랜드를 돌아다니면서 버섯을 채집하고 집에 가져오고 현미경으로 연구하고 형태, 크기, 색깔, 맛, 냄새, 생태를 자세히 기록했다. 그녀는 자신이 발견한 사실을 펙에게 알렸으며 오늘날 박물관에 소장된 표본들을 그에게 보내기도 했다. 또한 균류를 근사한 수채화로 그려 175점의 채색 도판을 제작했다. 여기에 방대한 과학 기록과 자신의 버섯 모험에 대한 매혹적인 이야기를 덧붙였다. 그녀는 이 원고에 『메릴랜드의 균류(The Fungi of Maryland)』라는 제목을 붙였다.

배닝은 말년에 병들고 가난해졌으며 결국 집도 잃었다. 아픈 몸으로 하숙집에서 근근이 살아야 했기에 현미경과 균류학 장비를 떠나보내야 했다. 마지막으로, 원고도 떠나보내야 했다. 그녀는 원고가 친구 펙의 손에서 가장 안전하고 가장 선용되리라 생각했기에 1889년 일생의 업적을 박물관에 보내면서 이렇게 썼다. "이 물건들과 헤어지면서 수많은 기쁨의 시간을 함께한 사랑하는 친구와 이별하는 심정이에요. 상황이 여의치 않아 안전한 곳에 보관할 수밖에 없네요."[4] 배닝이 친구에게 원고를 받았느냐고 묻고 피드백을 독촉하는 편지가 여러 장 남아 있다. 1897년 3월 1일에 작성된 한 편지에서 그녀가 말한다. "원고가 조금이라도 쓸모가 있다면 떠나보낸 저 자신을 용서할 수 있을 것 같아요. 그렇지 않다면 평생 후회하겠죠. 원고의 쓸모에 대해 말씀해주셨으면 좋겠어요."[5] 1903년 그녀는 자신의 연구가 계속 살아남으리라 확신하지 못한 채 세상을 떠났다. 펙은 공식적으로 그녀에게 직업적 찬사를 보낼 수도 있었지만 배닝은 이름이 거의 알려지지 않은 채 죽었으며 과학에 대한 그녀의 기여는 잊혔다.

100년 가까이 지났을 때 존 헤인스가 뉴욕주립박물관에서 서랍을 뒤적이다 『메릴랜드의 균류』를 우연히 발견했다. 원고는 한 번도 출판되지 못했지만 그나마 다행히도 안전하게 보관되어 있었다. 20세기 이후로는 한 번도 햇빛을 보지 않았기에 수채화는 처음처럼 선명했다. 나의 전임자는 이 작품이 놀랍도록 아름다우면서도 과학적으로 중요하다는 것을 한눈에 알아보고는 배닝의 유산을 되살리는 데 전념했다. 박물관 직원들과 함께 도판을 조심스럽게 보관하고 기록을 베껴 적고 그녀의 일생을 조사하고 고향을 찾아갔으며 심지어 무덤에까지 방문했다. 존은 배닝의 일생의 업적에 대한 논문을 썼으며 박물관에서 도판을 전시했다. 그리고 펙과 주고받은 편지를 바탕으로 희곡을 썼다. 존의 헌신 덕에 메리 배닝은 1993년 메릴랜드 여성 명예의 전당에 헌액되었다. 하지만 존이 아무리 최선을 다했어도 당시 균류학에 대한 대중적 관심은 미미했으며 존은 배닝의 원고를 내줄 출판사를 찾지 못했다. 이 책을 쓰는 지금 그녀의 원고는 미출간 상태다.

그렇기에 나는 모식 캐비닛에서 히포미케스 배닝기아이를 꺼내면서 감정이 북받쳤다. 이 비천한 표본(다른 버섯의 몸에서 자라는 희미한 기생 균류)에서 나는 두 사람, 두 동료, 두 친구의 노고를 보았다. 하지만 성차별의 거대한 비극도 보았다. 나는 두 균류학자를 보았다. 한 명은 기억되고 한 명은 잊혔다. 나는 두 총명한 사람을 보았다. 한 명은 주정부에 채용되었고 한 명은 집도 절도 없이 죽었다. 이 역사적 순간에 남성이 여성을 '천재'로 묘사하는 소리를 들어본 일이 얼마나 드문지 생각했다. 과소평가된 모든 여성에 대해, 주변부에 태어난 탓에 이 세상에 베푼 공로를 인정받지 못한 채 죽은 모든 사람들에 대해 생각했다.

표본을 들고 있자니 내가 이 직업을 가진 최초의 여성이라는 생각이 떠올랐다. 이게 별것 아니라고 말하는 것은 내가 처음일 것이다. 과거 이 자리에 있었던 균류학자가 네 명밖에 안 됐으니까. 그리고 우리는 어쨌거나 미국 대통령이 아니라 버섯 과학자에 대해 이야기하고 있으니까. 하지만 전임자가 부족하다는 것은 이 길을 가는 것이 역사적으로 얼마나 힘들었는지 보여준다. 균류 연구에 부여된 자원과 존중은 또 얼마나 적은지. 여기에 성차별에 의한 제약이 더해졌다. 나는 특이한 직업적 꿈을 추구할 기회가 생겼다는 사실을 진지하게 받아들인다. 배닝은 세상을 떠나기 전 언젠가 여성이 과학자가 될지도 모른다는 믿음을 조금이라도 품었을까?

며칠 뒤 배닝의 수채화를 볼 수 있었다. 다른 수장고에 다른 자연 묘사화와 함께 보관되어 있었다. 그녀의 작품을 가까이서 보게 되어 흥미진진하고 흥분됐다. 아닌 게 아니라 이 자리를 받아들이면서 존 헤인스에게 큐레이터로서 나의 급선무는 『메릴랜드의 균류』를 출판하는 것이라고 약속했다. 전에도 그림들을 사진으로 본 적은 있었지만 직접 보니 더욱 매혹적이었다. 독특하고 팝아트에 가까운 양식으로 그려진 도판은 버섯의 형태와 생태를 생생하게 묘사한다. 색깔은 소혀버섯(*Fistulina hepatica*)의 진홍색에서 남보라젖버섯(*Lactarius indigo*)의 대담한 파란색, 쓴맛그물버섯(*Tylopilus felleus*)의 연분홍 기공까지 다양하다. 버섯들은 현장에 있어서 아래에 흙, 풀, 썩어가는 그루터기가 보인다. 농정에 중요한 특징인 홀씨는 실제보다 크게 갓 아래쪽에 매달려 있다. 그림 아래에는 분류학 정보와 자세한 설명이 나와 있다. 나는 사랑에 빠졌다. 나는 지금 존과의 약속을 지키기 위해 노력하고 싶다. 배닝의 유산이 세상에 홀씨를 뿌리는 광경을 보고 싶다.

◎

이 새로운 일자리를 시작할 때 급선무가 하나 더 있었다. 균류 다양성을 조사할 현장 연구 장소를 조성해야 했다. 내 목표는 한 숲에서 여러 해 동안 종들을 치밀하게 모니터링하는 것이었다. 박물관에 근무하는 내내 그럴 수 있다면 금상첨화였다. 매주 그곳에 가서 균류관에 추가할 표본을 채집하고 종 목록을 정리하고 개체군들이 몇 년마다, 심지어 몇십 년마다 어떻게 변화하는지 추적할 계획이었다. 그러면 현생종을 펙과 배닝의 시대에 살았던 종과 비교할 수 있다. 이것은 기초 연구로 간주되지만 이 정도의 장기적 연구는 균류학에서 아직 드물다. 무엇보다 내겐 자리가 필요했다. 쉽게 찾아갈 수 있는 국유지를 온라인에서 검색하여 토지신탁에서 관리하는 근처 숲을 찾았다. 웹사이트 사진을 보니 넓은 개울에 솔송나무가 빼곡하고 내가 언제나 갈망하는 아름답게 불규칙한 지형이 있었다. 채집 장비(연장통, 종이 봉투, 작은 주머니칼, 돋보기, 수첩)를 챙겨 나갔다. 그날은 토요일이어서 공식 업무 시간이 아니었지만 나를 이끈 것은 의무감이라기보다는 열정이었다.

숲에서 몇 발짝 디디기도 전에 만족감과 존재론적 '도착'의 느낌이 들었다. 풍경은 내가 바란 모습 그대로 집이었다. 한 방향에는 키 큰 스트로브잣나무 군락이 있었다. 다른 방향에는 사진에서 본 넓은 개울이 있었다. 솔송나무 뿌리가 기슭에 자리 잡고는 물을 거르고 정화했다. 지형은 빙하 지대의 성격을 띠었다. 바위와 푹신푹신한 흙 위로 길이 올라갔다 내려갔다 올라갔다 내려갔다 했다. 개울을 따라가자 참나무와 단풍나무 군락지, 너도밤나무 군락지, 다시 스트로브잣나무 군락지가 나왔다. 사방에 버섯이 있었다. 어딜 보든 버섯이 자실체를 틔우고 갓을 벌리고 툭 터지고 녹고 있었다. 상당수는 펙이 기재한 종이었다. 이를테면 졸각버섯(*Laccaria laccata*)은 복숭아 소르베 색깔의 매끈한 버섯이고 비듬긴꼬리버섯(*Hymenopellis furfuracea*)은 키 크고 우아한 종으로, 줄기가 땅속 깊이 파고들었다. 조심스럽게 뽑아내니 마법사의 지팡이를 손에 든 느낌이었다.

20분가량 길을 따라 걷다가 앉았다. 받아들일 게 너무 많았다. 이 환상 세계에 잠긴 채 배닝이 쓴 글에 대해 생각했다. "균류는 따돌림받는 식물로 치부된다. 요란한 복장으로 길가에서 구걸하는 거지처럼 그들은 관심을 사려 하지만 조금도 얻지 못한다."[6] 정말이지 요란한 복장 맞다.

그날은 균류를 더 채집하지 않기로 했다. 그냥 그들 곁에 있고 싶었다. 그들에게 무엇도 더 요구하지 않고 싶었다. 바지를 통해 느껴지는 흙은 축축하고 시원했다. 신경계가 이완되는 느낌이 들었다. 난생처음으로 나는 떠날 생각을 하지 않아도 되는 숲에 앉아 있었다. 이곳은 평생 동안 내 자리가 될 수 있었다. 부식토에 손가락을 찔러 넣었다. 우리의 미생물군이 섞이길 바라면서. 민달팽이 한 마리가 버섯 주름을 천천히 뜯어 먹는 모습을 관찰했다. 이런 생각이 들었다. '민달팽이는 균사체 고속도로를 누비는 법을 아는 게 틀림없어. 언제나 사람보다 먼저 버섯을 발견하니까.' 작대기로 작은 제단을 만들고 나의 균류 동반자들에게 감사를 표했다. 가장 끈기 있는 친구와 보호자들에게. 그들의 퀴어한 생물학적 특징 덕에 나도 스스로의 퀴어함을 받아들일 수 있었다. 나는 현대의 분류학자이지만 내가 아리스토텔레스였다면 그들에게 세 가지 혼(생혼, 각혼, 영혼)을 모두 부여했을 것이다. 내가 말하는 영혼은 이것을 의미한다. 그들이 우리에게 온전하고 절대적으로 보여주는 것은 모든 생명이 서로 의존하고 있다는 사실임을.

감사의 글

우리 주변의 세상을 빚어내는 균류, 동물, 식물, 세균에게 늘 변함없이 감사해요. 내가 스스로를 아는 것은 오로지 당신들을 통해서뿐이에요. 이 책은 당신 덕분에, 당신을 위해 썼으며 당신을 결코 잊지 않겠다는 약속이에요.

모든 선생님, 특히 나의 삶이 정돈되지 않았던 시절 내게 기회를 준 분들에게 감사해요. 스콧, 벳시, 존, 숀, 에드, 조지, 이후에는 앨릭스, 멜리사, 로빈―내가 과학자인 것은 당신들 모두 덕분이에요. 소피, 당신의 우정과 집필 조언 덕에 이 책이 의심의 여지 없이 더 나아셨어요. 당신과의 산책은 내게 마법보다 큰 힘이 있었어요. 나의 친구 에이먼, 트레이시, 콜, 클로디아―너희는 내가 소속감을 느낄 수 있게 해줘. 보비, 이 책에 대한 당신의 한없는 격려와 열의는 내게 산소였어요. 과거와 현재의 내 학생들, 재소자이든 자유의 몸이든 나와 교실을 공유하고 자연에 대한 나의 사랑을 존중해줘서 고마워요.

이 책에 실린 글들을 발표하게 해준 간행물 《이행대(Ecotone)》, 《촉

매: 페미니즘, 이론, 기술과학(Catalyst: Feminism, Theory, Technoscience)》,《애트모스(Atmos)》,《아르스 포 논스(Ars for Nons)》, 그리고 셈페르비렌스 펀드에 감사해요. 시 「8월의 일기(August Diary)」의 수록을 허락해준 작가 피터 발라키안과 카네기멜런대학교출판부에도 감사해요.

나의 편집자 조이가 없었다면 이 책은 세상에 나올 수 없었을 거예요. 조이는 끈기 있고 능란하게 내게서 이 책을 끄집어냈어요. 당신과 함께 일한 것은 삶을 변화시키는 경험이었어요. 이 책을 현실로 만들어준 슈피겔앤드그라우의 모두에게 감사해요.

마지막으로, 포춘, 날 사랑해줘서 고마워. 나를 온전하게 바라봐줘서 고마워. 나의 형편없는 초고를 끈기 있게 읽어줘서 고마워. 부모님, 제가 숲에서 시간을 보내도록 가르치고 다른 종과 사귀는 것을 환영해주셔서 고마워요. 과학자가 되기까지의 기나긴 여정에서 의미 있는 격려를 해주셨어요. 다섯 명의 형제자매에게, 너희는 배수로 안에서 나무 꼭대기까지 모든 단계와 형태의 나를 사랑해줬어. 너희 없이는 결코 이 삶을 살아가고 싶지 않아.

단풍나무에 앉아 형제자매와 사촌들을 내려다보는 저자

미주

뱀이 가르쳐준 것

1. 아르메니아인종학살박물관연구소에 따르면 "제1차 세계대전 이전 오스만 제국에는 200만 명의 아르메니아인이 살았던 것으로 추정된다. 1915~1923년 약 150만 명의 아르메니아인이 살해되었다. 나머지는 이슬람으로 개종하거나 추방당했다." "Armenian Genocide," Armenian Genocide Museum Institute-Foundation, 2024년 7월 23일 접속, http://www.genocide-museum.am/eng/armenian_genocide.php를 보라.

2. W. S. Brown, "Background Information for the Protection of the Timber Rattlesnake in New York State," *Bulletin of the Chicago Herpetological Society* 19 (1984): 94-97.

3. 추세는 바뀔지도 모른다. 2003년 "1000명 가까운 텍사스주 스위트워터 주민들은 어린이들이 손으로 쓴 편지를 받았다. 스위트워터 청년상공회의소를 설득하여 방울뱀 일제 소탕 대신 뱀을 죽이지 않는 교육적 축제를 열게 해달라는 것이었다. 축제에서는 지역 야생동물을 도살하는 게 아니라 찬미할 터였다." Advocates for Snake Preservation, "Rattlesnake Love Letters," Rattlesnake Roundups, 2024년 7월 23일 접속, https://www.rattlesnakeroundups.com/love-letters/를 보라.

4. Darin R. Rokyta et al., "The Genesis of an Exceptionally Lethal Venom in the Timber Rattlesnake (*Crotalus horridus*) Revealed Through Comparative Venom-Gland Transcriptomics," *BMC Genomics* 14, no. 394 (2013년 6월): https://doi.org/10.1186/1471-2164-14-394.

5. "Timber Rattlesnake," Virginia Herpetological Society, 2024년 7월 23일 접속, https://www.virginiaherpetologicalsociety.com/reptiles/snakes/timber-rattlesnake/index.php.

6. "Timber Rattlesnake," New York State Department of Environmental Conservation, 2024년 7월 23일 접속, https://dec.ny.gov/nature/animals-fish-plants/timber-rattlesnake.

7. "List of Fatal Snake Bites in the United States," Wikipedia, 2024년 7월 23일 접속, https://en.wikipedia.org/wiki/List_of_fatal_snake_bites_in_the_United_States.

8. Susie Hoogasian-Villa, *100 Armenian Tales and Their Folkloristic Relevance* (Wayne State University Press, 1966), 67.

9. Kamee Abrahamian and Ali Cat Araxie, *Ancient Fires // Future Waters: Reclaiming Ancient Armenian Rituals* (Entangled Roots Press, 2022).

10. Robert Bedrosian, "*Soma* Among the Armenians," 2024년 7월 23일 접속, 출전: Internet Archive, https://archive.org/details/SomaAmongTheArmenians_661.

11. Donna J. Haraway, *When Species Meet* (University of Minnesota Press, 2007). 한국어판은 『종과 종이 만날 때』(갈무리, 2022).

12. Peter Balakian, "August Diary," 출전: *Dyer's Thistle* (Carnegie Mellon University Press, 1996), 19.

13. *The Sacred Books of the East*, ed. Friedrich Max Müller, vol. 5, *Pahlavi Texts* (Clarendon Press, 1880), 378.

14. 여러 토착 네이션에 따르면 '거북섬'은 지구 그리고/또는 북아메리카를 일컫는 이름이다. Amanda Robinson and Michelle Filice, "Turtle Island," 출전: *Canadian Encyclopedia*, 2018년 11월 6일 최종 편집, https://www.thecanadianencyclopedia.ca/en/article/turtle-island를 보라. 로빈 월 키머러는 『향모를 땋으며』에서 하늘여인의 창조 설화를 소개한다. 이 이야기는 오대호 유역의 토착 부족들에게 전해진다. 키머러는 이렇게 썼다. "하늘여인이 몸을 숙여 진흙을 거북 등딱지에 펴 발랐다. 여인은 짐승들의 특별한 선물에 감동받아 감사의 노래를 부른 뒤에 발로 흙을 어루만지며 춤을 추기 시작했다. 여인이 감사의 춤을 추는 동안 거북님 등딱지의 한 줌 진흙이 점점 커지더니 온 대지가 창조되었다. 하늘여인 혼자서 한 것이 아니라 뭇 짐승의 선물과 그녀의 깊은 감사가 어우러진 연금술의 결과였다. 그렇게 해서 오늘날 거북섬(북아메리카 대륙을 가리킨다_옮긴이)으로 알려진 우리 보금자리가 생겨났다." Robin Wall Kimmerer, *Braiding Sweetgrass: Indigenous Wisdom, Scientific Knowledge, and the Teachings of Plants* (Milkweed Editions, 2013), 4를 보라. 한국어판은 『향모를 땋으며』(에이도스, 2020) 17쪽.

15. Enrique Salmón, "Kincentric Ecology: Indigenous Perceptions of the Human-Nature Relationship," *Ecological Applications* 10, no. 5 (2000년 10월): 1327-1332, https://doi.org/10.1890/1051-0761(2000)010[1327:KEIPOT]2.0.CO;2.

16. Salmón, "Kincentric Ecology."

17. Eli Clare, *Exile and Pride: Disability, Queerness, and Liberation* (Duke University Press, 2015).

18. Howard Zinn, *A People's History of the United States* (Harper Perennial, 2010), 37. 한국어판은 『미국민중사』(이후, 2008).

19. Val Plumwood, *Feminism and the Mastery of Nature* (Routledge, 1993).

20. 사우스다코타주 샤이엔강 라코타 네이션 일원인 티오카신 고스트호스는 서구 문

화의 합리적이고 위계적인 사고 과정과 대조적으로 라코타족에게 친숙한 관계적이고 평등주의적인 사고 과정을 탐구한다. 고스트호스는 라코타족에게 언어란 본질적으로 관계적이며 만물이 서로 매여 있다고 말한다. 그는 이렇게도 썼다. "지배는 인류중심주의적 자만의 핵심이며 합리적 정신이 가장 우월하다는 믿음이다." 생명과 생명 아닌 것, 남성과 여성, 인간과 자연의 이분법적 사고는 지배로 통하는 길을 연다. 이 목표를 달성하는 방법은 분리하고 소외하는 것, 차이가 유사성보다 더 중요하다고 주장하는 것이다. 또한 지배를 위해서는 직관적 앎의 방법을 부정하고 오로지 논리에만 초점을 맞춰야 한다. Tiokasin Ghosthorse, "Wiconi—The Meaning of Life," Excellence Reporter, 2019년 1월 14일, https://excellencereporter. com/2019/01/14/tiokasin-ghosthorse-wiconi-the-meaning-of-life/를 보라.

21. Arthur Lovejoy, *The Great Chain of Being: A Study of the History of an Idea* (Harvard University Press, 1936), 60. 한국어판은 『존재의 대연쇄』(탐구당, 2023).

22. Douglas Fox, "Junk DNA Deforms Salamander Bodies," *Scientific American*, 2022년 2월 1일, https://www.scientificamerican.com/video/junk-dna-deforms-salamander-bodies/.

23. Nussaïbah B. Raja, "Colonialism Shaped Today's Biodiversity," *Nature Ecology & Evolution* 6 (2022): 1597–1598, https://doi.org/10.1038/s41559-022-01903-y.

24. Joseph McQuade, "Earth Day: Colonialism's Role in the Overexploitation of Natural Resources," The Conversation, 2019년 4월 18일, https://theconversation.com/earth-day-colonialisms-role-in-the-overexploitation-of-natural-resources-113995.

25. 바요 아코몰라페는 전 세계 많은 사람들에게 '종말'이 이론적 미래 사건이 아니라 이미 일어난 사건임을 인식하는 것이 중요하다고 말한다. 그는 이렇게 썼다. "인류세를 전적으로 미래 종말의 문제로만 규정함으로써, 회복의 역학을 거부하고 막연한 미래의 약속에 의해 보증되는 해법으로 서둘러 달려감으로써 우리는 인류세에 어른거리는 식민지적 파괴의 유산을 시야에서 놓친다." Báyò Akómoláfé, "The Apocalypse Happened Yesterday," 개인 블로그, 2019년 12월 12일, https://www. bayoakomolafe.net/post/the-apocalypse-happened-yesterday를 보라. Báyò Akómoláfé, "On Slowing Down in Urgent Times," 출전: *For the Wild*, 팟캐스트, Ayana Young 제작, 2020년 1월 22일, 1:29:15, https://forthewild.world/listen/bayo-akomolafe-on-slowing-down-in-urgent-times-155?rq=donna도 보라.

26. 우리의 현재 지질 시대를 가리키는 또 다른 흔한 용어인 '인류세'는 인류가 지구에 미친 광범위한 영향을 일컫는다. 이 용어는 기후가 (화석 연료를 태우는 등의) 구체적 인간 행동의 결과이며 그 밖의 지질 시대와 달리 인류세에 일어나는 많은 변화가 한 사람의 수명 안에 감지될 수 있음을 강조하는 데 유용하다. 대부분의 생물 다양성과 (그럼으로써) 인류를 떠받치는 상호작용의 그물을 위험에 빠뜨리는 것은 이 어마

어마한 시간의 압축이다. 적응을 가능하게 하는 진화 메커니즘은 그렇게 빠르게 개입하지 못한다. 하지만 일부 학자는 이 용어에 중대한 결함이 있다고 지적했다. 문제는 인간 일반이 아니라 어떻게 일부 사람이 지구를 약탈하고 부를 축적하고 다른 인간과 종의 절멸, 이주, 노예화에 의존했는가다. 페미니스트 철학자 도나 해러웨이와 애나 칭은 '인류세' 대신 '대농장세'를 제안했다. Gregg Mitman과의 인터뷰, "Reflections on the Plantationocene: A Conversation with Donna Haraway and Anna Tsing," 출전: *Edge Effects*, 팟캐스트, 2019년 6월 18일, 1:19:21, https://edgeeffects.net/haraway-tsing-plantationocene/과 Donna Haraway et al., "Anthropologists Are Talking—About the Anthropocene," *Ethnos* 81, no. 3 (2016): 535–564, https://doi.org/10.1080/00141844.2015.1105838을 보라.

27. Anna Lowenhaupt Tsing, *The Mushroom at the End of the World: On the Possibility of Life in Capitalist Ruins* (Princeton University Press, 2015), 37. 한국어판은 『세계 끝의 버섯』(현실문화연구, 2023) 80쪽.

다른 존재 방식들

1. *Microcosmos: Le peuple de l'herbe*, Claude Nuridsany and Marie Pérennou 감독 (Galatée Films, France 2 Cinéma, Canal+, 1996), https://youtu.be/CYHY4H4ttVc?si=jDuIDkaJ9GkXHkV0.

2. Gary Rosenberg, "A New Critical Estimate of Named Species-Level Diversity of the Recent Mollusca," *American Malacological Bulletin* 32, no. 2 (2014): 308–322, https://doi.org/10.4003/006.032.0204.

3. Paul Bunje, "The Gastropoda: Snails and Slugs, Limpets, and Sea Hares," University of California Museum of Paleontology, 2024년 7월 23일 접속, http://www.ucmp.berkeley.edu/taxa/inverts/mollusca/gastropoda.php.

4. Bunje, "The Gastropoda."

5. D. W. Burton, "How to Be Sluggish," *Tuatara* 25, no. 2 (1982년 1월): 48–63, https://ndhadeliver.natlib.govt.nz/webarchive/20210104000423/http://nzetc.victoria.ac.nz/tm/scholarly/tei-Bio25Tuat02-t1-body-d2.html.

6. Joseph Heller, "Hermaphroditism in Molluscs," *Biological Journal of the Linnean Society* 48, no. 1 (1993년 1월): 19–42, https://doi.org/10.1111/j.1095-8312.1993.tb00874.x.

7. K. S. Zając and Paulina Kramarz, "Terrestrial Gastropods—How Do They Reproduce?" *Invertebrate Survival Journal* 14, no. 1 (2017년 1월): 199–209, https://doi.org/10.25431/1824-307X/isj.v14i1.199-209.

8. Milton Diamond, "Intersexuality," 출전: *Human Sexuality: An Encyclopedia*, Erwin J. Haeberle 엮음, Pacific Center for Sex and Society, University of Hawai'i at Mānoa를 통해 접속, https://www.hawaii.edu/PCSS/biblio/articles/2010to2014/2010-intersexuality.html.

9. Joris M. Koene and Hinrich Schulenburg, "Shooting Darts: Co-Evolution and Counter-Adaptation in Hermaphroditic Snails," *BMC Evolutionary Biology* 5, no. 25 (2005): https://doi.org/10.1186/1471-2148-5-25.

10. Scott F. Gilbert, "Environmental Sex Determination," 출전: *Developmental Biology*, 제6판 (Sinauer Associates, 2000).

11. Bruce Bagemihl, *Biological Exuberance: Animal Homosexuality and Natural Diversity* (Stonewall Inn Editions, 2000). 한국어판은 『생물학적 풍요』(히포크라테스, 2023).

12. Bagemihl, *Biological Exuberance*, 222. 한국어판은 같은 책 385쪽.

13. Bagemihl, *Biological Exuberance*, 223. 한국어판은 같은 책 385쪽.

14. Steven Shapin, *Never Pure: Historical Studies of Science as If It Was Produced by People with Bodies, Situated in Time, Space, Culture, and Society, and Struggling for Credibility and Authority* (Johns Hopkins University Press, 2010).

15. 지금의 세상에 파고든 퀴어 혐오증을 이해하려면 이것이 식민주의와 어떻게 연결되는지 반드시 이해해야 한다. 유럽의 세계 지배가 낳은 수많은 참상 중 하나는 이런 위계질서를 상상하지 못했거나 따르지 않았던 문명에 동성애 혐오증을 수출한 것이다. 따라서 만인의 해방을 위해 노력하는 사람들이 퀴어 투쟁을 인종 투쟁과 반식민주의 투쟁에 연결된 것으로 바라보는 것은 의무다. 이것들은 함께, 나란히 나아가야 한다. Bright Alozie, "Did Europe Bring Homophobia to Africa?" Black Perspectives, 2021년 10월 21일, http://www.aaihs.org/did-europe-bring-homophobia-to-africa/; and International Lesbian, Gay, Bisexual, Trans and Intersex Association (ILGA World), "The Impact of Colonial Legacies in the Lives of LGBTI+ and Other Ancestral Sexual and Gender Diverse Persons," 2023년 5월 26일, https://www.ohchr.org/sites/default/files/documents/cfi-subm/2308/subm-colonialism-sexual-orientation-cso-ilga-world-joint-submission-input-2.pdf를 보라.

16. Bagemihl, *Biological Exuberance*, 148. 한국어판은 『생물학적 풍요』 264~265쪽.

17. Bagemihl, *Biological Exuberance*, 83-107, 특히 p. 93. 한국어판은 같은 책 153~195쪽.

18. 이러한 형태의 인용 편향(citation bias)은 '이중 전의(double transference)' 개념과 연관되어 있다. 자연은 사회라는 렌즈를 통해 관찰되기 때문에 과학적 증거로 온전히 뒷받침되든 아니든 사회적 편견이 자연에 투사된다. 이를테면 서유럽 사회는 이

성애 규범적이므로 동물도 이성애 규범적이다. 시간이 흐르면서 이 투사는 사실로 굳어진다. 그러면 유럽 사회의 이성애 규범을 옹호해야 할 때 사람들은 자연을 이성애 규범의 정상성에 대한 증거로 지목할 것이다. Anita Simha et al., "Moving Beyond the 'Diversity Paradox': The Limitations of Competition-Based Frameworks in Understanding Species Diversity," *American Naturalist* 200, no. 1 (2022년 7월): 89–100, https://doi.org/10.1086/720002를 보라.

19. Bill Sullivan, "Stop Calling It a Choice: Biological Factors Drive Homosexuality," The Conversation, 2019년 9월 3일, www.theconversation.com/stop-calling-it-a-choice-biological-factors-drive-homosexuality-122764.

20. Kyle "Guante" Tran Myhre, "How to Explain White Supremacy to a White Supremacist," in *A Love Song, a Death Rattle, a Battle Cry* (Button Poetry, 2018).

21. Melissa Block, "Accusations of 'Grooming' Are the Latest Political Attack—with Homophobic Origins," National Public Radio, 2022년 5월 11일, https://www.npr.org/2022/05/11/1096623939/accusations-grooming-political-attack-homophobic-origins.

22. Block, "Accusations of 'Grooming.'"

23. John Ratcliffe et al., "'A Lonely Old Man': Empirical Investigations of Older Men and Loneliness, and the Ramifications for Policy and Practice," *Ageing and Society* 41, no. 4 (2021년 4월): 794–814, https://doi.org/10.1017/S0144686X19001387.

24. Kimmerer, *Braiding Sweetgrass*, 122. 한국어판은 『향모를 땋으며』 183쪽.

그 무엇도 홀로인 것은 없다

1. 늑대거북(*Chelydra serpentina*)의 발달은 대부분의 거북과 마찬가지로 주변 환경으로부터 직접적 영향을 받는다. 거북의 생물학적 성별은 둥지의 부화 온도에 따라 정해지는데, 부화 온도는 에스트로겐과 테스토스테론 같은 호르몬의 방출에 영향을 미친다. 수컷은 대체로 암컷보다 낮은 온도 범위의 결과다. 범위가 이 한계에 걸쳐 있으면 새끼의 성별이 뒤섞인다. 이 과정은 각 부모에게서 받은 염색체에 의해 수정 순간 성별이 정해지는 동물들과 다르다. Anthony Loren Schroeder, "Sex Determination and Differentiation in the Common Snapping Turtle—A Reptile with Temperature-Dependent Sex Determination" (박사 논문, University of North Dakota, 2012), https://commons.und.edu/theses/1378을 보라.

2. United States Environmental Protection Agency, "Classification and Types of Wetlands," 2024년 7월 25일 접속, https://www.epa.gov/wetlands/classification-and-

types-wetlands#undefined.

3. Ted Widmer, "Draining the Swamp," *New Yorker*, 2017년 1월 19일, https://www.newyorker.com/news/news-desk/draining-the-swamp.

4. 명사형은 '일반적으로 해안을 따라 이어진 질척한 땅'으로 정의된다. 뉴욕주립박물관의 동료 제임스 렌더머는 과학과 문화의 접점에 대한 활기차고 자유분방한 대화에서 이 사실을 알려주었다. 고마워요. *Random House Unabridged Dictionary of American English*, "dismal," 2024년 7월 2일 접속, https://www.wordreference.com/definition/dismal를 보라.

5. 디즈멀대습지에 대한 이 대목은 Lex Pryor, "The Hidden and Eternal Spirit of the Great Dismal Swamp," The Ringer, 2022년 3월 30일, https://www.theringer.com/features/2022/3/30/22990907/great-dismal-swamp-resistance-history-feature에 빚진 바 크다.

6. Thomas Nuttall, *Journal of Travels into the Arkansas Territory, during the year 1819, with Occasional Observations on the Manners of the Aborigines* (Thomas H. Palmer, 1821), 71.

7. Nuttall, *Journal of Travels*, 67.

8. Walter Johnson, *River of Dark Dreams: Slavery and Empire in the Cotton Kingdom* (Harvard University Press, 2013), 221.

9. Tessa Annette Neblett Evans, "From Swamps to Swamping: The Usage and Perceptions of Swamps by African-Americans in Antebellum and Postbellum Arkansas and Louisiana" (석사 논문, James Madison University, 2014), 53, https://commons.lib.jmu.edu/master201019/196.

10. 역사가 실비안 디우프는 미국 내 탈주 사회의 역사를 연구한다. 이것은 대체로 무시되고 소거되고 망각된 이야기들의 그물망이다. 아프리카인 노예제의 역사가 있는 다른 나라들에서도 비슷한 인종 저항 이야기가 찬미되고 있지만 미국은 그렇지 않다. "그렇다면 나는 말한다. '여기에 탈주가 미국에서 기억되고 찬미되는 방식이 있다.' 그것은 빈 슬라이드다. 그것이야말로 미국에서 진실인 것이기 때문이다. 어떤 앎도, 어떤 의식도 없다." Sylviane Diouf를 보라. 앞의 문장은 Pryor, "Hidden and Eternal Spirit"에서 재인용.

11. Acts of the North Carolina General Assembly, 1741, Chapter XXIV, "An Act Concerning Servants and Slaves," XLV, 2024년 7월 2일 접속, via "Colonial and State Records of North Carolina," Documenting the American South, https://docsouth.unc.edu/csr/index.php/document/csr23-0012.

12. Solomon Northrup, *Twelve Years a Slave: Narrative of Solomon Northrup, a Citizen of*

New-York, Kidnapped in Washington City in 1841, and Rescued in 1853, from a Cotton Plantation Near the Red River, in Louisiana (Derby and Miller, 1853), 239, 2024년 7월 7일, 출처: Documenting the American South, https://docsouth.unc.edu/fpn/northup/northup.html. 한국어판은 『노예 12년』(열린책들, 2014).

13. Evans, "From Swamps to Swamping," 52.

14. Evans, "From Swamps to Swamping," 52.

15. Jane Oliver, Bernice Bowden와의 인터뷰, Federal Writers' Project, *Slave Narratives: A Folk History of Slavery in the United States from Interviews with Former Slaves*, vol. 2, *Arkansas Narratives*, 5부 (Library of Congress, 1941), 229, 2024년 7월 2일 접속, 출처: Library of Congress, https://tile.loc.gov/storage-services/service/mss/mesn/mesn-025/mesn-025.pdf.

16. Juliana Durack and Susan V. Lynch, "The Gut Microbiome: Relationships with Disease and Opportunities for Therapy," *Journal of Experimental Medicine* 216, no. 1 (2019년 1월): 20–40, https://doi.org/10.1084/jem.20180448.

17. 건강, 장내 미생물 불균형, 환경 파괴의 관계에 대해 많은 생각을 하게 만드는 글로는 Sophie Strand의 책 *The Flowering Wand: Rewilding the Sacred Masculine* (Inner Traditions, 2022)을 추천한다.

18. Denise Kelly and Imke E. Mulder, "Microbiome and Immunological Interactions," *Nutrition Reviews* 70 (2021년 8월): S18–S30, https://doi.org/10.1111/j.1753-4887.2012.00498.x; and Elizabeth A. Archie and Kevin R. Theis, "Animal Behaviour Meets Microbial Ecology," *Animal Behaviour* 82, no. 3 (2011년 9월): 425–436, https://doi.org/10.1016/j.anbehav.2011.05.029.

19. Stephen W. Porges, "Polyvagal Theory: A Biobehavioral Journey to Sociality," *Comprehensive Psychoneuroendocrinology* 7 (2021년 8월): https://doi.org/10.1016/j.cpnec.2021.100069.

20. 만성 스트레스를 받으면 미생물군이 달라지고 당에 대한 갈망이 커진다. 그러면 설탕을 비롯한 대농장 작물을 과잉 섭취하여 속성으로 위안을 추구하게 될 수 있다. Zachary M. Harvanek et al., "Psychological and Biological Resilience Modulates the Effects of Stress on Epigenetic Aging," *Translational Psychiatry* 11 (2021): https://doi.org/10.1038/s41398-021-01735-7을 보라.

21. Augusto J. Montiel-Castro et al., "The Microbiota-Gu-Brain Axis: Neurobehavioral Correlates, Health and Sociality," *Frontiers in Integrative Neuroscience* 7 (2013년 10월): https://doi.org/10.3389/fnint.2013.00070.

22. Susan M. Hughes et al., "Sex Differences in Romantic Kissing Among College Students: An Evolutionary Perspective," *Evolutionary Psychology* 5, no. 3 (2007년 7월): https://doi.org/10.1177/147470490700500310.

23. Montiel-Castro et al., "The Microbiota-Gut-Brain Axis."

퀴어함을 찬미하면 어떤 지식이 꽃필 수 있을까?

1. Gottfried Wilhelm Leibniz, *The Monadology*, Lloyd Strickland 옮김 (Edinburgh University Press, 2014), 28. 한국어판은 『모나드론 외』(책세상, 2019) 61쪽. 문단은 이렇게 이어진다. "같은 의미에서 사람이 조금 떨어진 곳에서 연못 속을 들여다보는 것과 같다. 사람은 그 안에서 오직 하나의 혼동된 운동만을 보며 물고기와 자신을 구분하지 않고 연못 안의 물고기들이 헤엄치는 것만을 보는 것과 같다"(28).

2. George W. Hudler, *Magical Mushrooms, Mischievous Molds* (Princeton University Press, 1998).

3. Kimmerer, *Braiding Sweetgrass*, 180. 한국어판은 『향모를 땋으며』 266쪽. 받드는 거둠은 지속 가능하고 양심적인 채집 윤리이며 키머러에 따르면 "물리적 세계와 형이상학적 세계 둘 다에 대한 책임감을 바탕으로 삼는"다(183). 한국어판은 같은 책 272쪽.

4. S. E. Smith and D. J. Read, *Mycorrhizal Symbiosis*, 제3판. (Academic Press, 2008).

5. Carl Zimmer, "After a Mass Extinction, Only the Small Survive," *New York Times*, 2015년 11월 12일, https://www.nytimes.com/2015/11/13/science/after-a-mass-extinction-only-the-small-survive.html.

6. J. B. S. Haldane, quoted in Kenneth A. Kermack, "Correspondence (January 16, 1992)," *The Linnean* 8, no. 3 (1992년 8월): 12, https://ca1-tls.edcdn.com/Linnean-8-3-1992.pdf.

7. 이 불확실성은 여러 요인에서 비롯하는데, 그중 하나는 대다수 균류 종의 성격이 변화무쌍하고 은밀하다는 것이다. 균계에는 단세포 균류가 포함된다. 이를테면 효모는 용설란에 저장된 감로에서 살거나 인체 소화관의 융털에 처박혀 있다. 더 쉽게 눈에 띄는 대형(버섯을 만드는) 균류는 대부분의 기간을 무성 균사 상태로 지내며 인간에게 전혀 관찰되지 않은 채 토양의 공극을 누비거나 나무줄기를 통해 퍼져 나간다. 균류 생물 다양성의 계산은 식물 다양성 데이터에 의존하며 곤충 다양성 데이터에 대한 의존도도 점차 커지고 있다. 우리는 식물이 약 50만 종임을 알고 있으며 균류는 이 종들의 전부는 아닐지라도 대부분과 다양한 방식으로 상호작용하므로 균류학자들은 각각의 식물종에 대해 여덟 종의 균류가 있다고 추산했다. 하지만 새로운 종이 계속해서 발견됨에 따라(서구 과학자들에 의한 형식적 분류에서 새로울 뿐 아니라 인간에게 처음 관찰된다는 뜻) 추정값은 계속 증가한다. 심해 열수 분출공에서 곤충 표면까지 연

구가 거의 이루어지지 않은 서식처에서 균류가 계속 발견됨에 따라 식물 다양성을 기준으로 삼으면 균류 다양성을 과소평가할 우려가 있다. 얼마나 과소평가하는지는 알 수 없다.

8. Kevin D. Hyde, "The Numbers of Fungi," *Fungal Diversity* 114 (2022): https://doi. org/10.1007/s13225-022-00507-y.

9. Patricia Kaishian et al., "Definitions of Parasites and Pathogens Through Time," *Authorea* (2024년 3월): https://doi.org/10.22541/au.165712662.22738369/v2을 보라. 나는 초록에 이렇게 썼다. "방대한 문헌에서는 기생충과 병원균을 확고하게 부정적으로 간주함으로써 객관성이 결여되고 이 유기체들의 생물학에 대한 온전한 이해를 제약하는 정의를 제시했다. 해석이 다르면 정의가 달라져 혼란이 일어났다. 여기서 나는 두 정의의 주목할 만한 역사, 역사를 통틀어 제안된 대안적 정의들의 개관, 두 용어에 대한 잠정적 정의를 제시한다. 나는 무엇이 기생충이나 병원균인지를 가르는 선이 종종 흐릿하며 상호작용의 다중적 성격 때문에 더욱 복잡하다는 사실을 발견한다."

10. Danny Haelewaters et al., "Laboulbeniomycetes, Enigmatic Fungi with a Turbulent Taxonomic History," 출전: *Encyclopedia of Mycology*, Óscar Zaragoza and Arturo Casadevall 엮음, vol. 1 (Elsevier, 2021), 263–283.

11. Haelewaters et al., "Laboulbeniomycetes."

12. Corey T. Callaghan, Shinichi Nakagawa, and William K. Cornwell, "Global Abundance Estimates for 9,700 Bird Species," *Proceedings of the National Academy of Sciences* 118, no. 21 (2021년 5월): https://doi.org/10.1073/pnas.2023170118.

13. Jon Krakauer, *Into the Wild* (Anchor Books, 1997). 한국어판은 『야생 속으로』(리리, 2019).

14. Boris Pasternak, 『Doctor Zhivago』, Max Hayward and Manya Harari 옮김 (Pantheon Books, 1991), 75, Krakauer, *Into the Wild*, 188에서 재인용. 한국어판은 『야생 속으로』 312쪽.

15. Krakauer, *Into the Wild*, 189. 한국어판은 『야생 속으로』 313쪽.

16. Aristotle, *History of Animals*, Richard Cresswell 옮김 (George Bell and Sons, 1897). 한국어판은 『동물지』(노마드, 2023).

17. 많은 종은 악랄한 역사적 인물의 이름으로 불린다. 특히나 고약하고 정신 나간 사례로, 제임스 슬리고 제임슨(위스키 증류업자의 후손)은 아프리카에 서식하는 제임슨핀치를 비롯한 새들의 이름에 들어 있다. 제임스는 영국의 조류학자로, 그가 아프리카에서 작성한 야장(野帳)에는 흑인을 비하하는 낱말이 잔뜩 들어 있으며 열 살짜리 여자아이를 구입한 뒤 현지 부족에게 돈을 주고 그녀를 먹게 했다는 끔찍한 기록도 실

려 있다. (영국인들은 아프리카인의 식인 풍습에 심취했으며 이를 이용하여 식민 지배를 정당화했다.) 유명 조류학자 존 제임스 오듀본(여러 새와 저명한 오듀본협회가 그의 이름을 땄다)은 이 분야에 주목할 만한 기여를 했지만 노예제를 공공연히 옹호하기도 했다. 그의 일기에는 남동부 소택지에 탐조 여행을 갔다가 노예제를 피해 달아난 가족을 만난 역겨운 이야기가 실려 있다. 그는 자신이 '마땅히' 그들을 '주인'에게 돌려보냈다고 썼다. 2023년 오듀본협회는 대중의 압력에도 불구하고 명칭 변경안을 부결시켰다.

18. Sam Kean, "Historians Expose Early Scientists' Debt to the Slave Trade," *Science*, 2019년 4월 4일, https://www.science.org/content/article/historians-expose-early-scientists-debt-slave-trade.

19. Ritta Jo Horsley and Richard A. Horsley, "On the Trail of the 'Witches': Wise Women, Midwives and the European Witch Hunts," *Women in German Yearbook* 3 (1987): 1–28, http://www.jstor.org/stable/20688683.

20. Kevin E. Omland et al., "Tree Thinking for All Biology: The Problem with Reading Phylogenies as Ladders of Progress," *BioEssays* 30, no. 9 (2008년 9월): 854–867, https://doi.org/10.1002/bies.20794; and Stuart F. McDaniel, "Bryophytes Are Not Early Diverging Land Plants," *New Phytologist* 230, no. 4 (2021년 2월): 1300–1304, https://doi.org/10.1111/nph.17241를 보라.

21. Carl Linnaeus, Charles C. Plitt, "A Short History of Lichenology," *Bryologist* 22, no. 6 (1919년 11월): 77, https://doi.org/10.2307/3238526에서 재인용.

22. 이 주제에 대해 더 자세히 알고 싶으면 Patricia Kaishian and Hasmik Djoulakian, "The Science Underground: Mycology as a Queer Discipline," *Catalyst: Feminism, Theory, and Technoscience* 6, no. 2 (2020년 가을): https://doi.org/10.28968/cftt.v6i2.33523을 보라.

23. 치마버섯(*S. commune*) 같은 균류에서의 유성 생식 재조합은 서로 다른 두 염색체에서의 한 유전자 쌍에 의해 조절된다. 두 유전자는 A와 B로 불린다. 각 유전자는 알파와 베타라는 대립 유전자가 있다. 그래서 이 균류들은 A-알파, A-베타, B-알파, B-베타의 4극성이 되며 네 가지 조합의 교배형이 가능하다. 게다가 네 자리 각각에서 수많은 변이가 일어난다. A-베타에는 약 32가지 변이가 있으며 A-알파, B-알파, B-베타는 전부 9가지 변이가 있다. 치마버섯의 두 개체가 짝짓기하려면 A에 대해서와 B에 대해서 고유한 변이가 있어야 한다. 네 유전자 자리 각각에서 각 변이의 순열은 가능한 성의 개수($32{\times}9{\times}9{\times}9{=}23{,}328$)와 같다. John R. Raper, *Genetics of Sexuality in Higher Fungi* (Ronald Press, 1966)를 보라.

24. Kaishian and Djoulakian, "The Science Underground."

25. Patricia Kaishian and Alex Weir, "New Species of *Laboulbenia* (Laboulbeniales, Ascomycota)

on Heteroptera (Hemiptera, Insecta) from South America," *Mycologia* 113, no. 5 (2021): 988–994, https://doi.org/10.1080/00275514.2021.1926170.

26. 이 문구는 Charles Darwin의 *On the Origin of Species* (John Murray, 1859), 490를 마무리하는 문장에 들어 있다. 한국어판은 『종의 기원』(사이언스북스, 2019).

까마귀의 언어

1. 보이저호 임무에 대한 기본 개요는 California Institute of Technology Jet Propulsion Laboratory, "Mission Overview," NASA, 2024년 7월 25일 접속, https://voyager.jpl.nasa.gov/mission/를 보라.

2. California Institute of Technology Jet Propulsion Laboratory, "Making of the Voyager Golden Record," NASA, 2024년 7월 25일 접속, https://voyager.jpl.nasa.gov/golden-record/making-of-the-golden-record/.

3. "Greetings to the Universe in 55 Different Languages," NASA, 2024년 9월 23일 접속, https://science.nasa.gov/mission/voyager/golden-record-contents/greetings/.

4. "Greetings to the Universe."

5. Jad Abumrad and Robert Krulwich, "Carl Sagan and Ann Druyan's Ultimate Mix Tape," 출전: *Morning Edition*, 팟캐스트, Soren Wheeler 제작, 2010년 2월 12일, 7:19, https://www.npr.org/2010/02/12/123534818/carl-sagan-and-ann-druyans-ultimate-mix-tape.

6. Ann Druyan, Abumrad and Krulwich, "Ultimate Mix Tape"에서 재인용.

7. "Images on the Golden Record," NASA, 2024년 7월 25일 접속, https://science.nasa.gov/mission/voyager/golden-record-contents/images.

8. "Golden Record Sounds and Music: Sounds of Earth," NASA, 2024년 7월 25일 접속, https://science.nasa.gov/mission/voyager/golden-record-contents/sounds/.

9. "Sounds of Earth."

10. "Sounds of Earth."

11. "Sounds of Earth."

12. Carl Sagan, 출전: *Cosmos*, 11화, "The Persistence of Memory," 1980년 12월 7일 방영, 제공: Library of Consciousness, https://www.organism.earth/library/document/cosmos-11.

13. 골든 레코드를 제작한 사람들의 회상으로는 Timothy Ferris, "How the *Voyager*

Golden Record Was Made," *New Yorker*, 2017년 8월 20일, https://www.newyorker.com/tech/annals-of-technology/voyager-golden-record-40th-anniversary-timothy-ferris를 보라.

14. William Shatner, *Boldly Go: Reflections on a Life of Awe and Wonder* (Atria Books, 2022), 89.

15. Shatner, *Boldly Go*, 89.

16. Shatner, *Boldly Go*, 90.

17. Shatner, *Boldly Go*, 90.

18. Ross Martin-Pavitt, "Jeff Bezos Interrupts Emotional William Shatner to Spray Champagne After Rocket Landings," *The Independent* (UK), 2021년 10월 13일, https://www.independent.co.uk/tv/news/jeff-bezos-interrupts-emotional-william-shatner-to-spray-champagne-after-rocket-landing-b2192640.html.

19. 두 탈출구 모두 철학자 티머시 모턴이 자신의 책 *Humankind: Solidarity with Non-Human People* (Verso Books, 2017)에서 '절단(severing)'이라고 부르는 것의 예다. 모턴은 현재의 지구적 위기를 이해하려면 우리가 다른 종들과의 상호 의존성을 부정했음을 인식해야만 한다고 주장한다. 절단은 "재앙이다. 직선적 시간에서 특정 '점' '에서' 일어나는 것이 아니라 많은 차원으로 물결쳐 나가는 파도이며 우리는 그 여파에 붙들려 있다"(17).

20. 방선균은 토양 서식 세균의 속(屬)으로, 비 온 후 흙냄새(종종 '페트리코어(petrichor)'라고 부른다)의 원인 중 하나다. 이 냄새를 일으키는 화합물을 지오스민이라고 부른다. 많은 생물군이 지오스민에 매우 민감한 것으로 알려져 있는데, 이는 이 화합물에 대한 수용체가 생명의 나무에서 일찌감치 진화했음을 보여준다. Keith F. Chater, "The Smell of the Soil," Microbiology Society, 2015년 5월 7일, https://microbiologysociety.org/publication/past-issues/soil/article/the-smell-of-the-soil.html; and Tateyuki Morisawa et al., "Physiological and Psychological Effects of Scent of Soil on Human Beings" *Open Journal of Soil Science* 7, no. 9 (2017년 9월): 235-244, https://doi.org/10.4236/ojss.2017.79017를 보라.

21. Qur'an 5:31 (Abdullah Yusuf Ali 옮김, 1946), https://corpus.quran.com/translation.jsp?chapter=5&verse=31.

22. Kaeli Swift, "Corvid Thanatology (CROW FUNERALS)," 출전: *Ologies with Alie Ward*, 팟캐스트, 2018년 10월 29일, 1:13:43, https://www.alieward.com/ologies/corvid-thanatology.

23. Knud A. Jønsson et al., "Major Global Radiation of Corvoid Birds Originated in the Proto-Papuan Archipelago," *Biological Sciences* 108, no. 6 (2011년 2월): 2328-2333,

https://doi.org/10.1073/pnas.1018956108.

24. 민족생물학자 레이먼드 피에로티는 논문 "Learning About Extraordinary Beings"에서 아메리카 대륙 전역의 토착 부족 이야기들을 논의한다. 이 이야기들은 까마귀의 행동과 진화 과정에 대한 날카로운 통찰력을 보여준다. 그는 이렇게 썼다. "일부 부족과 퍼스트 네이션들에게 까마귀는 누가 새 대륙의 새 서식처에 들어오고 어떻게 살아남는가를 보여주는 창조주로 간주되었다"(46). Raymond Pierotti, "Learning About Extraordinary Beings: Native Stories and Real Birds," *Ethnobiology Letters* 11, no. 2 (2020): 44–51, https://doi.org/10.14237/ebl.11.2.2020.1640를 보라.

25. Natalie Uomini et al., "Extended Parenting and the Evolution of Cognition," *Philosophical Transactions of the Royal Society B: Biological Sciences* 375, no. 1803 (2020년 7월): https://doi.org/10.1098/rstb.2019.0495.

26. 까마귀류의 인지 능력에 대한 자세한 내용은 Nathan J. Emery, "Cognitive Ornithology: The Evolution of Avian Intelligence," *Philosophical Transactions of the Royal Society B: Biological Sciences* 361, no. 1465 (2006년 1월): 23–43, https://doi.org/10.1098/rstb.2005.1736를 보라.

27. Swift, "Corvid Thanatology."

28. Swift, "Corvid Thanatology."

29. Swift, "Corvid Thanatology."

30. 도래까마귀와 까마귀의 지각에 대해서는 Willow Defebaugh, "As the Crow Flies," *Atmos*, 2021년 3월 12일, https://atmos.earth/ravens-crows-symbolism-behavior/를 보라.

31. Jack Halberstam, *Female Masculinity* (Duke University Press, 1998). 한국어판은 『여성의 남성성』(이매진, 2015). 핼버스탬은 첫눈에 명백하지 않을 수도 있는 지식, 정보, 실천을 탐색하고 발굴하는 과정을 지목한다. "어떻게 보면 퀴어 방법론은 서로 다른 여러 방법을 활용해 전통적인 인간 행동 연구에서 의도적이거나 우연히 배제된 주제들에 관한 정보를 수집하고 생산하는 일종의 청소부 방법론(scavenger methodology)이다. 퀴어 방법론은 흔히 서로 불화한다고 여겨지는 방법들을 결합하려 시도하며, 학문의 응집성에 관한 학계의 강요를 거부한다"(13). 한국어판은 『여성의 남성성』 40쪽.

32. 이 용어는 위에서 언급한 핼버스탬의 개념에 빗대어 Kaishian and Djoulakian, "The Science Underground"에서 내가 만들었다. 균류학은 퀴어함과 마찬가지로 감각하기, 직관, 구술사 같은 정량적 접근법과 정성적 접근법을 조합하여 이용하지만 나는 균류학자들이 비유적 이유와 문자적 이유로 '청소부'보다 '채집가'를 선호하는 듯하다고 느꼈다.

33. ILGA World, "The Impact of Colonial Legacies"; and Alozie, "Did Europe Bring

Homophobia to Africa?"를 보라.

34. Swift, "Corvid Thanatology."

35. "Performance of the Armenian Epic of 'Daredevils of Sassoun' or 'David of Sassoun,'" UNESCO, 2024년 7월 15일 접속, https://ich.unesco.org/en/RL/performance-of-the-armenian-epic-of-daredevils-of-sassoun-or-david-of-sassoun-00743.

36. Leon Surmelian 옮김, *Daredevils of Sassoun* (Alan Swallow, 1964), 249.

37. V. F. Cordova, *How It Is: The Native American Philosophy of V. F. Cordova*, Kathleen Dean Moore et al. 엮음 (University of Arizona Press, 2007), 13.

38. 레이먼드 피에로티는 "Learning About Extraordinary Beings"에서 위의 아파치족 이야기가 "인간과 인간 아닌 존재 사이에 직접 대화가 가능하다고 여겨진 시기를 가리키며 이것은 앞선 시대에 인간이 자신을 인간 아닌 존재와 비슷하게 여겼기 때문일 것"이라고 썼다(46).

39. 나는 Joseph Marshall III, "Voices in the Wind," 출전: *On Behalf of the Wolf and the First Peoples* (Red Crane Books, 1995)를 읽다가 감명받아 이 구절을 지어냈다. 라코타족 일원 마셜은 이렇게 썼다. "최초의 부족들은 자신들에게 이해하는 힘이 있음을 알았다. 마찬가지로 그들은 다른 종도 스스로를 다른 생명체에 비해 고유하게 만드는 능력이 있음을 알았다. 말하자면 최초의 부족들은 추론하거나 이해하는 능력 덕에 자신들이 우월하다고 여기지 않았다. 그저 생존의 열쇠라고만 여겼다"(8).

40. 신뢰성과 (글에서 비롯하는) '문자 그대로의 진실' 개념에 대해 생각하도록 내게 영감을 선사한 것은 작가 소피 스트랜드와 데이비드 에이브럼이 온라인 강좌 "Rewilding Mythology"에서 나눈 대화의 기록이었다. 강좌는 스트랜드가 기획하고 교육 플랫폼 Advaya에서 주최했다.

41. Swift, "Corvid Thanatology."

42. 이것은 매우 직관적인 나의 친구 로버트 파스토레(매직(Magik)이라고 불리기도 한다)에게 바치는 찬사다. 그는 동료 과학자로, 나는 이 주제(를 비롯한 여러 주제)에 대해 그와 풍성한 대화를 많이 나누었다. 우리의 직관은 우리보다 먼저 친구가 되었다.

우리는 지독히 불순하다

1. Bessel van der Kolk, *The Body Keeps the Score: Brain, Mind, and Body in the Healing of Trauma* (Viking, 2014). 한국어판은 『몸은 기억한다』(을유문화사, 2020).

2. Bagemihl, *Biological Exuberance*, 9와 Geoff R. MacFarlane et al., "Same-Sex Sexual Behavior in Birds: Expression Is Related to Social Mating System and State of

Development at Hatching," *Behavioral Ecology* 18, no. 1 (2007년 1월): 21–33, https://doi.org/10.1093/beheco/arl065을 보라. 한국어판은『생물학적 풍요』32쪽. 정자새에 대한 모든 기록은 수컷의 동성 행동에 대한 것이었지만 이것은 관찰 편향 때문일 수도 있다. 조류학자들은 정자 안에서 벌어지는 활동에 관심을 기울일 때가 많기 때문이다.

3. Charles Darwin이 Asa Gray에게 보낸 편지, 1860년 4월 3일, 출처: Gray Herbarium of Harvard University에 소장된 자료, Darwin Correspondence Project를 통해 접속, https://www.darwinproject.ac.uk/letter/DCP-LETT-2743.xml.

4. St. George Jackson Mivart, "[Review of] *The Descent of Man, and Selection in Relation to Sex*," *Quarterly Review* 131 (1871년 7월): 47–90, Darwin Online을 통해 접속, https://darwin-online.org.uk/content/frameset?itemID=A69&viewtype=text&pageseq=1.

5. Christine Dell'Amore, "Why This Coyote and Badger 'Friendship' Has Excited Scientists," *National Geographic*, 2020년 2월 5일, https://www.nationalgeographic.com/animals/article/coyote-badger-video-behavior-friends.

6. Patrick J. Weatherhead and Raleigh J. Robertson, "Offspring Quality and the Polygyny Threshold: 'The Sexy Son Hypothesis,'" *American Naturalist* 113, no. 2 (1979년 2월): 201–208, https://doi.org/10.1086/283379; Helga Gwinner and Hubert Schwabl, "Evidence for Sexy Sons i European Starlings (*Sturnus vulgaris*)," *Behavioral Ecology and Sociobiology* 58, no. 4 (2005년 8월): 375–382, https://doi.org/10.1007/s00265-005-0948-0; John A. Byers and Lisette Waits, "Good Genes Sexual Selection in Nature," *Proceedings of the National Academy of Sciences* 103, no. 44 (2006년 10월): 16343–16345, https://doi.org/10.1073/pnas.0608184103를 보라.

7. Renée C. Firman et al., "Postmating Female Control: 20 Years of Cryptic Female Choice," *Trends in Ecology and Evolution* 32, no. 5 (2017년 5월): 368–382, https://doi.org/10.1016/j.tree.2017.02.010.

8. Noam Chomsky, *Syntactic Structures* (Mouton & Co., 1957). 한국어판은『촘스키의 통사 구조』(알마, 2016).

9. Klaus Zuberbühler, "Syntax and Compositionality in Animal Communication," *Philosophical Transactions of the Royal Society B: Biological Sciences* 375, no. 1789 (2020년 1월): https://doi.org/10.1098/rstb.2019.0062.

10. 이것은 Michael J. Ryan's *A Taste for the Beautiful: The Evolution of Attraction* (Princeton University Press, 2018)의 핵심 주제를 살짝 바꿔 표현한 것이다. 한국어판은『뇌는 왜 아름다움에 끌리는가』(빈티지하우스, 2020).

11. Simha et al., "Moving Beyond the 'Diversity Paradox.'"

12. 자연을 이용하여 이성애 규범을 떠받치는 것과 마찬가지로 이것은 이중 전의의 사례다. Simha et al., "Moving Beyond the 'Diversity Paradox'"를 보라.

13. 우생학 기획은 유사과학적 수단을 이용하여 기존 인종·계급 위계질서를 정당화하려는 노골적 시도였다. 유전학 언어를 이용하자면 우생학자들은 인종의 생물학적 본성을 입증하고 이를 지능, 직업 윤리, 빈곤, 범죄성 같은 인종화된 특질에 연관시키려 시도했다. 우생학 지지자들은 궁극적으로 사회적 위계질서를 유지하려 했으며 '노르딕 인종'(훗날 유럽인과 백인을 더 폭넓게 포함하도록 확장되었다)의 우월성과 능력, 성별, 성적 지향의 위계질서를 주장했다. 구체적으로 우생학의 목표는 유럽인의 기준에서 우월하다고 평가된 유전 특질과 행동을 간직하는 것이었다. 이를 위해 선택 교배, 열등하다고 간주된 집단의 불임 시술, 특정 집단의 타 집단 지배를 강화하는 제도 구축을 동원했다.
'야생지' 개념 자체가 우생학에 영향 받은 아메리카 자연보전 운동에서 탄생했다. 야생지 보호를 가장 열렬히 주장하여 미국의 주류 자연보전 운동과 국립공원 체계의 초석을 놓은 사람들 중 일부(시어도어 루스벨트 포함)도 공공연한 우생학 지지자였다. 그들은 야생지가 백인 인종과 마찬가지로 완전한 절멸 위험에 처했다고 우려했다. 자세한 내용은 Garland E. Allen, "'Culling the Herd': Eugenics and the Conservation Movement in the United States, 1900–1940," *Journal of the History of Biology* 46, no. 1 (2013년 2월): 31–72, https://doi.org/10.1007/s10739-011-9317-1을 보라.

14. 우생학의 핵심에는 유전 물질이나 유전자 풀의 순수성 관념이 있다. 이 분야를 주도한 사람으로는 프랜시스 골턴(1822~1911), 칼 피어슨(1857~1936), 이른바 통계학의 아버지 로널드 에일머 피셔(1890~1962) 등이 있다. 그들의 정치적 견해는 소외당하지도 은밀하지도 정상참작의 여지도 없었다. 피셔는 1940년부터 1943년까지 영국 유전학회 회장을 지냈는데, '저능아'의 불임 시술에 찬성했다. 독일 제3제국이 무너지자 그는 나치 과학자 오드마르 프라이헤어 폰 페르슈어의 복직을 청원하는 편지를 썼다. 페르슈어는 '죽음의 천사'로 알려진 악명 높은 의사 요제프 루돌프 멩겔레의 제자였다. 피셔는 편지에서 나치에 대해 이렇게 썼다. "그들의 편견에도 불구하고 저는 나치당이 진심으로 독일 인종 구성에 (특히 명백한 결함을 제거함으로써) 유익을 끼치고 싶어했으리라 전혀 의심하지 않습니다." "Ronald Aylmer Fisher," University College London Division of Biosciences, 2024년 7월 15일 접속, https://www.ucl.ac.uk/biosciences/gee/ucl-centre-computational-biology/ronald-aylmer-fisher-1890-1962와 Walter Bodmer et al., "The Outstanding Scientist, R.A. Fisher: His Views on Eugenics and Race," *Heredity* 126 (2021년 4월): 565–576, https://doi.org/10.1038/s41437-020-00394-6를 보라.

15. 반란으로서의 돌연변이에 대한 사변적 논의로는 Darien Brito, "On the Electric Ecumene," Ars for Nons, 2024년 7월 15일, https://www.arsfornons.com/를 보라.

16. 이것은 Kimmerer, *Braiding Sweetgrass*, 39에 실린 에세이 "Asters and Goldenrod"에 바치는 찬사다. 한국어판은 『향모를 땋으며』 66쪽.

공동체의 시간

1. Hui Jiang et al., "Mesozoic Evolution of Cicadas and Their Origins of Vocalization and Root Feeding," *Nature Communications* 15, no. 376 (2024): fig. 3, "Lineage Reconstruction Based on Data from a Phylogenetic Analysis and Morphological Diversity," https://doi.org/10.1038/s41467-023-44446-x.

2. Richard Karban, "Periodical Cicada Nymphs Impose Periodical Oak Tree Wood Accumulation," *Nature* 287 (1980년 9월): 326–327, https://doi.org/10.1038/287326a0.

3. Matthew A. Campbell et al., "Idiosyncratic Genome Degradation in a Bacterial Endosymbiont of Periodical Cicadas," *Current Biology* 27, no. 22 (2017년 11월): 3568–3575, https://doi.org/10.1016/j.cub.2017.10.008.

4. Karban, "Periodical Cicada Nymphs."

5. 나는 매미들에서는 동성 짝짓기 만남의 기록을 본 적이 없지만 이것은 곤충에게 흔하다. 수컷 매미가 한 번도 자신의 노래로 다른 수컷을 매혹시키지 않았거나 암컷의 반짝거리는 날개가 다른 암컷의 눈을 사로잡지 않았다면 놀라울 것이다.

6. Cari A. Ritzenthaler et al., "The Feedback Loop Between Aboveground Herbivores and Soil Microbes via Deposition Processes," 출전: *Aboveground-Belowground Community Ecology*, vol. 234 of *Ecological Studies*, Takayuki Ohgushi et al. 엮음 (Springer, 2018).

7. Hiromu Ito et al., "Evolution of Periodicity in Periodical Cicadas," *Scientific Reports* 5, no. 14094 (2015년 9월): https://doi.org/10.1038/srep14094.

8. Ito et al., "Evolution of Periodicity."

9. Nick Martin, "Why 'Funga' Is Just as Important as Flora and Fauna," *National Geographic*, 2024년 3월 11일, https://www.nationalgeographic.com/science/article/kingdom-funga-fungi.

10. Allen, "Culling the Herd."

11. Aldo Leopold, *A Sand County Almanac: And Sketches Here and There* (Oxford University Press, 1989), 43. 한국어판은 『모래군의 열두 달』(정한책방, 2024) 78쪽.

12. 흥미롭게도 회향과 근연종인 같은 이름의 식물이 북아프리카, 서아시아, 유럽에서 자라면서 수천 년간 인류 문화와 얽혔다. 이 실피움은 의약품, 피임약, 최음제, 유제류를 위한 푸짐한 먹이 등 여러 쓰임새가 있었다. 로마인과 그리스인뿐 아니라 북아

프리카 도시 키레네 주민들은 실피움을 어찌나 애지중지했던지 화폐 상징으로 쓰기까지 했다. 실피움은 씨앗이 심장 모양이고 사랑, 섹스, 건강과 연관되어 있어서 학계에서는 현재 세계적으로 인정되는 하트 상징의 기원으로 여긴다. 애석하게도 이 실피움은 멸종했는데, 아마도 과도한 수확 때문이었을 것이다. Eddie Johnston, "On the Hunt for the Mystery Herb," Royal Botanic Gardens, Kew, February 2, 2022, https://www.kew.org/read-and-watch/silphium-mystery; and Matt Candeias, "The Heart," *In Defense of Plants*, 2016년 2월 13일, https://www.indefenseofplants.com/blog/2016/2/13/3-the-heart-3. 한국어판은 『식물을 위한 변론』(타인의사유, 2022).

13. Yang and Jon Waterman, "Uncovering Native History in Badlands National Park," *National Geographic*, 2021년 11월 11일, https://www.nationalgeographic.com/travel/article/uncovering-native-history-in-badlands-national-park.

14. 미국 프레리 서식처의 대부분은 정착민들이 도착한 직후 파괴되었다. 오늘날 일부 추산에 따르면 미국 전역의 원래 프레리 서식처 중에서 남아 있는 것은 1퍼센트에 불과하다고 한다. '프레리주'라 불리는 일리노이주에서는 0.1퍼센트로 추산된다. US Department of Agriculture, "Nature and Science: Science in Action," 2024년 7월 17일 접속, https://www.fs.usda.gov/main/midewin/learning/nature-science을 보라.

15. Dean Klinkenberg, "The 70 Million-Year-Old History of the Mississippi River," *Smithsonian*, 2020년 9월, https://www.smithsonianmag.com/science-nature/geological-history-mississippi-river-180975509/.

16. E. Donald McKay III et al., *Surficial Geology of the Middle Illinois River Valley*, 2010, Illinois Map 16, Illinois State Geological Survey, https://chf.isgs.illinois.edu/maps/regional/mid-il-valley-sg.pdf.

17. Kenneth R. Robertson, "Illinois Natural History Survey: Tallgrass Prairie," University of Illinois Urbana-Champaign, 2024년 7월 16일 접속, https://publish.illinois.edu/tallgrass-prairie/.

18. Robertson, "Illinois Natural History Survey."

19. Alicia Auhagen and the Myaamia Center, "Myaamionki: The Places of the Miami," Miami University, 2022년 11월 14일, https://stories.miamioh.edu/myaamionki-the-places-of-the-miami#!.

20. 찌르레기는 유럽에서 들어온 종이지만 지금은 미국에 풍부하다. 찌르레기는 짙은 색에 무지갯빛 반점이 있는 아름다운 새다. 1890년 찌르레기를 뉴욕시에 들여온 장본인은 유진 시플린이다. 셰익스피어의 열성팬인 시플린은 셰익스피어의 작품에서 언급된 모든 새 종류를 센트럴파크에 모으려 했다. 대부분은 버티지 못했지만 찌르레기와 참새 같은 소수의 튼튼하고 다재다능하고 잡식성인 종은 살아남았다.

21. 나는 (과학 커뮤니케이터이자 학자 올가 쿠친스카야의 말을 빌리자면) '비가시성의 정치학 (politics of invisibility)'에 관심이 있다. 같은 제목의 책에서 그녀는 환경 독소와 환경 재난, 그리고 사람들이 막연한 위협에 대응하거나 대응에 실패하는 방식을 탐구한다. 특히 체르노빌 사고의 방사능 낙진과 치명적이지만 대체로 감지되지 않는 위기에 대한 복잡한 사회적 대응에 주목한다. 쿠친스카야는 사회적 권력이 금전적 이익이나 국가주의적 이익을 보호하려는 수단으로 어떤 것들을 가시화하고 다른 것들을 비가시화한다고 주장한다. 이것은 현행 기후 변화 위기에서 뚜렷이 드러난다. 지구 인구의 대부분은 인류 문명과 우리 지구를 이미 파괴하기 시작한 재앙에 대해 무지하거나 무관심하다. 이 경우 비가시성을 달성하는 방법은 과학 데이터 억압, 언론 통제, 심지어 환경 운동가 암살 등이다. Olga Kuchinskaya, *The Politics of Invisibility: Public Knowledge About Radiation Health Effects After Chernobyl* (MIT Press, 2014)을 보라.

22. 1923년 이오시프 스탈린은 갓 건국한 국민국가 아제르바이잔에 아르차흐의 아르메니아 구역(나고르노카라바흐로 다시 명명했다)을 양도했다. 그 즉시 아제르바이잔은 정착을 동원하여 갈등을 일으킴으로써 토착 아르메니아인 다수파를 줄이려 시도했다. 아르메니아인들은 1988년 아제르바이잔으로부터 독립을 선언하고 아르메니아 본국의 자매 공화국인 아르차흐민주공화국을 건국했다. 1980년대 후반 이래로 토착 아르메니아인 다수파는 자결권을 지키려고 노력했으며 아제르바이잔의 거듭된 침공 시도에 무장 투쟁으로 맞섰다. Erin Blakemore, "How the Nagorno-Karabakh Conflict Has Been Shaped by Past Empires," *National Geographic*, 2023년 9월 25일, https://www.nationalgeographic.com/premium/article/nagorno-karabakh-armenia-azerbaijan-conflict-geography-ussr; and Jonathan Steele, "Nagorno-Karabakh Votes to Secede from Soviet Azerbaijan," *Guardian* (UK edition), 1988년 7월 13일, https://www.theguardian.com/world/2023/sep/27/nagorno-karabakh-votes-to-secede-from-soviet-azerbaijan-1988을 보라.

23. 우리의 사명 선언은 "ICAM Mission Statement," International Congress of Armenian Mycologists, 2024년 7월 16일 접속, https://icarmenian-mycologists.github.io/에서 읽을 수 있다.

24. Joe Zadeh, "The Tyranny of Time," *Noēma*, 2021년 6월 3일, https://www.noemamag.com/the-tyranny-of-time/.

25. 사회학자 막스 베버는 1904년 저서 『프로테스탄티즘의 윤리와 자본주의 정신』에서 표준화된 시간 제정, 자본주의, 노동, 프로테스탄티즘의 관계에 대해 썼다. "시간이 돈임을 잊지 마라. 매일 노동을 통해 10실링을 벌 수 있는 자가 반나절을 산책하거나 자기 방에서 빈둥거렸다면, 그는 오락을 위해 6펜스만을 지출했다 해도 그것만 계산해서는 안 된다. 그는 그 외에도 5실링을 더 지출한 것이다. 아니 갖다 버린 것이다"(48). 이렇게도 썼다. "시간 낭비는 모든 죄 가운데 최고의 중죄이다. 인생

의 기간은 각자의 부르심을 '확인하기'에 너무나 짧고 소중하다. 사교, '무익한 잡담', 사치 등을 통한 시간 낭비, 그리고 건강에 필요한 만큼 — 여섯 시간에서 최고 여덟 시간 — 을 상회하는 수면 시간에 의한 낭비는 도덕적으로 절대적인 비난을 받는다"(158). Max Weber, *The Protestant Ethic and the Spirit of Capitalism* trans. Talcott Parsons (Charles Scribner's Sons, 1958). 한국어판은 『프로테스탄티즘의 윤리와 자본주의 정신』(문예출판사, 2021) 39, 140쪽. '시계 시간'에 대해 더 읽으려면 Judith Walker, "Time as Fourth Dimension in the Globalization of Higher Education," *Journal of Higher Education* 80, no. 5 (2009년 9/10월): 483–509, https://doi.org/10.1080/00221546.2009.11779029도 보라.

26. Walter Benjamin, "On the Concept of History," Dennis Redmond 옮김, 2024년 7월 21일 접속, 출처: Marxists Internet Archive, https://www.marxists.org/reference/archive/benjamin/1940/history.htm와 Lygia Sabbag Fares, "Time and Capitalism: The Economics of the Clock," 강좌 설명, Brooklyn Institute for Social Research, 2024년 7월 16일 접속, https://thebrooklyninstitute.com/items/courses/new-york/time-and-capitalism-the-economics-of-the-clock/을 보라.

27. 자본주의의 요구에도 불구하고 속도를 늦추고 휴식하는 것에 대해 많은 글이 쓰였다. 에이드리엔 메리 브라운과 브론테 벨레스 같은 명민한 작가와 사상가들은 지속 가능하지 않고 심지어 폭력적인 자본주의의 속도로부터 우리 몸을 끊어내라고 독려한다. 자세한 내용은 adrienne maree brown, *Pleasure Activism: The Politics of Feeling Good* (AK Press, 2019)과 brontë velez, "On the Necessity of Beauty, Part 2," 출전: *For the Wild*, 팟캐스트, Ayana Young 진행, 2019년 10월 9일, 52:45, https://forthewild.world/listen/bronte-velez-on-the-necessity-of-beauty-part-2-140?rq=bronte%20velez 를 보라.

28. Heather Ann Thompson, *Blood in the Water: The Attica Prison Uprising of 1971 and Its Legacy* (Pantheon Books, 2016).

29. 곤충의 상징에 대한 자세한 내용은 Eric C. Brown, ed., *Insect Poetics* (University of Minnesota Press, 2006)를 보라.

30. Stuart Gaffney and John Lewis, "What a Difference 17 Years Make: Cicadas and LGBTIQ Equality," *San Francisco Bay Times*, 2021년 5월 20일, https://sfbaytimes.com/what-a-difference-17-years-make-cicadas-and-lgbtiq-equality/.

장소에 토박이가 된다는 것

1. "Eel Project," Hudson River National Estuarine Research Reserve, https://hrnerr.org/eel-monitoring/에서 자세한 내용을 읽을 수 있다(자원봉사 신청도 가능하다).

2. "A Glimpse of the Lenape," Riverkeeper, 2024년 7월 25일 접속, https://www.riverkeeper.org/hudson-river/hudson-river-journey/the-first-people-of-the-river/a-glimpse-of-the-lenape/page-2/.

3. Wolfgang Wiltschko and Roswitha Wiltschko, "Magnetic Orientation and Magnetoreception in Birds and Other Animals," *Journal of Comparative Physiology A: Neuroethology, Sensory Neural, and Behavioral Physiology* 191, no. 8 (2005년 8월): 675–693, https://doi.org/10.1007/s00359-005-0627-7.

4. Lynn Margulis [Sagan], "On the Origin of Mitosing Cells," *Journal of Theoretical Biology* 14, no. 3 (1967년 3월): 225–274, https://doi.org/10.1016/0022-5193(67)90079-3.

5. M. Renee Bellinger et al., "Conservation of Magnetite Biomineralization Genes in All Domains of Life and Implications for Magnetic Sensing," *Proceedings of the National Academy of Sciences* 119, no. 3 (2022년 1월): https://doi.org/10.1073/pnas.2108655119.

6. 아르메니아 인종학살, 아르차흐, 인종학살 부정, 현재의 지정학에 대한 방대한 자료를 보려면 "Introduction," Learn for Artsakh, 2024년 7월 16일 접속, https://www.learnforartsakh.com/start-here을 방문하라.

7. 미국은 아르메니아 인종학살을 2021년까지도 공식적으로 인정하지 않았다. 지역적으로 보자면 이스라엘은 아르메니아 인종학살을 있는 그대로 인정하기를 거부하며 인종학살을 단지 '학살'로 지칭함으로써 심각성과 규모를 축소한다. 일부 아르메니아계 유대인 집단은 홀로코스트 교육 프로그램에서 아르메니아 인종학살 교육을 조직적으로 제외했다. 1982년 저명한 유대인 홀로코스트 생존자이자 작가 엘리 위젤은 이 주제가 포함되었다는 이유로 홀로코스트 콘퍼런스 주재를 고사했다 (나중에 입장을 뒤집긴 했지만). 반명예훼손연맹은 아르메니아 인종학살에 대한 미국의 공식 인정에 반대하는 로비를 튀르키예 정부와 함께 수십 년간 벌였으며 현장 사무소 직원들이 이를 인정하는 행사에 참여하지 못하도록 금지했다. 아르메니아 인종학살을 부정하거나 과소평가하려는 이 일사불란한 시도는 아르메니아인의 삶을 직접적이고 즉각적으로 위협하고, 피해자와 그 후손들을 다시 트라우마에 빠뜨리고, 회복 가능성을 방해한다. 부정의 동기는 오리엔탈리즘, 인종주의, 지정학, 자원 채굴이 뭉뚱그려진 치명적 조합이다. 인종학살과 만연한 부정주의를 더 깊이 이해하고 싶은 사람에게는 Paul Boghossian과 Khatchig Mouradian이 주도하고 NYU Global Institute for Advanced Study에서 운영하는 Armenian Genocide Denial Project(https://gias.nyu.edu/projects/armenian-genocide-denial/)를 추천한다. 이 계획의 정점은 2026년 출간 예정인 저작일 것이다. Andrew Tarsy, "Jewish Organizations Must Stop Denying the Armenian Genocide," *Tablet*, 2015년 4월 17일, https://www.tabletmag.com/sections/news/articles/jewish-organizations-armenian-genocide; Ofer Aderet, "How Israel Quashed Efforts to Recognize the Armenian Genocide—to Please Turkey,"

Haaretz, 2021년 5월 2일, https://www.haaretz.com/israel-news/2021-05-02/ty-article-magazine/.premium/how-israel-quashed-efforts-to-acknowledge-the-armenian-genocide/0000017f-f01c-d487-abff-f3fe9b0b0000; Neela Banerjee "Armenian Issue Presents a Dilemma for U.S. Jews," *New York Times*, 2007년 10월 19일, https://www.nytimes.cóm/2007/10/19/us/19genocide.html를 보라.

8. 2007년 1월 19일 저명한 아르메니아계 튀르키예인 기자 흐란트 딩크가 아르메니아 인종학살 인정과 튀르키예 소수 민족 권리를 옹호했다는 이유로 이스탄불에서 암살당했다. 2008년 아르메니아계 영국인 작가 조지 제르지안의 책을 낸 출판업자가 5개월형을 선고받았다. 판사는 『진리가 우리를 자유롭게 하리라(The Truth Will Set Us Free)』가 "튀르키예공화국을 모독했"으며 튀르키예 형법 301조를 위반했다고 판결했다. Robert Tait, "Turkish Publisher Convicted Over Armenian Genocide Claims," *Guardian* (US edition), 2008년 6월 19일, https://www.theguardian.com/world/2008/jun/19/turkey.humanrights를 보라.

9. Learn For Artsakh (*Learn4Artsakh*), "dzedo ," 인스타그램 동영상, 2024년 3월 9일. 내가 알기로 '카라바크'는 아르차흐를 일컫는 또 다른 이름인 '나고르노-카라바크'를 줄인 말이다.

10. *Men Standing with Pile of Buffalo Skulls, Michigan Carbon Works*, 1892, 사진, 7.5 × 9.5 in., Burton Historical Collection, Detroit Public Library, https://digitalcollections.detroitpubliclibrary.org/islandora/object/islandora%3A151477.

11. 레오니드 카라카노비치 후룬츠는 아르차흐 출신의 아르메니아인 작가이자 언론인이었다. 그의 작품은 아제르바이잔이 아르메니아인들에게 저지른 인종학살 폭력을 자세히 묘사한다. 이 인용문의 출처는 *Alone with Myself* or *How to Reach You, Descendants!*, Learn for Artsakh 번역, https://www.learnforartsakh.com/hurunts다.

12. Kimmerer, *Braiding Sweetgrass*, 215. 한국어판은 『향모를 땋으며』 313쪽.

13. Pádraig Ó Tuama, "On Finding Uncommon Ground," 출전: *For the Wild*, 팟캐스트, Ayana Young 진행, 2019년 9월 4일, 58:57, https://forthewild.world/listen/padraig-o-tuama-on-finding-uncommon-ground-135.

14. Rosalind M. Wright et al., "First Direct Evidence of Adult European Eels Migrating to Their Breeding Place in the Sargasso Sea," *Scientific Reports* 12, no. 15362 (2022): https://doi.org/10.1038/s41598-022-19248-8.

15. Patrik Svensson, *The Book of Eels: Our Enduring Fascination with the Most Mysterious Creature in the Natural World*, trans. Agnes Broomé (HarperCollins, 2020), 37. 한국어판은 『삶, 죽음, 그리고 세상에서 가장 신비로운 물고기』(나무의철학, 2021) 51쪽. 한국어판은 "자연과학의 성배"로 번역.

16. Aristotle, *History of Animals*, 158. 한국어판은 『동물지』 409~410쪽.

17. "The History of Evolutionary Thought," UC Museum of Paleontology, 2024년 7월 31일 접속, https://evolution.berkeley.edu/the-history-of-evolutionary-thought/1800s/early-concepts-of-evolution-jean-baptiste-lamarck/에서 재인용. 자세한 내용은 Richard W. Burkhardt, "Lamarck, Evolution, and the Inheritance of Acquired Characters," *Genetics* 194, no. 4 (2013년 8월): 793-805, https://doi.org/10.1534/genetics.113.151852를 보라.

18. Alexander Lee, "Sexual Eeling," *History Today* 70, no. 3 (2020년 3월): https://www.historytoday.com/archive/natural-histories/sexual-eeling.

19. Jennie Kermode (*jennie_kermode*), "Everyone has odd little genetic variations," 트위터, 2022년 10월 26일.

20. Juan Carlos Jorge et al., "Intersex Care in the United States and International Standards of Human Rights," *Global Public Health* 16, no. 5 (2021년 5월): 679-691, https://doi.org/10.1080/17441692.2019.1706759.

21. M. Joycelyn Elders et al., "Re-Thinking Genital Surgeries on Intersex Infants," Palm Center: Blueprints for Sound Public Policy, 2017년 6월, https://www.palmcenter.org/publication/re-thinking-genital-surgeries-intersex-infants/.

오늘은 여기에, 내일이면 없으리

1. '퍼퍼위'는 포타와토미어로 "버섯을 밤중에 땅에서 밀어올리는 힘"을 뜻한다. Kimmerer, *Braiding Sweetgrass*, 49를 보라. 한국어판은 『향모를 땋으며』 80쪽.

2. "Wildflowers of the Adirondacks: Goldthread," Adirondacks Forever Wild, 2024년 7월 16일 접속, https://wildadirondacks.org/adirondack-wildflowers-goldthread-coptis-trifolia.html.

3. Juan Manuel Gabino Villascán, "Mexico—Sexual Orientation Flags," Flags of the World, 2019년 8월 6일, https://www.crwflags.com/fotw/flags/mx_sex.html#bisex.

4. 이 개념은 내 동료 브루스 로버트슨이 설명해주었다. Richard L. Hutto et al., "A Fixed-Radius Point Count Method for Nonbreeding and Breeding Season Use," *The Auk* 103, no. 3 (1986년 7월): https://doi.org/10.1093/auk/103.3.593.

5. Octavia E. Butler, *Parable of the Sower* (Warner Books, 2000), 3. 한국어판은 『씨앗을 뿌리는 사람의 우화』(비채, 2022) 8쪽.

맺음말: 숲의 희열

1. Mary Elizabeth Banning이 Charles Horton Peck에게 보낸 편지, 1879년 2월 22일, 출처: New York State Museum 소장품.

2. Mary Elizabeth Banning이 Charles Horton Peck에게 보낸 편지, 1889년 5월 7일, 출처: New York State Museum 소장품.

3. Mary Elizabeth Banning이 Charles Horton Peck에게 보낸 편지, 1894년 7월 25일, 출처: New York State Museum 소장품.

4. Mary Elizabeth Banning이 Charles Horton Peck에게 보낸 편지, 1890년 3월 15일, 출처: New York State Museum 소장품.

5. Mary Elizabeth Banning이 Charles Horton Peck에게 보낸 편지, 1897년 3월 1일, 출처: New York State Museum 소장품.

6. Mary Elizabeth Banning, *Fungi of Maryland*, 미출간 원고, 1889년 3월 12일, 출처: New York State Museum 소장품.

자연은 퀴어하다

2026년 4월 14일 1판 1쇄 발행

지은이	퍼트리샤 오노니우 케이시언
옮긴이	노승영
펴낸곳	에이도스출판사
출판신고	제2023-000068호
주소	서울시 은평구 수색로 200
팩스	0303-3444-4479
이메일	eidospub.co@gmail.com
페이스북	facebook.com/eidospublishing
인스타그램	instagram.com/eidos_book
블로그	https://eidospub.blog.me/
표지 디자인	공중정원
본문 디자인	개밥바라기

ISBN   979-11-85415-83-3   03400